高等院校石油天然气类规划教材

海洋完井工程

熊友明　刘理明　编著

石油工业出版社

内 容 提 要

本书以海洋完井工程的施工步骤为主线,系统讲述了海洋完井工程的基本概念、海洋油气田裸眼系列完井方法与完井工艺、海洋油气田射孔系列完井方法与完井工艺、海洋油气田特殊完井技术、海洋油气田完井方法优选、油管和套管尺寸优选、完井过程中的油气层保护、完井测试、完井评价与投产、海洋油气田完井管柱与井口设备等内容。

本书可为海洋油气工程专业教学用书,也可供石油工程专业师生以及广大油田工程技术人员学习参考。

图书在版编目(CIP)数据

海洋完井工程/熊友明,刘理明编著.
北京:石油工业出版社,2015.4
(高等院校石油天然气类规划教材)
ISBN 978-7-5183-0664-0

Ⅰ.海…
Ⅱ.①熊…②刘…
Ⅲ.完井—高等学校—教材
Ⅳ.TE257

中国版本图书馆 CIP 数据核字(2015)第 034119 号

出版发行:石油工业出版社
(北京朝阳区安华里2区1号 100011)
网　　址:http://www.petropub.com
编辑部:(010)64523579　发行部:(010)64523620
经　销:全国新华书店
排　版:北京苏冀博达科技有限公司
印　刷:北京中石油彩色印刷有限责任公司

2015年4月第1版　2015年4月第1次印刷
787×1092毫米　开本:1/16　印张:13.75
字数:348千字

定价:29.00元
(如出现印装质量问题,我社发行部负责调换)
版权所有,翻印必究

前　言

目前在我国石油工程本科专业课程中涉及完井工程的内容很少，主要在陈平教授等编著的《钻井与完井工程》本科教材中由本书笔者熊友明简要讲述了完井的一些很粗浅、很基本的知识。广大石油工程专业学生毕业工作后，感到完井方面知识有极大欠缺。在专著方面，目前主要有石油工业出版社出版的《现代完井工程（第三版）》一书，但由于本科专业学生感性知识和实践知识不足，不能完全理解和吸收。随着技术的发展以及石油天然气开发的整体性知识需求，完井工程在整个油气开发开采中越来越重要，完井工程已经成为石油工程中钻井工程、完井工程、开发开采工程三大工程之一。同时，三大国家石油公司都从以前不重视完井发展到目前都有专门的完井研究所或者完井中心，以前的钻井部都已经更名为钻完井部。因此，广大的海洋油气工程专业以及石油工程专业的学生越来越迫切希望有一本系统讲述完井工程知识的本科教材。

本书就是顺应这个特殊的形势需要而编著的，属于首次尝试以本科教材的方式系统编写海洋完井工程。当然，本书90%以上的内容都可用于石油工程专业的完井工程教学，笔者力求以本科生易理解和吸收、用深入浅出的方式逐步展开讲解。

在海洋油气工程专业设计了四大主干专业课程，包括海洋钻井工程、海洋完井工程、海洋采油气工程以及海洋油气集输工程。

将海洋完井工程中既可以放到钻井工程也可以放到完井工程中讲解的内容，如井身结构设计、套管强度设计、完井液、固井等内容统一放到海洋钻井工程之中，以便4门主要专业课程之间技术内容的合理衔接。

全书由西南石油大学熊友明、刘理明编著，中海油深圳分公司张自印、卢有军、王宇、张宁参与了本书的编写。具体编写分工如下：第一章由熊友明编写；第二章由熊友明编写；第三章由刘理明、熊友明编写；第四章由刘理明、熊友明编写；第五章由熊友明、刘理明编写；第六章由熊友明、张宁、刘理明、张自印编写；第七章由熊友明、张宁、刘理明、卢有军、王宇编写；第八章由张自印、熊友明编写；第九章由卢有军、王宇、熊友明编写。

希望读者对本书不足之处提出宝贵意见。我们会针对使用后的反馈和效果再征求有关专家的意见，对本教材不断地进行修改和完善。

编　者

2014年11月

目 录

第一章　绪论 ······ 1
- 第一节　完井工程的定义与核心 ······ 1
- 第二节　海洋完井工程的内容与原则 ······ 2
- 第三节　海洋完井工程的地位与操作程序 ······ 2
- 习题 ······ 3

第二章　海洋裸眼系列完井方法 ······ 4
- 第一节　裸眼完井 ······ 4
- 第二节　打孔管完井 ······ 7
- 第三节　割缝衬管完井 ······ 10
- 第四节　高级优质筛管完井 ······ 19
- 第五节　裸眼砾石充填完井 ······ 24
- 第六节　裸眼压裂砾石充填防砂完井 ······ 30
- 习题 ······ 35

第三章　海洋射孔系列完井方法 ······ 36
- 第一节　射孔完井 ······ 36
- 第二节　管内高级优质筛管完井 ······ 63
- 第三节　管内井下砾石充填完井 ······ 67
- 第四节　管内压裂砾石充填完井 ······ 69
- 习题 ······ 75

第四章　海洋特殊完井技术 ······ 76
- 第一节　分段完井 ······ 76
- 第二节　水平井均衡排液完井 ······ 78
- 第三节　分支井完井 ······ 90
- 第四节　大位移井完井 ······ 99
- 第五节　深水完井 ······ 101
- 第六节　智能完井 ······ 108
- 习题 ······ 114

第五章　海洋完井方法优选 ······ 115
- 第一节　概述 ······ 115
- 第二节　生产过程中井眼力学稳定性判断 ······ 116
- 第三节　生产过程中地层出砂判断 ······ 119
- 第四节　完井方法优选 ······ 123

习题 ·· 129

第六章　生产套管尺寸设计 ·· 130
第一节　影响生产套管尺寸的因素 ·· 130
第二节　常规原油井套管尺寸设计 ·· 131
第三节　稠油开采井套管尺寸优选 ·· 136
　习题 ·· 138

第七章　油气层保护 ·· 139
第一节　油气层敏感性评价 ·· 140
第二节　工作液对油气层的损害评价 ·· 148
第三节　钻开油气层过程中的油气层保护 ·· 150
第四节　完井过程中的油气层保护 ·· 157
　习题 ·· 165

第八章　海洋完井测试、评价与投产 ·· 166
第一节　海洋测试技术 ·· 166
第二节　海洋完井评价 ·· 175
第三节　海洋清井放喷投产 ·· 180
　习题 ·· 183

第九章　海洋完井管柱与井口设备 ·· 184
第一节　海上平台井口设备 ·· 184
第二节　海上油气田典型完井管柱 ·· 191
第三节　回接 ·· 209
　习题 ·· 211

参考文献 ·· 212

第一章 绪 论

海洋油气工程专业主要的专业课程包括海洋钻井工程、海洋完井工程、海洋采油气工程以及海洋油气集输工程。海洋钻井工程、海洋完井工程主要解决建井的工程问题,海洋采油气工程主要解决开发开采的工程问题,而海洋油气集输工程主要解决将开采出来的油气从海洋集输到陆地或者从海底集输到海上运输船的工程问题。

海洋钻井工程主要建立从海面到地下目的层的油气流出的通道,也就是建立井筒,而完井工程则建立油气从地层到井筒的流出通道。当这两个通道都建好后,也就是完成了所谓的"建井工程",交给生产部门的就是满足开发开采要求的完整的油气井。

第一节 完井工程的定义与核心

一、完井和完井工程的定义

1. 完井的定义

完井,顾名思义指的是油气井的完成(Well Completion),科学地讲是根据油气层的地质特性和开发开采的技术要求,在井底建立油气层与油气井井筒之间最合理的连通渠道或连通方式,也包括确定最合理的井筒尺寸。

2. 完井工程的定义

完井的过程就是完井工程,是衔接钻井工程和采油气工程而又相对独立的一门技术工程。具体地讲,是从钻开油气层开始,到完井方法优选、完井工艺实施与作业、下生产管柱、安放井口装置、完井测试评价、排液直至投产的一项系统工程,还包括整个完井过程中的油气层保护。完井方法不一样,具体的完井工艺和完井作业也不同。

二、完井工程的核心

完井工程有两大核心:

(1)完井方法的优选以及具体完井方法对应的完井工艺的实施与作业。

主要论述各种裸眼系列完井方法、各种射孔系列完井方法以及具体完井方法对应的完井工艺的实施与作业,也包括海洋特殊完井以及完井方法的优选。主要建立油气从地层到井筒的最合理的流动通道。

(2)生产套管尺寸的优化设计。

主要根据自喷和人工举升方式以及考虑原油的特点确定生产套管尺寸,确定油气从井底到平台最合理的流动通道的大小。钻井工程要根据完井工程确定的井筒大小进行设计、作业和施工。

第二节　海洋完井工程的内容与原则

一、海洋完井工程的内容

（1）完井方法及其优选。主要讲述目前业界公认的裸眼和射孔两大类完井方法，也包括目前海洋油气田应用的一些特殊完井方法，如分段完井技术、水平井均衡排液完井技术、分支井完井技术、大位移井完井技术、深水完井技术、智能完井技术等，同时阐述了完井方法的优选。

（2）完井方法的实施与作业。围绕各种完井方法，讲解相应的实施与作业过程。

（3）生产套管尺寸设计。主要阐述影响生产套管尺寸设计的因素，论述常规原油井和稠油开采井生产套管尺寸设计的方法与过程。

（4）完井过程中的油气层保护。主要讲述室内油气层敏感性评价、工作液对油气层的伤害评价以及钻井完井过程中油气层保护技术要点。

（5）完井测试评价与完井投产。主要讲述海洋油气井基本的测试技术、海洋油气井完井工程评价以及完井清井放喷投产。

（6）完井管柱与井口装置。主要讲述海上平台井口设备、海上油气田典型完井管柱以及回接。

二、海洋完井工程的原则

（1）尽可能减少对油气层的伤害，使油气层自然产能得以更好地发挥。

（2）提供必要条件来调节生产压差，从而提高单井产量。

（3）有利于提高储量的动用程度。

（4）为采用不同的采油（采气）工艺措施提供必要的条件，方便于长期的采油（采气），并有利于保护套管、油管，减少井下作业工作量，延长油气井寿命。

（5）近期和远期相结合，尽可能做到最合理的投资和操作费用，以海洋油气田开发的综合经济效益最高为目标。

第三节　海洋完井工程的地位与操作程序

一、完井工程与钻井工程、采油工程之间的关系

目前，业界基本公认：海洋油气工程＝海洋钻井工程＋海洋完井工程＋海洋采油气工程＋海洋油气集输工程。完井工程是油气工程所包含的四大工程之一，四大工程互相衔接，缺一不可。海洋完井工程主要介于海洋钻井工程与海洋采油气工程之间，起着承上启下和桥梁工程的作用。

二、海洋完井工程操作程序

海洋完井工程操作程序如图1-1所示。首先，在方案设计阶段，要在勘探以及探井（包括初探井、详探井）所取得的各种油气藏资料的前提下进行地质开发方案设计，在此基础上进行

的完井工程方案设计是为了确保地质开发方案的顺利实施并满足地质开发方案的要求。完井工程方案确定后,再进行钻井工程方案的设计,而钻井工程方案必须确保完井工程方案的顺利实施并满足完井工程方案的要求。其次,在实施阶段,则是先进行钻井,然后进行完井,建好井后交生产部门,油气田进入开采阶段。一般来说,一口井的钻井和完井短则几天,长则几年。但是,井进入开采阶段后,其时间跨度一般少则几年,多则几十年。尽管钻井和完井的时间远远少于开采的时间,但是钻井和完井过程中的任意一个环节没做好,都会影响到开采。目前,全球石油行业越来越重视完井,从投资的角度来讲,完井投资平均已经占到建井投资的50%～60%(钻井投资占到建井投资的40%～50%)。

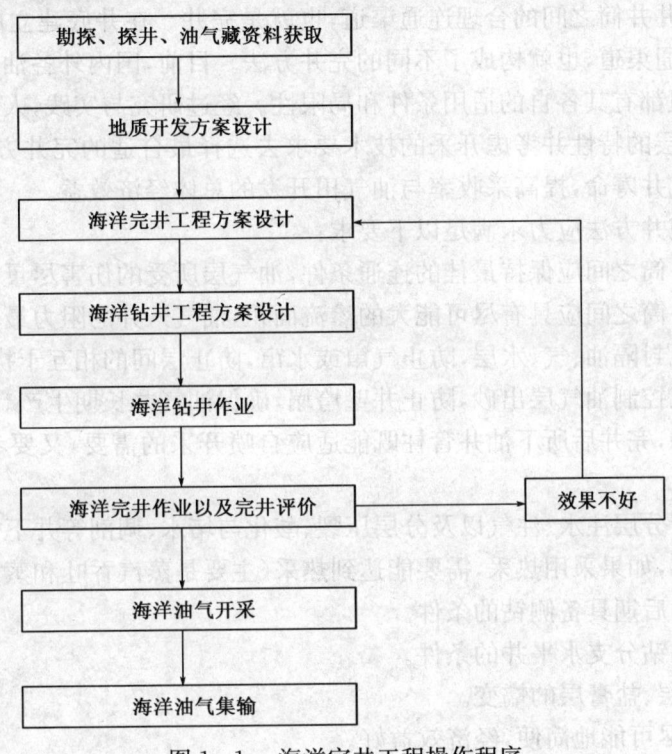

图 1-1 海洋完井工程操作程序

习 题

1. 简述完井的定义。
2. 简述完井工程的定义。
3. 完井工程的核心是什么?
4. 海洋完井工程的内容有哪些?
5. 海洋完井工程的原则是什么?
6. 简述海洋完井工程在海洋油气工程中的地位。

第二章　海洋裸眼系列完井方法

本章主要介绍各种海洋裸眼系列完井方法,也就是从地层到井筒的井眼裸露的油气流动通道。

如第一章绪论中所述,一口井从地面或者海平面钻到目的层之后,主要的工作就是在井底建立油气层与油气井井筒之间的合理连通渠道,也就是完井。在井底建立的油气层与油气井井筒之间的不同连通渠道,也就构成了不同的完井方法。目前,国内外各油气田所采用的完井方法有多种类型,但都有其各自的适用条件和局限性。经过研究与实践,人们认识到只有根据油气藏类型和油气层的特性并考虑开采的技术要求去选择最合适的完井方法,才能有效地开发油气田,延长油气井寿命,提高采收率与油气田开发的总体经济效益。

因此,合理的完井方法应力求满足以下要求:
(1)油气层和井筒之间应保持最佳的连通条件,油气层所受的伤害尽量达到最小。
(2)油气层和井筒之间应具有尽可能大的渗流面积,油气入井的阻力最小。
(3)应能有效地封隔油、气、水层,防止气窜或水窜,防止层间的相互干扰。
(4)应能有效地控制油气层出砂,防止井壁垮塌,确保油气井长期生产。
(5)对于采油井,完井后所下油井管柱既能适应自喷开采的需要,又要考虑到与后期人工举升采油相适应。
(6)应具备进行分层注水、注气以及分层压裂、酸化与堵水、调剖等井下作业措施的条件。
(7)对稠油地层,如果采用热采,需要能达到热采(主要是蒸汽吞吐和蒸汽驱)的要求。
(8)油气田开发后期具备侧钻的条件。
(9)水平井具备钻分支水平井的条件。
(10)能抗盐岩层、盐膏层的蠕变。
(11)施工工艺尽可能地简便,经济效益好。

第一节　裸眼完井

裸眼完井,顾名思义,就是建好的油气井井眼是完全裸露的,油气层段不下套管(或者尾管),也不固井。

一、裸眼完井适用条件

一般情况下,裸眼完井要满足如下条件:
(1)岩性坚硬致密,井壁稳定不坍塌。
(2)无气顶、无底水、无含水夹层及易塌夹层。
(3)单一厚储层,或压力、岩性基本一致的多储层。
(4)不准备实施分隔层段进行选择性处理的储层。
(5)对砂岩地层,还要求不出砂。

其中,条件(1)和(5)属于力学条件,而条件(2)、(3)则属于地质条件,条件(4)则是工艺技术要求。

裸眼完井适用的地层类型主要有:

(1)碳酸盐岩地层、变质岩地层以及火山喷发岩地层。

对于碳酸盐岩地层、变质岩地层、火山喷发岩地层,在选择完井方法时,必须计算井眼的力学稳定性,只有判定地层是稳定的,才能选择裸眼完井。曾经有不少盲目使用裸眼完井失败的例子。

(2)部分硬质砂岩地层。

对于硬质砂岩地层,必须计算井眼的力学稳定性并判断地层是否出砂。只有判定生产过程中井眼是稳定的,同时又判定地层不出砂,才能选择裸眼完井;否则,只能选择其他完井方法。

二、先期裸眼完井施工程序

裸眼完井有两种完井工序。第一种工艺是钻头钻至油气层顶界附近后,下技术套管、注水泥固井。水泥浆上返至预定的设计高度后,再从技术套管中下入直径较小的钻头,钻穿水泥塞,钻开油气层至设计井深,然后完井。此为先期裸眼完井方法与完井工艺,如图2-1和图2-2所示。

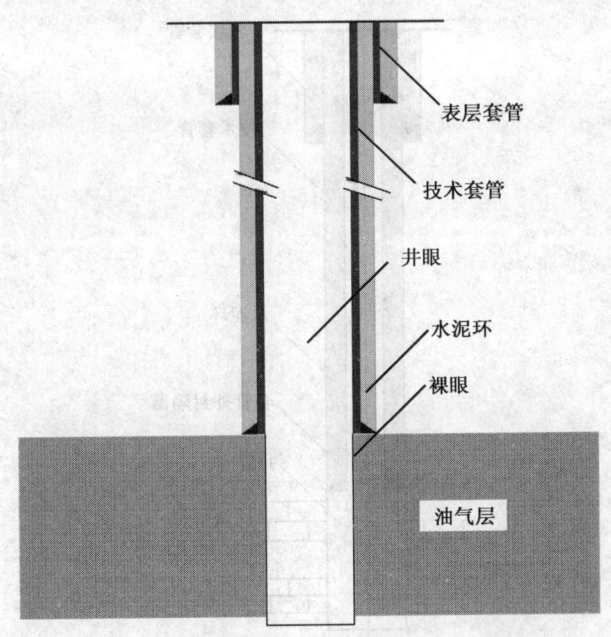

图2-1 垂直井先期裸眼完井示意图

从图2-1和图2-2以及完井施工程序和完井工艺来看,裸眼完井是成本最低,施工最方便,产能也比较高的一种完井方法,只要条件允许,都要尽量采用裸眼完井。裸眼完井在直井、定向井、水平井中都可采用。

三、后期裸眼完井施工程序

裸眼完井的第二种工序是不更换钻头,直接钻穿油气层至设计井深,然后下技术套管至油气层顶界附近,注水泥固井。此为后期裸眼完井方法与完井工艺。图2-3是垂直井后期裸眼完井示意图。在水平井中,为了后期治理的方便以及修井的方便,不提倡采用后期裸眼完井。

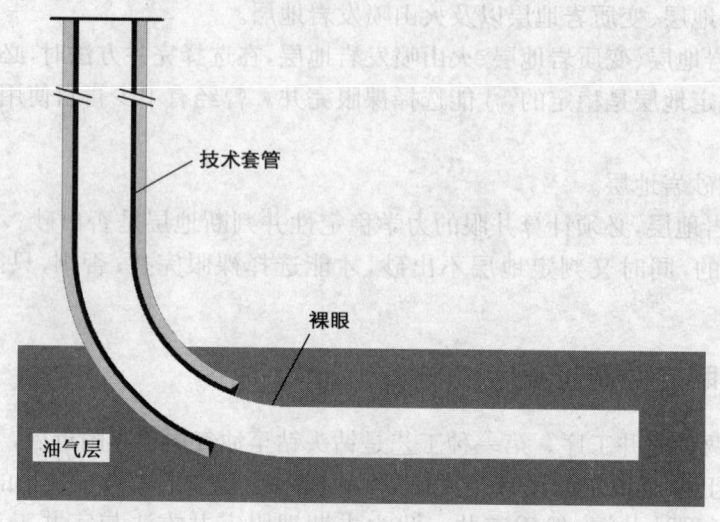

图2-2 水平井先期裸眼完井示意图

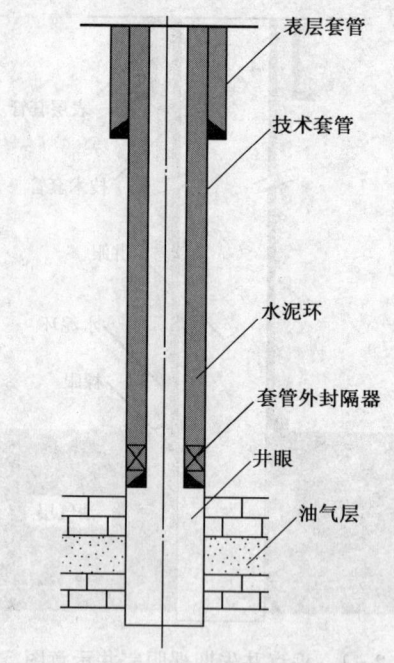

图2-3 垂直井后期裸眼完井示意图

四、先期裸眼完井与后期裸眼完井优缺点对比

先期裸眼完井与后期裸眼完井的优缺点对比见表2-1。目前对油田的一般要求是要尽量采用先期裸眼完井。

表 2-1 先期裸眼完井与后期裸眼完井的优缺点对比

完井方法	优 点	缺 点
先期裸眼完井	1. 钻井液浸泡时间短,地层伤害小; 2. 由于钻开目的层之前上部地层已经封固,钻井和完井更加安全,也不会出现上部地层的干扰; 3. 可以很方便地采用负压(欠平衡)钻井来钻开产层,更有利于投产并减少后期压裂酸化改造的工作量	1. 一般只适用于已经很清楚目的层位置的井,如开发井; 2. 目的层位置不清楚的探井最好不用; 3. 由于要更换钻头,需多起下一次钻井管柱
后期裸眼完井	1. 目的层位置不清楚的探井可以采用; 2. 由于不需要更换钻头,少起下一次钻井管柱	1. 不适用于已经很清楚目的层位置的井,如开发井; 2. 钻井液浸泡时间长,地层伤害大; 3. 由于钻开目的层之前上部地层没有封固,钻井和完井不安全,可能会出现上部地层的干扰; 4. 无法采用负压(欠平衡)钻井来钻开产层; 5. 在下套管、固井作业过程中压力激动会增加地层伤害程度,不利于投产并增加了后期酸化压裂改造的工作量; 6. 固井后、酸化压裂之前需要扫水泥塞

第二节　打孔管完井

打孔管完井,顾名思义,就是在油气层部位下入地面预先钻好小孔的套管后完井,油气层段不下套管(或者尾管),也不固井。所以在现场打孔管也称预钻孔套管(或者尾管),也有贯眼套管(或者尾管)的叫法。

一、适用条件

一般情况下,打孔管完井要满足如下条件:
(1)担心井眼不稳定、可能会坍塌的地层,用打孔管来支撑井壁。
(2)无气顶、无底水、无含水夹层及易塌夹层。
(3)单一厚储层,或压力、岩性基本一致的多储层。
(4)不准备实施分隔层段进行选择性处理的储层。
(5)对砂岩地层,还要求不出砂。
其中,条件(1)和(5)属于力学条件,而条件(2)、(3)则属于地质条件,条件(4)则是工艺技术要求。

打孔管完井适用的地层类型主要有:
(1)碳酸盐岩地层、变质岩地层以及火山喷发岩地层。
对于碳酸盐岩地层、变质岩地层以及火山喷发岩地层,在选择完井方法时,必须计算井眼的力学稳定性。如果研究表明生产过程中井眼不稳定或者生产过程中井眼有可能会坍塌,则必须判断地层是否出砂。因此,地层不出砂,生产过程中井眼不稳定或者生产过程中井眼有可能会坍塌的情况下,采用打孔管完井是最佳选择。
(2)部分硬质砂岩地层。

对于硬质砂岩地层,则必须判断地层是否出砂,只有判断地层不出砂,同时又通过计算表明生产过程中井眼不稳定或者生产过程中井眼有可能会坍塌,才采用打孔管完井。

二、施工程序

打孔管完井也分为先期固井的打孔管完井和后期固井的打孔管完井。先期固井的打孔管完井的施工程序为:钻头钻至油气层顶界附近后,下技术套管、注水泥固井,水泥浆上返至预定的设计高度后,再从技术套管中下入直径较小的钻头,钻穿水泥塞,钻开油气层至设计井深,然后在裸眼内下入打孔管,将打孔管悬挂在技术套管上完井。后期固井的打孔管完井的施工程序为:不更换钻头,直接钻穿油气层至设计井深,然后下技术套管(技术套管下部油气层部位采用与技术套管外径一样的打孔管)至油气层顶界附近,注水泥固井,然后完井。这里提倡先期固井的打孔管完井。图2-4为垂直井先期固井的打孔管完井示意图,图2-5为水平井先期固井的打孔管完井示意图。

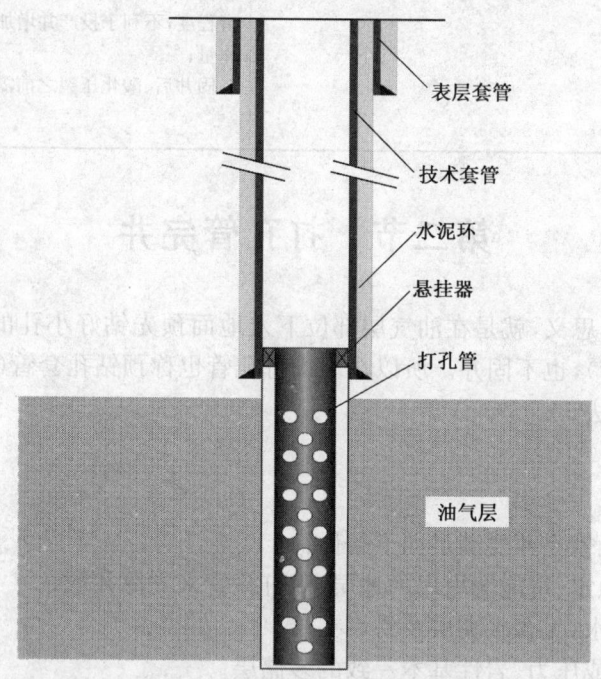

图 2-4 垂直井先期固井的打孔管完井示意图

三、打孔管设计

在地面按一定的布孔参数预先在套管(尾管)上钻孔后就形成打孔管,一般的布孔参数为:
(1)孔密 20~24 孔/m,指在 1m 长的套管(尾管)上钻出 20~24 个孔眼。
(2)相位角 60°或者 90°,指相邻两排孔眼在平面投影上的夹角为 60°或者 90°。图2-6所示为 90°相位角孔眼分布示意图。
(3)交错布孔,指打孔管上的相邻两排孔眼交错布置,如图2-7所示。
(4)孔眼直径,一般地层设计孔眼直径为 10mm;对于担心掉块的地层,孔眼直径可设计为 3~5mm。

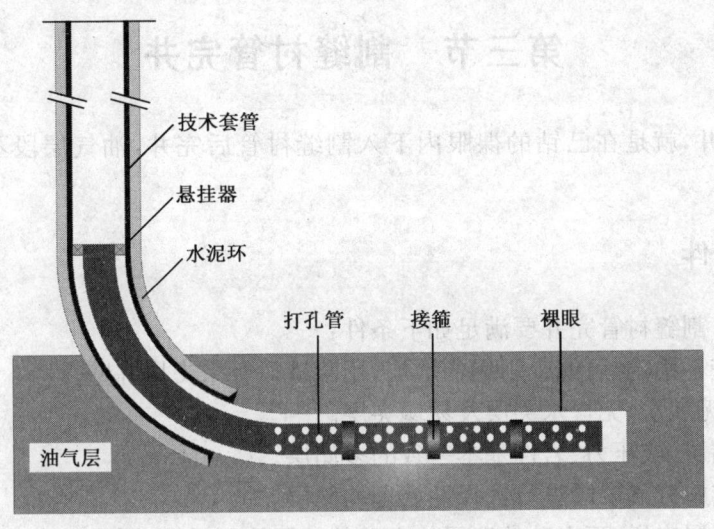

图 2-5　水平井先期固井的打孔管完井示意图

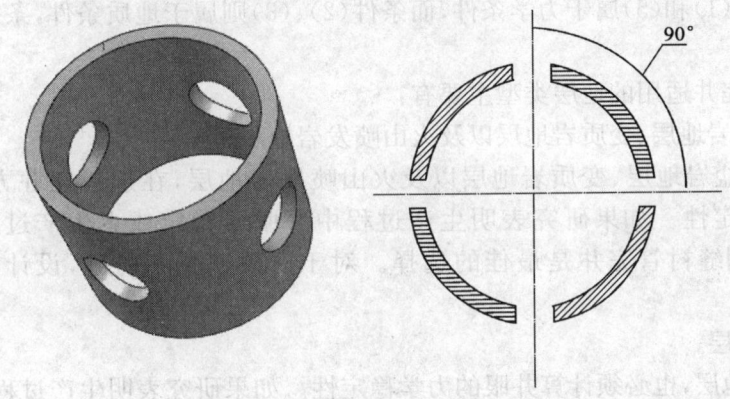

图 2-6　90°相位角打孔管上孔眼分布示意图

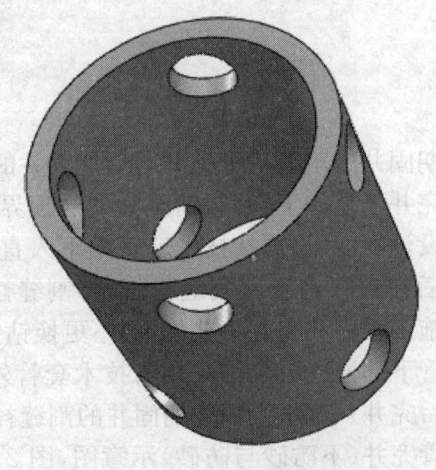

图 2-7　打孔管上相邻两排孔眼交错布置

第三节 割缝衬管完井

割缝衬管完井,就是在已钻的裸眼内下入割缝衬管后完井,油气层段不下套管(或者尾管),也不固井。

一、适用条件

一般情况下,割缝衬管完井要满足如下条件:
(1)担心井壁不稳定、可能会坍塌的地层,用割缝衬管来支撑井壁。
(2)无气顶、无底水、无含水夹层及易塌夹层。
(3)单一厚储层,或压力、岩性基本一致的多储层。
(4)不准备实施分隔层段进行选择性处理的储层。
(5)对砂岩地层来说,不出砂的地层与出砂的地层均可采用。但对于出砂和不出砂的砂岩地层,在设计割缝衬管的缝隙宽度时有很大的差异。

其中,条件(1)和(5)属于力学条件,而条件(2)、(3)则属于地质条件,条件(4)则是工艺技术要求。

割缝衬管完井适用的地层类型主要有:
(1)碳酸盐岩地层、变质岩地层以及火山喷发岩地层。

对于碳酸盐岩地层、变质岩地层以及火山喷发岩地层,在选择完井方法时,必须计算井眼的力学稳定性。如果研究表明生产过程中井眼不稳定或者生产过程中井眼有可能会坍塌,采用割缝衬管完井是最佳的选择。对于防砂还是不防砂,设计的缝隙宽度是不一样的。

(2)砂岩地层。

对于砂岩地层,也必须计算井眼的力学稳定性。如果研究表明生产过程中井眼不稳定或者生产过程中井眼有可能会坍塌,同时砂岩地层也不出砂,采用割缝衬管完井最好。但对于中、粗砂粒的砂岩地层,仍然可以采用割缝衬管进行防砂完井。对于防砂还是不防砂,设计的缝隙宽度是不一样的。

二、施工程序

割缝衬管完井也分为先期固井的割缝衬管完井与后期固井的割缝衬管完井。先期固井的割缝衬管完井的施工程序和完井工艺如下:钻头钻至油气层顶界附近后,下技术套管、注水泥固井。水泥浆上返至预定的设计高度后,再从技术套管中下入直径较小的钻头,钻穿水泥塞,钻开油气层至设计井深。然后在裸眼内下入割缝衬管,将割缝衬管悬挂在技术套管上完井。后期固井的割缝衬管完井的施工程序和完井工艺如下:不更换钻头,直接钻穿油气层至设计井深,然后下技术套管(技术套管下部油气层部位采用与技术套管外径一样的割缝衬管)至油气层顶界附近,注水泥固井,然后完井。这里提倡先期固井的割缝衬管完井。图2-8和图2-9为垂直井先期固井的割缝衬管完井(不防砂与防砂)示意图,图2-10和图2-11为水平井先期固井的割缝衬管完井(不防砂与防砂)示意图。

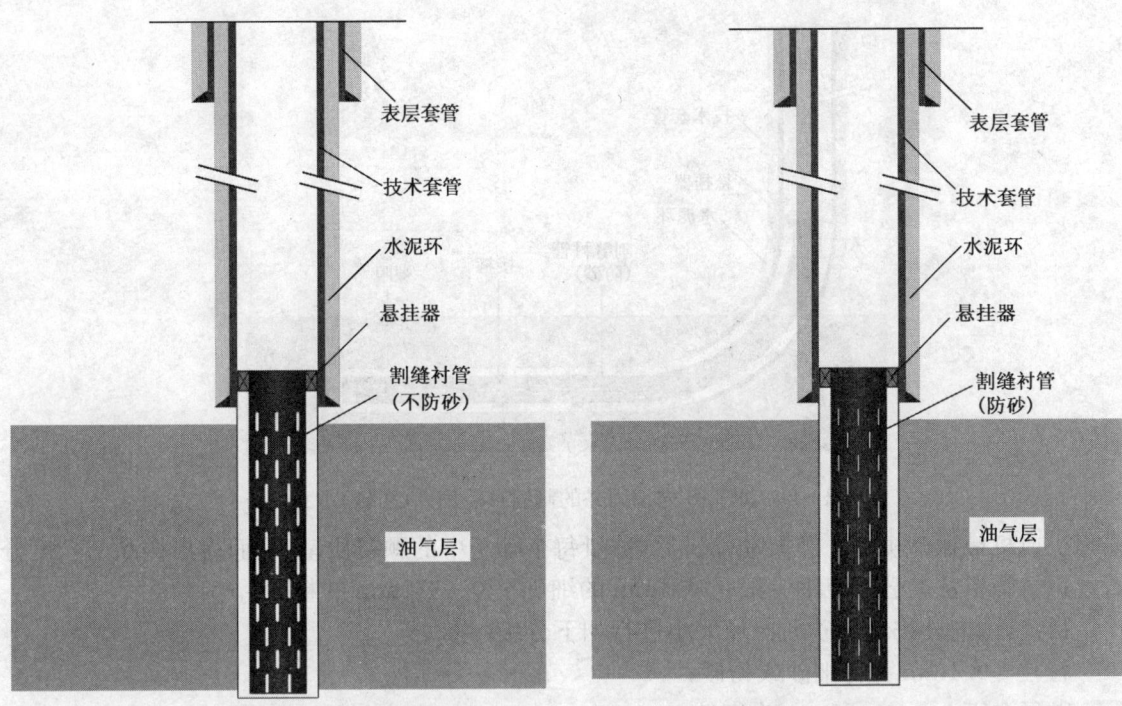

图 2-8 垂直井先期固井的割缝衬管完井(不防砂)示意图

图 2-9 垂直井先期固井的割缝衬管完井(防砂)示意图

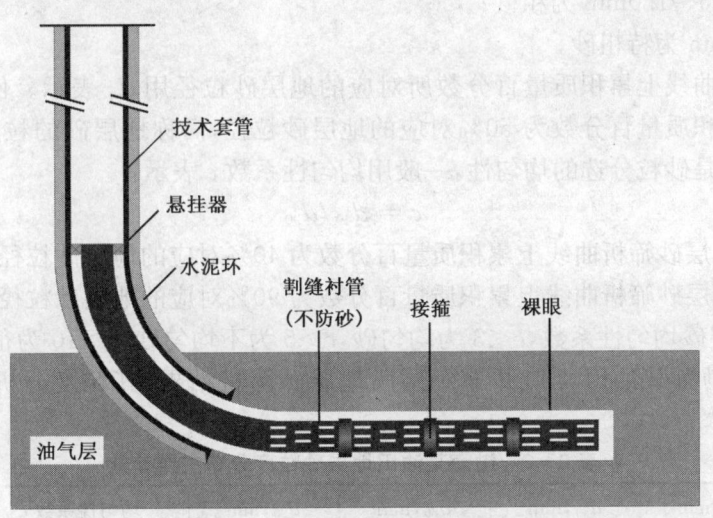

图 2-10 水平井先期固井的割缝衬管完井(不防砂)示意图

三、地层砂粒度分析

对于出砂的地层,当采用割缝衬管防砂时,粒度分析是防砂的基础。粒度分析是指确定砂岩岩石中不同大小地层砂颗粒的含量及其分布。地层砂粒度分布是防砂设计的重要参数。测定地层砂粒度的实验方法主要有筛析法、沉降法、薄片图像统计法和激光衍射法。各种方法都有其优点和局限。筛析法是最常用的粒度分析测定方法,也是最准确的方法。筛析前,先把样品进行清洗、烘干和颗粒分解处理,然后放入一组不同尺寸的筛子中,把这组筛子放置于声波

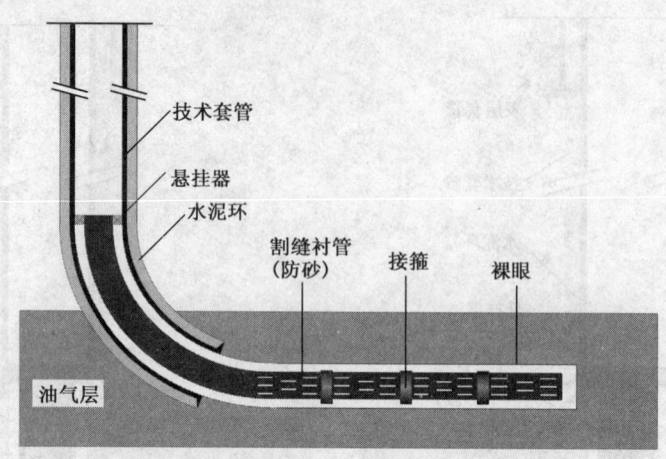

图 2-11　水平井先期固井的割缝衬管完井(防砂)示意图

振筛机或机械振筛机上。经振动筛析后,称量每个筛子中的颗粒质量,从而得出样品的粒度分析数据。筛析法的分析范围一般是从 4mm 的细砾至 0.0372mm 的粉砂。

目前,国内外按地层砂的粒径大小进行如下分级:

粒径≤0.1mm 为特细砂或粉砂;

粒径介于 0.1~0.25mm 为细砂;

粒径介于 0.25~0.5mm 为中砂;

粒径介于 0.5~1.0mm 为粗砂;

粒径≥1.0mm 为特粗砂。

地层砂筛析曲线上累积质量百分数所对应的地层砂粒径用 d_n 表示。例如,d_{50} 表示地层砂筛析曲线上累积质量百分数为 50% 对应的地层砂粒径,简称地层砂的粒度中值。此外,地层砂均质性指的是砂粒分选的均匀性,一般用均匀性系数 c 表示:

$$c = d_{40}/d_{90} \tag{2-1}$$

式中　d_{40}——地层砂筛析曲线上累积质量百分数为 40% 对应的地层砂粒径;

　　　d_{90}——地层砂筛析曲线上累积质量百分数为 90% 对应的地层砂粒径;

　　　c——地层砂均匀性系数,$c<3$ 为均匀砂,$c>5$ 为不均匀砂,$c>10$ 为很不均匀砂。

表 2-2 为渤海某油田 4 口井 6 个层段地层砂筛析结果,其粒度分析曲线如图 2-12 所示。

表 2-2　渤海某油田地层砂粒度分布主要参数

井段	d_{40},mm	d_{50},mm	d_{80},mm	d_{90},mm	均匀性系数 c	备注
层段 1	0.087	0.078	0.057	0.043	2.02	均匀粉砂
层段 2	0.077	0.071	0.044	0.04	1.93	均匀粉砂
层段 3	0.079	0.074	0.052	0.041	1.93	均匀粉砂
层段 4	0.075	0.07	0.05	0.04	1.88	均匀粉砂
层段 5	0.078	0.073	0.052	0.042	1.86	均匀粉砂
层段 6	0.2	0.176	0.14	0.085	2.35	均匀细砂
平均值	0.092	0.078	0.053	0.043	2.14	均匀粉砂

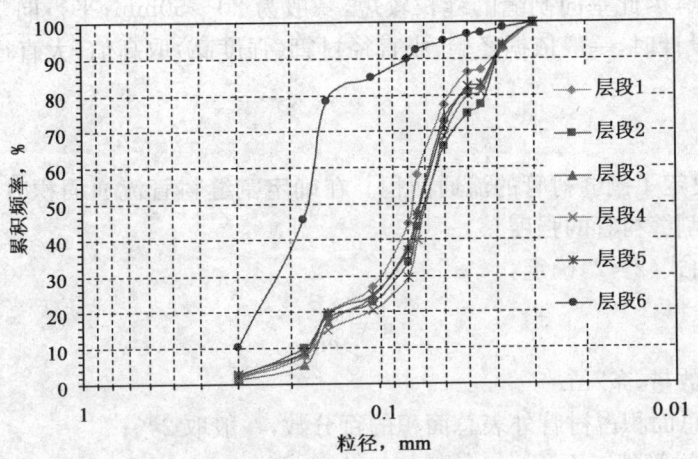

图 2-12 渤海某油田筛析法粒度分析曲线

筛析结果表明,渤海某油田地层砂粒度中值 d_{50} 平均为 0.078mm,均匀性系数 c 为 2.14,因此,该油田地层砂可以定义为均匀粉砂。

四、不防砂的割缝衬管参数设计

采用割缝衬管完井,不防砂时,需要设计的割缝衬管技术参数有 5 个,具体为缝眼形状、缝眼排列方式、缝眼长度、缝眼数量以及缝隙宽度。

1. 缝眼形状

缝眼的剖面应呈梯形,梯形两斜边的夹角与衬管的承压大小及流通量有关,一般设计为 12°左右。梯形大的底边应为衬管内表面,小的底边应为衬管外表面。这种缝眼的形状可以避免砂粒卡死在缝眼内而堵塞衬管,如图 2-13 所示。

2. 缝眼排列形式

缝眼的排列形式有沿着衬管轴线的平行方向割缝[图 2-14(a)],或沿衬管轴线的垂直方向割缝[图 2-14(b)]两种。一般都广泛采用图 2-14(b)的平行缝,衬管强度更高,下井过程中不易被折断。

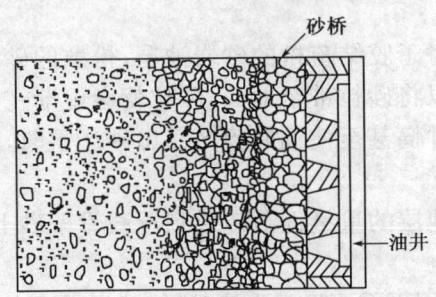

图 2-13 衬管外所形成的砂桥以及割缝形状示意图

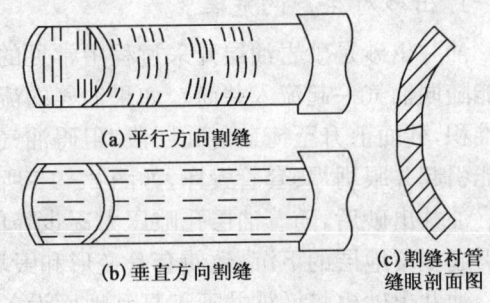

图 2-14 割缝衬管缝眼排列形式示意图

3. 缝眼长度

缝眼长度应根据衬管外径的大小与缝眼的排列形式而定,通常为 20~300mm。由于垂向割缝衬管的强度低,因此垂向割缝的缝长较短,一般为 20~50mm;平行向割缝的缝长一般为 50~300mm。在设计时,一般依据经验,小直径衬管(强度高)取高值,大直径衬管(强度低)取低值。

4. 缝眼数量

缝眼的数量决定了割缝衬管的流通面积。在确定割缝衬管流通面积时,既要考虑产液量的要求,又要兼顾割缝衬管的强度。

缝眼数量可由式(2-2)确定:

$$n = \frac{\alpha F}{eL} \quad (2-2)$$

式中 n——缝眼数量,条/m;
 α——缝眼总面积占衬管外表总面积的百分数,一般取 2%;
 F——每米衬管外表面积,mm^2/m;
 e——缝隙宽度,mm;
 L——缝眼长度,mm。

5. 缝隙宽度

对于不需要防砂的地层,如果采用割缝衬管完井,则梯形缝眼小底边的宽度称为缝隙宽度,缝隙宽度设计公式为:

$$e \leqslant 2d_{10} \quad (2-3)$$

式中 e——缝隙宽度,mm;
 d_{10}——产层砂粒度组成累积曲线上占累积质量 10% 所对应的砂粒直径,mm。

式(2-3)表明:占砂样总质量 90% 的细小砂粒被允许通过割缝缝眼,而占砂样总质量 10% 的大直径承载骨架砂不能通过缝眼,被阻挡在衬管外面而形成具有较高渗透率的砂桥,如图 2-13 所示。

例如,某地层的地层砂粒度参数 d_{10} 为 0.22mm,地层不出砂,则采用割缝衬管完井时,可设计缝隙宽度小于 0.44mm(取整为 0.4mm)。

五、出砂对生产的危害以及出砂的原因

1. 出砂对生产的危害

油井出砂是砂岩油层开采过程中常见的问题。对于胶结疏松的砂岩油层,松散的砂粒有可能随同油气一起流入井筒。如果油气的流速不足以将砂粒带至地面,砂粒就会逐渐在井筒内堆积,砂面上升至掩盖射孔层段,阻碍油气流流入井筒甚至使油井停产。出砂严重时,也有可能引起井眼坍塌、套管毁坏,如图 2-15 所示。

油井出砂后,随着油层孔隙压力逐步降低,上覆地层的重量逐渐传递到承载骨架砂上,最终引起上覆地层的下沉,致使套管变形和毁坏。

油井出砂也将增加井下工具和地面设备的磨损,因而需要经常更换,增加了生产成本。

2. 出砂的原因

油层出砂是由于井底地带岩石结构被破坏所引起的。它与岩石的胶结强度、应力状态和开采条件有关。岩石的胶结强度主要取决于胶结物的种类、数量和胶结方式。砂岩的胶结物主要是黏土、碳酸盐和硅质三类,以硅质胶结物的强度为最大,碳酸盐次之,黏土最差。对于同

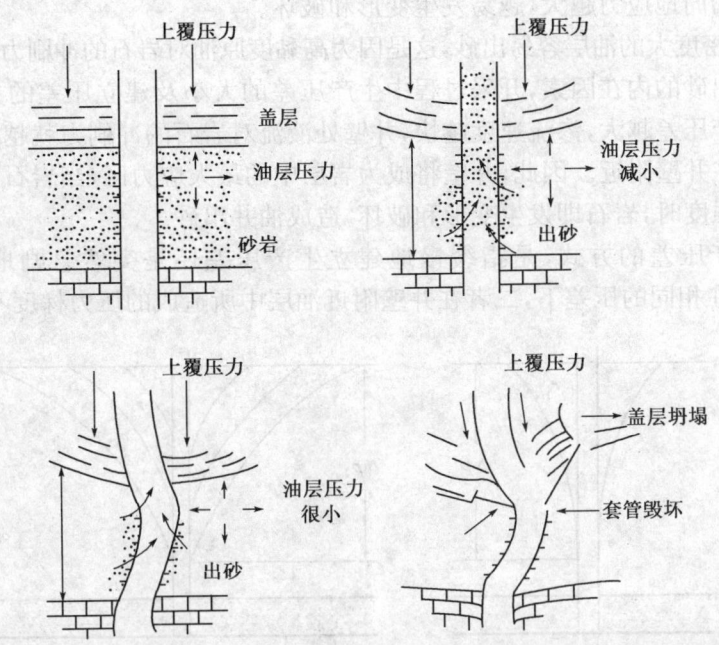

图 2-15　油层出砂、套管毁坏示意图

一类型的胶结物,其数量越多,胶结强度越大。胶结方式不同,岩石的胶结强度也不同。砂岩的胶结方式可分为 3 种(图 2-16):

(1)基底胶结。当胶结物的数量大于岩石颗粒数量时,颗粒被完全浸没在胶结物中,彼此互不接触或很少接触。这种砂岩的胶结强度最大,但孔隙度和渗透率均很低。

(2)接触胶结。胶结物数量不多,仅存在于颗粒接触的地方。这种砂岩的胶结强度最低。

(3)孔隙胶结。胶结物数量介于上述两种胶结类型之间;胶结物不仅在颗粒接触处,还充填于部分孔隙之中;胶结强度也介于上述两种方式之间。

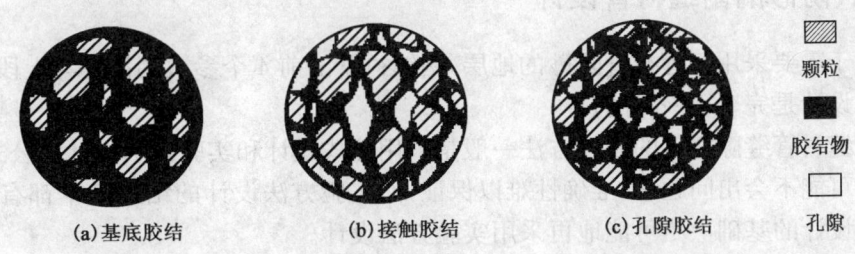

图 2-16　砂岩胶结方式

易出砂的油层大多以接触胶结为主,胶结物数量少,且含有黏土胶结物。此外也有胶质沥青胶结的疏松油气层。

地应力是决定岩石应力状态及其变形破坏的主要因素。钻井前,油层岩石在垂向和侧向地应力作用下处于应力平衡状态;钻井后,井壁岩石的原始应力平衡状态遭到破坏,井壁岩石将承受最大的切向地应力。因此,井壁岩石将首先发生变形和破坏。显然,油层埋藏越深,井壁岩石所承受的切向地应力越大,越易发生变形和破坏。

原油黏度高、密度大的油层容易出砂,这是因为高黏度原油对岩石的冲刷力和携砂能力强。

上述是油层出砂的内在因素,开采过程中生产压差的大小及建立压差的方式是油层出砂的外在原因。生产压差越大,渗流速度越快,井壁处液流对岩石的冲刷力就越大。地应力所引起的最大应力也在井壁附近。因此,井壁将成为岩层中的最大应力区,当岩石承受的剪切应力超过岩石抗剪切强度时,岩石即发生变形和破坏,造成油井出砂。

所谓建立生产压差的方式,是指缓慢地建立生产压差还是突然急剧地建立生产压差(图2-17),因为在相同的压差下,二者在井壁附近油层中所造成的压力梯度不同。

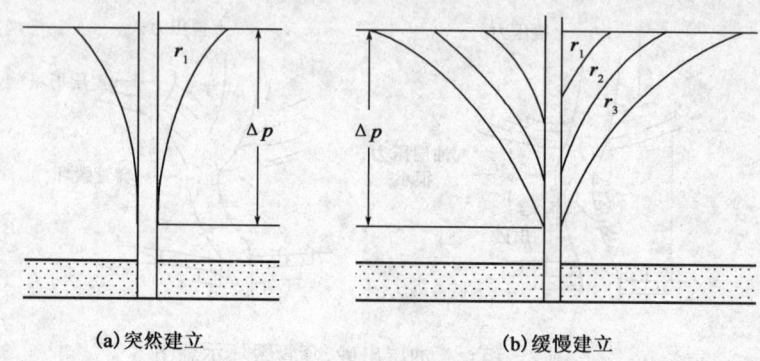

图2-17 不同建压方式井筒周围压力分布示意图

r_1—建立1/3生产压差时的压力分布曲线;r_2—建立2/3生产压差时的压力分布曲线;

r_3—建立生产压差时的压力分布曲线;

突然急剧地建立压差时,压力波尚未传播出去,压力分布曲线很陡,井壁处的压力梯度很大,易破坏岩石结构而引起出砂;缓慢地建立压差时,压力波可以逐渐传播出去,井壁处压力分布曲线比较平缓,压力梯度小,不至于影响岩石结构。有些井强烈抽吸或气举之后引起出砂,就是压差过大或建立压差过猛之故。

出砂机理、地层出砂的影响因素以及出砂判断方法将在第五章详细讲述。

六、防砂的割缝衬管设计

对于需要采用割缝衬管防砂的地层,割缝衬管的前4个参数的设计与上段相同,但是缝隙宽度的设计是完全不一样的。

割缝衬管缝隙宽度的设计方法一般是采用公式设计和实验方法设计。公式设计对于大多数地层可能不会出问题,但准确性难以保证,而实验方法设计的结果基本都有保证,所以提倡在公式设计的基础上尽可能地再采用实验方法设计。

1. 公式法设计

1)根据地层砂的粒度中值设计砾石的粒度中值

国内外对砾石直径的选择有许多研究成果,见表2-3。在表中,目前国内外使用最多的是第十一种方法,即Saucier方法,此时砾石的粒度中值为:

$$D_{50} = (5 \sim 6) d_{50} \tag{2-4}$$

式中 D_{50}——砾石的粒度中值,mm;

d_{50}——地层砂的粒度中值,mm。

表 2-3 国内外砾石直径计算公式汇总

序号	方法名称	砾石直径计算公式	备注
1	Coberly 和 Wagner 方法	$D \leq 10d_{10}$	D 为最大砾石直径
2	Gumpertz 方法	$D \leq 11d_{10}$	D 为最大砾石直径
3	Hill 方法	$D \leq 8d_{10}$	D 为最大砾石直径
4	Tausch 和 Corlcy 方法	$D = (4 \sim 6)d_{10}$	—
5	Smith 方法	$D_{50} = 5d_{10}$	
6	Maly 和 Krueger 方法	$D = 6d_{10}$	D 为最小砾石直径
7	Ahrens 方法	1. 当 $c<2$ 时,$10d_{50}>D_{50}>5d_{50}$ 2. 当 $c \geq 2$ 时,$58d_{50}>D_{50}\geq 12d_{50}$,$40d_{85}\geq D_{85}\geq 12d_{85}$,$D_0 < 12.7$mm	—
8	Karpoff 方法	1. 当 $c<3$ 时,$10d_{50}>D>5d_{50}$; 2. 当 $c \geq 3$ 时,$8d_{50}>D\geq 4d_{50}$	D 为最小砾石直径
9	DePriester 方法	$D_{50} \leq 8d_{50}$,$D_{90}\geq 12d_{90}$,$D_{10}\geq 3d_{90}$	—
10	Schwartz 方法	1. 当 $c \leq 5$,$v \leq 0.015$ 时,$D_{10}=6d_{10}$ 2. 当 $5<c \leq 10$,$v>0.015$ 时,$D_{40}=6d_{40}$ 3. 当 $c>10$,$v>0.03$ 时,$D_{70}=6d_{70}$	流速 $v=2\times\dfrac{\text{产量}}{\text{射孔总面积}}$
11	Saucier 方法	$D_{50}=(5\sim 6)d_{50}$	—

2) 根据设计的砾石粒度中值 D_{50} 设计割缝衬管缝隙宽度

根据计算的砾石粒度中值 D_{50} 查表 2-4,初步确定割缝衬管的缝隙宽度。由于割缝衬管防砂最适用于中砂、粗砂、特粗砂,所以表 2-4 中不包含粒径较小的砾石以及对应的割缝衬管缝隙。而对于细砂和粉砂地层,一般采用高级优质筛管防砂或者砾石充填防砂,详见本章第四节和第五节。

表 2-4 割缝衬管缝隙宽度设计表

砾石目数(美国标准筛目)	砾石中值,mm	割缝衬管缝隙宽度,μm
<16~30	<1.1	不采用割缝衬管防砂
16~30	1.1	177
10~30	1.3	210
10~20	1.4	250
10~14	1.7	300
8~10	2.2	350
6~8	2.9	400
4~6	3.6	450
>4~6	>3.6	统一取 500

以某油田的实际防砂设计来说明这个过程。某油田地层砂样品的粒度参数为:$d_{50}=0.24$mm,$d_{40}=0.33$mm,$d_{90}=0.092$mm,均匀性系数 $c=d_{40}/d_{90}=3.59$,为非均匀细砂。按照 Saucier 公

式，$D_{50}=1.32$mm，查表2-4，则割缝衬管缝隙宽度为210μm。

但是采用公式法设计无法保证准确性以及防砂的有效性，因为无法知道出砂量是否满足防砂的标准。

2. 防砂标准简介

采用割缝衬管进行防砂设计时，最稳妥的方法就是要预先知道所设计的割缝衬管的缝隙宽度是否合理，而是否合理则主要看是否满足出砂量的要求。在行业标准里有专门对出砂量的规定，见表2-5。表2-5中的项目1、3和4一般通过防砂井生产一段时间后来评价，项目2含砂量则是设计时就要考虑的。所有的常规防砂设计都要满足含砂量的指标，特别是海上油田，一般采用电潜泵生产，需要满足含砂量小于0.03%的要求。

表2-5 油井防砂效果评价指标（SY/T 5183—2000）

序号	项目	指标	评分
1	防砂后日产油量/防砂前日产油量，%	≥70	30
		50～70	20
		<50	0
2	含砂量，%	<0.03	30
		0.08～0.03	20
		≥0.08	0
3	有效生产时间，d	≥180	30
		30～180	20
		<30	0
4	防砂后采油指数/防砂前采油指数，%	≥80	10
		<80	0

3. 实验法设计

由于公式法设计的缝隙宽度无法知道是否满足含砂量的要求，所以采用实验方法设计是最准确的，因为采用的是实际地层砂进行出砂模拟实验来确定割缝衬管的缝隙宽度。

1）实验流程

模拟出砂的防砂实验流程如图2-18所示。

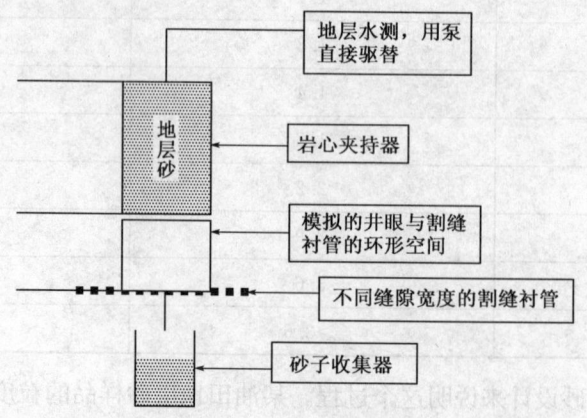

图2-18 模拟出砂的防砂实验流程示意图

2)实验结果与缝隙宽度设计

以某油田的实际防砂设计来说明这个过程。

某油田地层砂样品的粒度参数为:$d_{50}=0.24$mm,$d_{40}=0.33$mm,$d_{90}=0.092$mm,均匀性系数 $c=d_{40}/d_{90}=3.59$,为非均匀细砂。

采用该地层砂,按照图2-18的流程组装后进行出砂模拟实验,实验结果见表2-6。

表2-6 某油田割缝衬管出砂模拟实验结果

割缝衬管缝隙宽度,mm	实测出砂量,g	实测最大压力降 Δp_1,MPa	产液含砂量,t/($10^4 m^3$)
0.125	0.20	0.91	1.852
0.149	0.29	0.88	2.385
0.177	0.32	0.79	2.963
0.210	0.45	0.71	4.667
0.25	0.65	0.66	6.019
0.297	0.79	0.62	7.315

缝口宽度与产液含砂量的关系如图2-19所示。

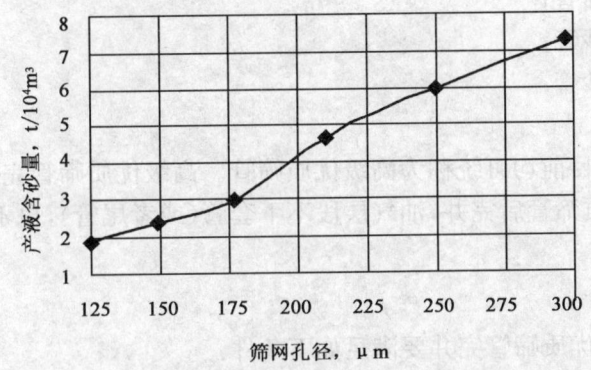

图2-19 某油田割缝衬管缝隙宽度与产液含砂量的关系

从上述实验结果可以得到:

(1)参考表2-5中油井防砂效果评价指标(SY/T 5183—2000)的含砂量来评价产液时的出砂量,当防砂后含砂量小于0.03%[3t/($10^4 m^3$)]时,认为防砂是完全有效的。因此,从行业指标来看,当割缝衬管缝隙宽度小于177μm时,均满足含砂量小于3t/($10^4 m^3$)的要求,防砂都是有效的。

(2)最佳割缝衬管缝隙宽度是177μm(0.177mm)。

从上述实验方法设计的缝隙宽度为177μm,而上段仅仅靠公式法计算确定的缝隙宽度则为210μm,有很大的差异。如果采用公式法设计的缝隙宽度实施防砂,则实施后出砂量会很大,导致防砂实效,所以建议采用实验方法来确定缝隙宽度。

第四节 高级优质筛管完井

一、高级优质筛管的类型

目前,除了对于中砂以及粗砂、特粗砂地层采用割缝衬管防砂以外,我国绝大多数的地层是在细砂、粉砂地层之列,其中细砂地层最多。泥质含量高的粉砂、细砂地层一般采用砾石充填完井(见本章第五节),而泥质含量不高的粉砂、细砂地层一般采用高级优质筛管完井最为有效和可靠。当然,对于中砂以及粗砂、特粗砂地层也可采用高级优质筛管防砂,只是其成本略高于割缝衬管,但防砂寿命更长,各油田可以综合取舍。高级优质筛管是油田上一个比较笼统的称呼,实际上包括如下一些类型:

(1)绕丝筛管;
(2)精密微孔复合防砂筛管;
(3)精密微孔网布筛管;
(4)加强型自洁防砂筛管;
(5)梯型广谱多层变精度防砂筛管;
(6)螺旋不锈钢网滤砂管;
(7)星型孔金属纤维防砂筛管;
(8)金属纤维防砂筛管;
(9)烧结陶瓷防砂筛管;
(10)金属毡防砂筛管;
(11)粉末冶金滤砂管;
(12)环氧树脂滤砂管;
(13)陶瓷滤砂管。

不论哪一种筛管,目前均可统称为高级优质筛管。高级优质筛管完井,就是在已钻的裸眼内下入优选的高级优质筛管后完井,油气层段不下套管(或者尾管),也不固井。

二、适用条件

一般情况下,高级优质筛管完井要满足如下条件:
(1)担心井壁不稳定、可能会坍塌的地层,用高级优质筛管来支撑井壁。
(2)无气顶、无底水、无含水夹层及易塌夹层。
(3)单一厚储层,或压力、岩性基本一致的多储层。
(4)不准备实施分隔层段进行选择性处理的储层。
(5)主要用于出砂的砂岩地层。

其中,条件(1)和(5)属于力学条件,而条件(2)、(3)则属于地质条件,条件(4)则是工艺技术要求。

三、施工程序

高级优质筛管完井也分为先期固井的高级优质筛管完井和后期固井的高级优质筛管完井。先期固井的高级优质筛管完井的施工程序和完井工艺如下:钻头钻至油气层顶界附近后,下技术套管、注水泥固井。水泥浆上返至预定的设计高度后,再从技术套管中下入直径较小的钻头,钻穿水泥塞,钻开油气层至设计井深,然后在裸眼内下入高级优质筛管,将高级优质筛管悬挂在技术套管上完井。后期固井的高级优质筛管完井的施工程序和完井工艺如下:不更换钻头,直接钻穿油气层至设计井深,然后下技术套管(技术套管下部油气层部位采用与技术套管外径一样的高级优质筛管)至油气层顶界附近,注水泥固井,然后完井。这里提倡先期固井的高级优质筛管完井。图 2-20 为垂直井先期固井的某一种高级优质筛管完井示意图,图 2-21 为水平井先期固井的某一种高级优质筛管完井示意图。

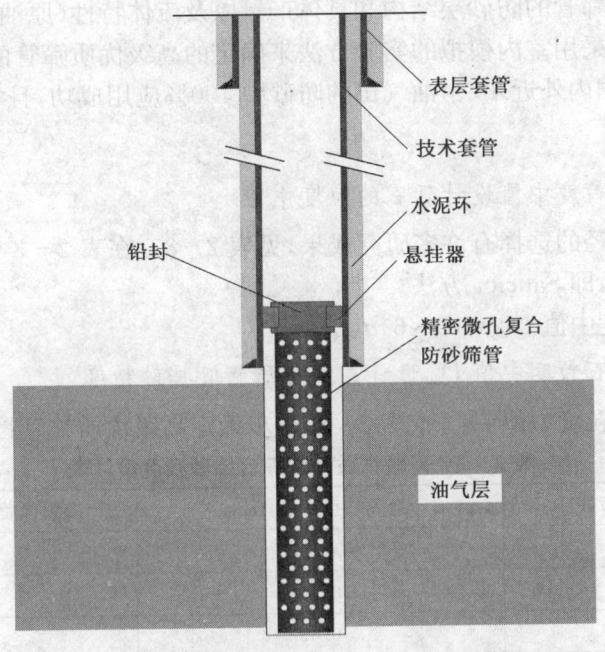

图 2-20　垂直井先期固井的精密微孔复合防砂筛管完井示意图

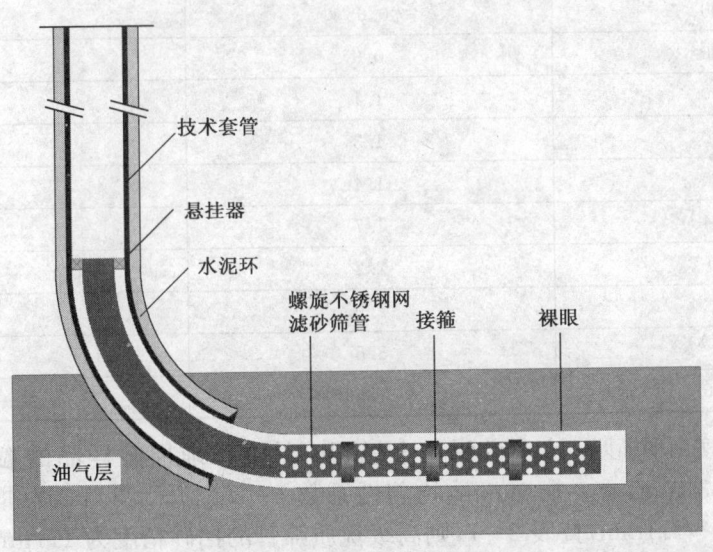

图 2-21　水平井先期固井的螺旋不锈钢网滤砂筛管完井示意图

四、高级优质筛管防砂挡砂精度设计

挡砂精度指高级优质筛管防砂时的综合网孔直径。

高级优质筛管防砂挡砂精度设计与上节的割缝衬管防砂设计一样,有公式法和实验法。但由于不同油田地层砂的分选性不同,地层砂颗粒大小不一样,再加上各类高级优质筛管的防砂层结构不一样,以及产出流体是原油(还有原油黏度的差异)还是天然气,公式法的推荐结果只能作为室内出砂模拟实验的依据,一般不能直接作为筛管最终选定的挡砂精度要求。同时,公式法设计的挡砂精度无法确定是否满足含砂量的要求,准确的高级优质筛管的挡砂精度必须通过模拟高级优质筛管的防砂层结构和具体产量以及流体特性(原油还是天然气)通过室内出砂模拟实验确定。采用室内模拟的实验方法来确定的高级优质筛管的挡砂精度和筛管防砂层结构,目前已经在国内外近40个油气田的防砂中100%应用成功,且实践证明效果优异。

1. 公式法设计

1) 根据地层砂的粒度中值设计砾石的粒度中值

国内外对砾石直径的选择有许多研究成果,见表2-3。在表2-3中,目前国内外使用最多的是第十一种方法,即Saucier方法。

此时,砾石的粒度中值 $D_{50}=(5\sim6)d_{50}$。

2) 根据设计的砾石粒度中值 D_{50} 设计高级优质筛管挡砂精度

根据计算的砾石粒度中值 D_{50},查表2-7,初步确定高级优质筛管挡砂精度。

表2-7 高级优质筛管综合挡砂精度设计表

砾石目数(美国标准筛目)	砾石粒度中值,mm	高级优质筛管综合挡砂精度,μm
<40~60	<0.249	统一取60
40~60	0.35	60
30~50	0.45	90
30~40	0.5	105
20~40	0.65	125
16~30	0.9	149
16~30	1.1	177
10~30	1.3	210
10~20	1.4	250
10~14	1.7	300
8~10	2.2	350
6~8	2.9	400
4~6	3.6	450
>4~6	>3.6	统一取500

以某油田的实际防砂设计来说明这个过程。某油田地层砂样品的粒度参数为:$d_{50}=0.20mm$,$d_{40}=0.31mm$,$d_{90}=0.09mm$,均匀性系数 $c=d_{40}/d_{90}=3.44$,为非均匀细砂。按照Saucier公式,$D_{50}=1.1mm$,查表2-7,则高级优质筛管的挡砂精度为177μm。

但采用公式法设计,不论对于哪种高级优质筛管,其设计方法都是一样的,无法考虑不同类型的高级优质筛管的防砂层结构,所以无法保证准确性以及防砂的有效性,也无法知道出砂量是否满足防砂标准。

2. 实验法设计

采用实验法设计挡砂精度是最准确的,因为采用的是实际地层砂进行出砂模拟实验。

1) 实验流程

模拟出砂的防砂实验流程如图2-22所示。

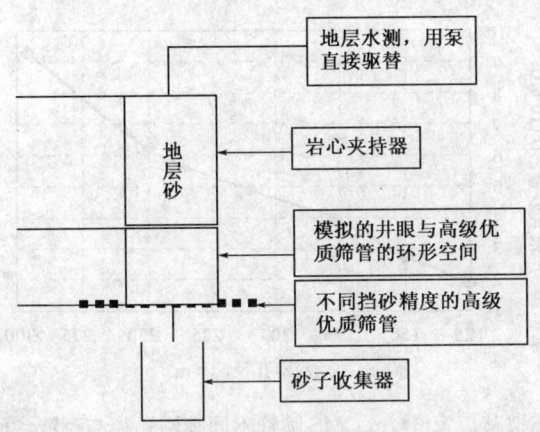

图 2-22 模拟出砂的防砂实验流程示意图

模拟某厂家提供的 6⅝in CMS 筛管从外到内详细结构及各层参数如下:

最外层:外保护套,材料为 304 不锈钢,厚 1.2mm,采用冲压加工方式,形成侧流孔通道,具有非常好的泄流作用,并为内部过滤网提供有效保护。

第二层:过滤层,材料为 316L 不锈钢,采用过滤精度分别为 $125\mu m$、$149\mu m$、$177\mu m$、$210\mu m$、$250\mu m$、$297\mu m$ 的金属编制密纹网,开孔率高达 40%,具有很高过滤精度的同时又拥有很高的过滤效率。

第三层:泄流层,材料为 304 不锈钢,采用大孔径的方孔网(一般选择孔径 2~4mm),能够起到很好的泄流作用。

第四层:过滤层,材料和参数同第二层。

第五层:泄流层,材料和参数同第三层。

第六层:内保护套,材料为 304 不锈钢,冲压圆孔结构,为流体提供足够的通道,将阻力降至最低。

第七层:基管,材料为 13Cr-80 合金钢,孔眼直径为 12.7mm,孔密为 36 孔/m,螺旋分布。

2)实验结果与挡砂精度确定

以某油田的实际防砂设计来说明这个过程。某油田地层砂样品的粒度参数为:$d_{50}=0.20mm$,$d_{40}=0.31mm$,$d_{90}=0.09mm$,均匀性系数 $c=d_{40}/d_{90}=3.44$,为非均匀细砂。采用该地层砂,按照图 2-22 的流程组装后,进行出砂模拟实验,实验结果见表 2-8、图 2-23 和图 2-24。

表 2-8 模拟某厂家提供的 6⅝in CMS 筛管出砂实验结果

筛网孔径 mm	实测出砂量 g	实验最大压力降 1 MPa	最大筛网附加压力降 2 MPa	产液含砂量 t/($10^4 m^3$)
0.125	0.20	0.91	0.102	1.852
0.149	0.29	0.88	0.0987	2.685
0.177	0.32	0.79	0.0876	3.963
0.210	0.45	0.71	0.0812	4.867
0.25	0.65	0.66	0.0712	6.219
0.297	0.79	0.62	0.0675	9.315

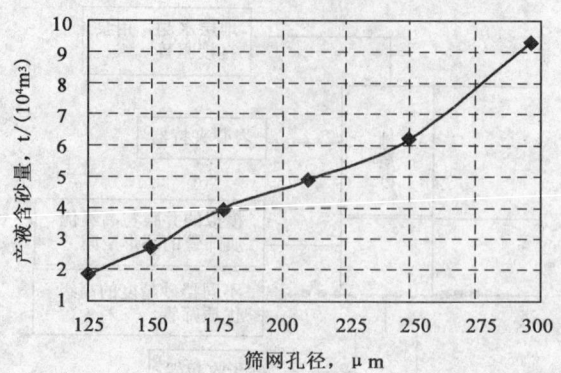

图2-23 模拟某厂家 $6\frac{5}{8}$in CMS 筛管不同筛网孔径与产液含砂量的关系

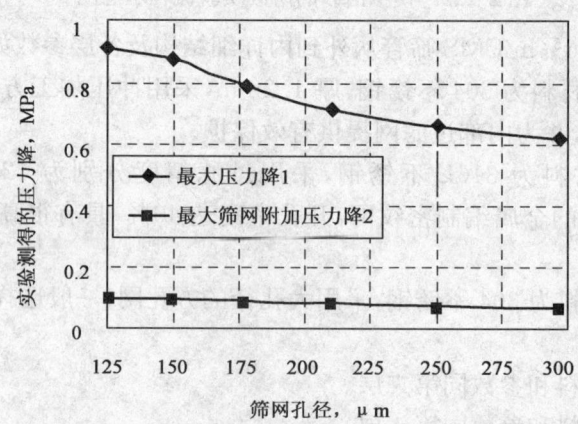

图2-24 模拟某厂家 $6\frac{5}{8}$in CMS 筛管不同筛网孔径与筛网附加压力降的关系

从上述实验结果可以得到如下结论:

(1)参考表2-5中油井防砂效果评价指标(SY/T 5183—2000)的含砂量来评价产液时的出砂量,当防砂后含砂量小于 $0.03\%[3t/(10^4 m^3)]$ 时,认为防砂是完全有效的。因此,从行业指标来看,当挡砂精度小于 $149\mu m$ 时,均满足含砂量小于 $3t/(10^4 m^3)$ 的要求,防砂都是有效的。

(2)筛网附加压力降很小,说明地层砂在产出时对筛网的堵塞并不严重,更说明采用高级优质筛管防砂是可行的。

对比上述公式法设计与实验法设计的挡砂精度,可以发现:采用公式法设计的高级优质筛管的挡砂精度为 $177\mu m$,而采用实验法设计的高级优质筛管的挡砂精度为 $149\mu m$。如果仅仅采用公式法设计的挡砂精度实施防砂,则实施后出砂量会很大,导致防砂失效,所以建议采用实验方法来确定挡砂精度。

第五节 裸眼砾石充填完井

一、适用条件

一般情况下,裸眼砾石充填完井要满足如下条件:

(1)担心井壁不稳定、可能会坍塌的地层,用筛管来支撑井壁,筛管与裸眼的环形空间填满砾石。

(2)无气顶、无底水、无含水夹层及易塌夹层。

(3)单一厚储层,或压力、岩性基本一致的多储层。

(4)不准备实施分隔层段进行选择性处理的储层。

(5)主要用于胶结疏松出砂严重的地层以及上节所述泥质含量高的粉砂、细砂地层。

其中,条件(1)和(5)属于力学条件,而条件(2)、(3)则属于地质条件,条件(4)则是工艺技术要求。

砾石充填防砂时,砾石和筛管共同防砂,但主要是砾石防砂,筛管起支撑和辅助防砂的作用。

二、施工程序

裸眼砾石充填完井具体施工程序是:钻头钻达油气层顶界以上约3m后,下技术套管注水泥固井。再用小一级的钻头钻穿水泥塞,钻开油气层至设计井深。然后更换扩张式钻头将油气层部位的井径扩大到技术套管外径的1.5～2倍(以确保充填砾石时有较大的环形空间,增加防砂层的厚度,提高防砂效果)。将绕丝筛管或者上节所述高级优质筛管下入井内油气层部位,然后用充填液将在地面上预先选好的砾石泵送至绕丝筛管(或者高级优质筛管)与井眼之间的环形空间内,构成一个砾石充填层,以阻挡油气层砂流入井筒,达到保护井壁、防砂入井的目的。图2-25是垂直井裸眼砾石充填完井示意图,图2-26是水平井裸裸眼砾石充填完井示意图。

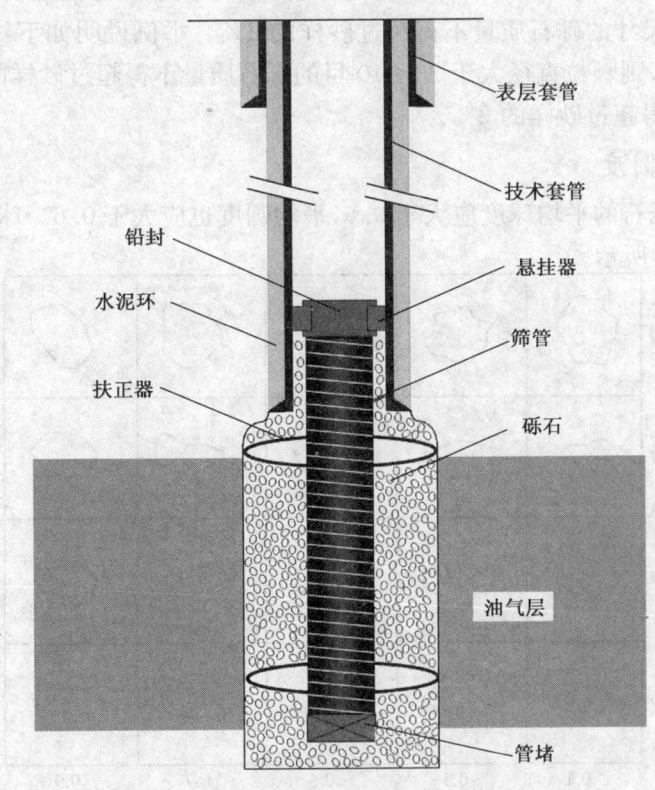

图2-25 垂直井裸眼砾石充填完井示意图

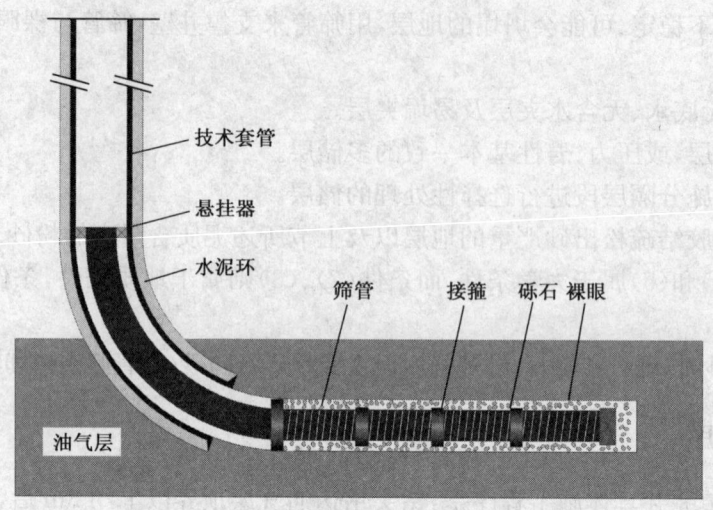

图 2-26 水平井裸眼砾石充填完井示意图

三、砾石参数设计

1. 砾石粒径

国内外广泛采用 Saucier 方法进行设计,砾石的粒度中值 $D_{50}=(5\sim6)d_{50}$。

2. 砾石尺寸合格程度

API(美国石油学会)砾石尺寸合格程度的标准是大于要求尺寸的砾石质量不得超过砂样的 0.1%,小于要求尺寸的砾石质量不得超过砂样的 2%。举例说明如下:假设设计选定的砾石目数为 20~40 目,则颗粒直径大于 20~40 目的砾石质量不得超过砂样的 0.1%;小于 20~40 目的砾石质量不得超过砂样的 2%。

3. 砾石球度和圆度

API 标准要求砾石的平均球度应大于 0.6,平均圆度也应大于 0.6。球度和圆度的定义如图 2-27 和图 2-28 所示。

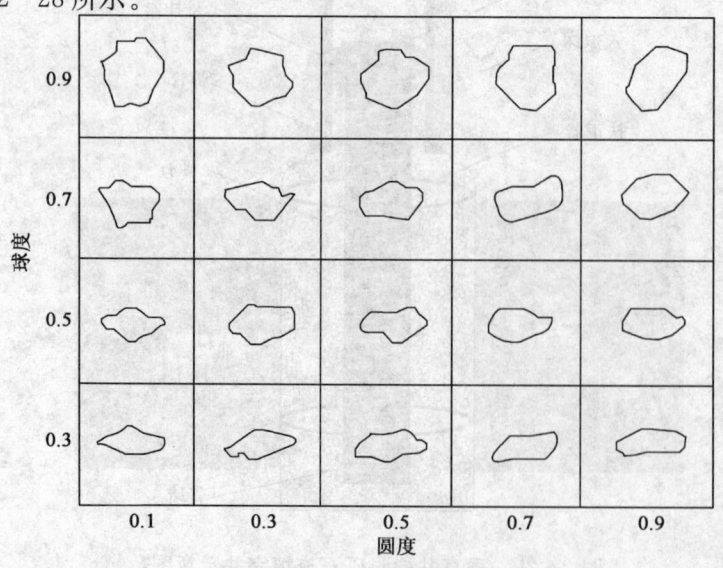

图 2-27 球度目测图

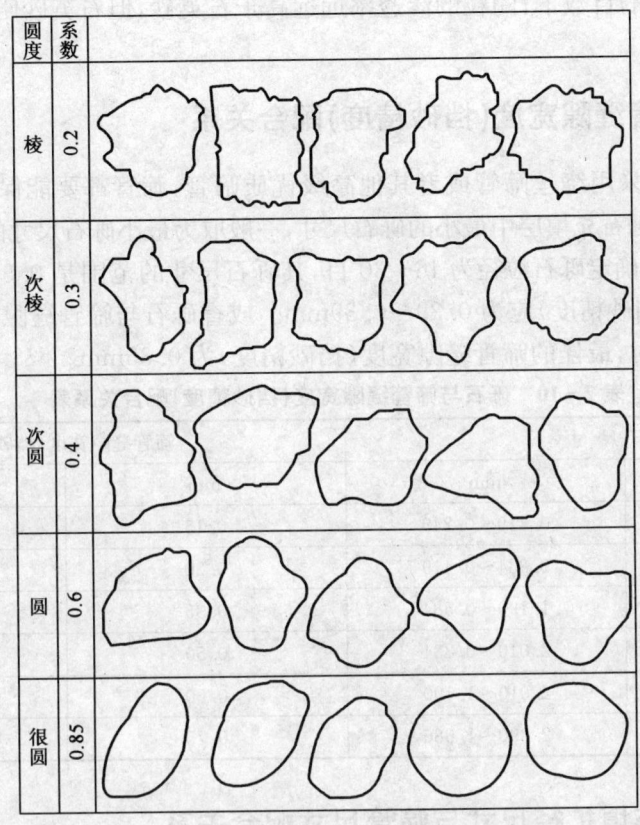

图 2-28 标准圆度

4. 砾石酸溶度

API 砾石酸溶度的标准是：在标准土酸（3%HF+12%HCl）中砾石的溶解质量分数不得超过1%。

5. 砾石结团

API 标准是：砾石应由单个颗粒所组成，如果样品中含有1%或更多个颗粒结团，该样品不能使用。

6. 砾石强度

API 砾石强度的标准是抗破碎试验所测出的破碎砂质量分数不得超过表 2-9 给出的数值。

表 2-9 砾石抗破碎推荐标准

充填砂粒度，目	破碎砂质量分数，%	充填砂粒度，目	破碎砂质量分数，%
8~16	8	20~40	2
12~20	4	30~50	2
16~30	2	40~60	2

7. 砾石类型

一般情况下，浅油井可选用石英砂作为砾石，而中深油井、深油井以及气井最好都选用陶粒作为砾石。在同样的目数下,陶粒的渗透率远远高于石英砂,但石英砂便宜,密度低,而陶粒价格更贵,密度更高。

四、砾石与筛管缝隙宽度(挡砂精度)配合关系

砾石充填不论是采用绕丝筛管或者其他高级优质筛管,筛管都要能保证砾石充填层的完整。故其缝隙应小于砾石充填层中最小的砾石尺寸,一般取为最小砾石尺寸的1/2～2/3。例如,根据油层砂粒度中值,确定砾石粒径为16～30目,其砾石尺寸的范围是0.584～1.190mm。所选的筛管缝隙宽度(挡砂精度)应为0.29～0.39mm。或查砾石与筛管缝隙宽度(挡砂精度)配合关系表2-10。此时,最佳的筛管缝隙宽度(挡砂精度)为0.35mm。

表2-10 砾石与筛管缝隙宽度(挡砂精度)配合关系表

砾石尺寸		筛管缝隙宽度(挡砂精度)	
标准筛目,目	mm	mm	in
40～60	0.419～0.249	0.15	0.006
20～40	0.834～0.419	0.30	0.012
16～30	1.190～0.584	0.35	0.014
10～20	2.010～0.834	0.50	0.020
10～16	2.010～1.190	0.50	0.020
8～12	2.390～1.680	0.75	0.030

五、裸眼砾石充填扩径尺寸与筛管尺寸配合关系

一般要求砾石层的厚度不小于50mm。裸眼扩径尺寸匹配见表2-11。

表2-11 裸眼砾石充填扩径尺寸与筛管尺寸匹配表

套管尺寸,mm	小井眼尺寸,mm	扩眼尺寸,mm	筛管尺寸,mm
139.7	120.6	305	87
168.3～177.8	149.2～155.5	305～407	117～142
193.7～219.1	165.1～200	355.6～457.2	155
244.5	222.2	407～508	184
273.1	241.3	457.2～508	194

六、砾石充填液设计与选择

砾石充填液也称为携砂液,是将砾石携带到筛管和井壁(或筛管和套管)环形空间的液体。因为在砾石充填过程中部分充填液将进入油气层,因此对充填液的性能应严格要求。

从携带砾石的角度考虑,要求它的携砂能力强,即含砂比高以节省用量。并希望砾石在充填液中不沉降,使之形成紧密的砾石充填层,避免在砾石层内产生洞穴,以至在生产过程中发生砾石的再沉降,而使筛管出露失去防砂作用。还要求充填液在井底温度的影响下,或在某些添加剂的影响下,能自动降黏稀释而与砾石分离,以免在砾石表面包裹一层较厚的胶膜,使砾石堆积不实而影响填砂质量。从保护油层的角度考虑,则要求充填液无固相颗粒,并尽可能防止液相侵入后引起油气层黏土的水化膨胀或收缩剥落。因此,理想的充填液应具备下列性能:

(1)黏度适当(500～700mPa·s),有较强的携砂能力。
(2)有较强的悬浮能力,使砾石在其中的沉降速度小。
(3)可通过某些添加剂或受井底温度的影响而自动降黏稀释。
(4)无固相颗粒,对油层伤害小。
(5)与油层岩石相配伍,不诱发水敏、盐敏、碱敏。
(6)与油层中流体相配伍,不发生结垢、乳化堵塞。
(7)来源广泛,配制方便,可回收重复使用。

目前国内外在砾石充填作业中主要使用的携砂液有以下几种类型:

(1)清盐水或过滤海水,其中加入适当的黏土稳定剂及其他添加剂,施工时的携砂比为50～100kg/m³。

(2)低黏度携砂液,黏度为50～100mPa·s,由清盐水或过滤海水中加入适当的水基聚合物与黏土稳定剂及其他添加剂组成。施工时的携砂比为200～400kg/m³。

(3)中黏度携砂液,黏度为300～400mPa·s,由清盐水或过滤海水中加入适当的水基聚合物与黏土稳定剂及其他添加剂组成。施工时的携砂比为400～500kg/m³。

(4)高黏度携砂液,黏度为500～700mPa·s,由清盐水或过滤海水中加入适当的水基聚合物与黏土稳定剂及其他添加剂组成。施工时的携砂比可达1000～1800kg/m³。所采用的水基聚合物有甲叉基聚丙烯酚胺凝胶、羟乙基纤维素和锆金属离子交链凝胶等。

(5)泡沫液,泡沫携砂液可用于低压井。由于泡沫液中气相体积分数占80%～95%,含液量少,不存在低压漏失问题。泡沫液的携砂能力强,充填后砾石沉降少,筛缝不容易被堵塞,对地层造成的伤害小。

砾石充填携砂液的选用可参见表2-12。

表2-12 砾石充填携砂液选用推荐表

施工对象和方法	低黏液	中黏液	高黏液	泡沫液
裸眼井	适用	可用	—	—
长井段	适用	—	—	—
低压漏失井	—	—	—	适用
高斜井	适用	—	—	适用
振动充填	适用	—	—	—
两步法第一步	可用	适用	适用	—
两步法第二步	适用	—	—	—
高密度挤压井	—	—	适用	—
低渗透地层	适用	—	—	适用
高黏油地层	—	—	—	适用
流砂地层	—	—	适用	—
清水压裂充填	适用	—	—	—
端部脱砂压裂充填	适用	可用	—	—
胶液压裂充填	—	—	适用	—

七、砾石充填液用量的设计

对于裸眼井下砾石充填,环空砾石充填的砾石用量应根据裸眼井径、筛管外径、光管外径、筛管长度、光管长度以及油气层段厚度来计算。

$$V_t = V_1 + V_2 + V_3 + V_f \tag{2-5}$$

其中

$$V_1 = \frac{\pi}{4}(D^2 - D_1^2)L_1$$

$$V_2 = \frac{\pi}{4}(D^2 - D_2^2)L_2$$

$$V_3 = f_1 h$$

$$V_f = (V_1 + V_2 + V_3)f_2$$

式中 V_t——充填砾石总量,m^3;
V_1——筛管与环空砾石用量,m^3;
V_2——光管与环空砾石用量,m^3;
V_3——保证充填系数所需的砾石量,m;
V_f——砾石附加量,m^3;
D——裸眼井径,m;
D_1——筛管外径,m;
L_1——筛管总长度,m;
D_2——光管外径,m;
L_2——光管总长度,m;
f_1——充填系数,新井取 $0.028m^3/m$,老井取 $0.047m^3/m$;
h——油气层厚度,m;
f_2——附加量系数,一般新井充填取 1,老井充填取 0.5。

第六节 裸眼压裂砾石充填防砂完井

压裂砾石充填防砂,也可简称压裂防砂,英文称为 Fracpac。随着油气田开采技术的发展以及多种工艺技术的综合运用,压裂技术的应用范围已不再局限于低渗透层,中高渗透层也开始应用该技术,并得到了迅速发展。主要原因是中高渗透油藏在开发过程中出现了某些严重影响正常生产或高效开发的矛盾与问题,主要表现在:中高渗透层不仅在近井地带普遍存在伤害带,地层深部的渗透率因生产过程中的微粒移动也会不断下降,有的还相当严重。常规解堵方法不仅有效期短,还不能解决地层深部伤害的解除与防范问题。

为了更好地解决上述问题,适应这类油藏的压裂充填防砂技术近年来得到了系统研究和快速发展,并且作业领域已从陆上油田延伸到海上油田。压裂充填防砂结合了压裂和充填防砂两种工艺方法,将端部脱砂压裂技术运用于中高渗透油藏,能够同时达到防砂和解堵增产的目的。

一、压裂防砂增产原理及实施要点

1. 压裂防砂增产原理

地层流体向井底的流动是沿着阻力最小的通道。在均质未压裂地层内,流体流入井底的模式为标准径向流。

油井压裂后(假定形成双翼对称垂直裂缝),流体沿着具有高导流能力裂缝流动,在近井地带形成双线性流。

无论是低渗透层的压裂增产,还是中高渗透层的压裂防砂,基本原理都建立在上述双线流动机理之上。而反映裂缝对地层流体流动影响的一个重要参数为无因次裂缝导流能力,该参数用公式表示为:

$$C_{fD} = \frac{K_f \cdot b_f}{K \cdot L_f} \tag{2-6}$$

式中　C_{fD}——无因次裂缝导流能力;
　　　$K_f b_f$——裂缝导流能力,$\mu m^2 \cdot m$;
　　　K_f——裂缝渗透力,μm^2;
　　　b_f——裂缝宽度,m;
　　　L_f——裂缝半长或双翼对称裂缝之一翼长度,m。

无因次裂缝导流能力的大小基本能代表裂缝实际导流能力与地层自然渗透能力的差异大小。只有当 C_{fD} 达到较大时,才能产生明显的双线性流动形式。当压裂层 K 值较大时,限制 L_f 并尽可能产生较高的导流能力 $K_f b_f$,才能获得较高的 C_{fD} 值。因此,在对中高渗透层进行压裂时,要求实现"短宽裂缝"。压裂充填防砂增产原理如图2-29所示。

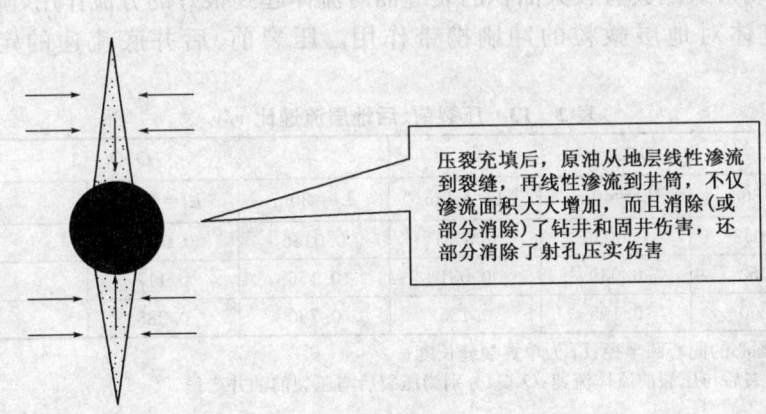

图2-29　压裂充填防砂增产原理

2. 压裂防砂实施要点

为了搞好压裂砾石充填防砂,建议按以下几个要点实施:

(1)在可以进行压裂充填的层段,压裂充填的效果很好,与常规砾石充填相比,虽然成本增加,但压裂充填的增产作用明显。这主要是形成了裂缝,改善了渗流方式,消除了(或部分消除了)钻井、固井伤害,同时也破坏了射孔所形成的压实带等所致。同时,压裂砾石充填的防砂效果还好于常规砾石充填的防砂效果。

（2）在清水压裂充填、端部脱砂压裂充填、胶液压裂充填这3种方式中,清水压裂充填、端部脱砂压裂充填的增产效果相当,这是因为两者形成的裂缝较短;而胶液压裂充填的增产效果最为明显,主要原因是胶液压裂充填能形成三者之中最长的裂缝,但成本最高。

（3）在采用了屏蔽式暂堵技术的井中,由于钻井污染深度浅,建议采用清水压裂充填或端部脱砂压裂充填来解堵和增产;而在未采用屏蔽式暂堵技术的井中,特别是表皮系数较高的井,由于钻井污染深度深,建议采用胶液压裂充填来解堵和增产。

（4）综合增产效果、施工成本、施工难易程度多方面来看,凡是已证明能用清水将地层压开的井,应尽量使用清水压裂充填或端部脱砂压裂充填来解堵和增产;否则,采用胶液压裂充填来解堵和增产。

二、压裂防砂原理

压裂防砂的原理主要体现在如下几个方面。

1. 缓解或避免岩石破坏

岩石的破坏机理有4种:拉伸破坏、剪切破坏、黏结破坏和孔隙坍塌。这4种破坏均与生产压差或流动压力梯度有着密切关系。具有高导流能力的压裂裂缝在穿透近井伤害带的同时,将地层流体原来的径向流转变为双线性流,不但可以达到增产的目的,还可以降低生产压差,使压力梯度大幅度下降,从而缓解或避免了岩石骨架的破坏,降低了出砂趋势和出砂程度。

2. 降低流体携带微粒的能力

基于双线性流动机理,在流体黏度不变的情况下,流体对地层微粒的冲刷携带作用主要取决于流动速度的大小。对于压裂前的径向流动,随着流体向井底的积聚,流动速度越来越大。压裂后双线性流动形式因具有较大面积的裂缝而对流体起到很好的分流作用,降低了流速,从而大大降低了流体对地层微粒的冲刷携带作用。压裂前、后井底流速的定量比例关系见表2-13。

表2-13 压裂前、后地层流速比 v/v_r

r,m	$Q/Q_r=1$			$Q/Q_r=3$		
	$L_f=30m$	$L_f=40m$	$L_f=50m$	$L_f=30m$	$L_f=40m$	$L_f=50m$
0.1	0.0052	0.0039	0.0031	0.0156	0.0117	0.0093
1.0	0.052	0.039	0.031	0.156	0.117	0.093
5.0	0.260	0.195	0.155	0.780	0.585	0.465

注:r为以井底为圆心的同心圆半径;L_f为单翼裂缝长度;

v、v_r分别为压裂后与压裂前流体流速;Q、Q_r分别为压裂后与压裂前油井产量。

3. 挡砂屏障封口

地层压裂后近井地带由径向流变为双线性流,大大降低了生产压差,缓解了地层的出砂状况,但并不意味着地层就不出砂。少量的地层砂及压裂充填入裂缝的支撑剂会随着地层流体一并进入井筒,因此必须对压裂充填层进行封口。根据地层砂粒径分布选择合适的涂敷砂代替支撑剂进行封口,形成二次挡砂屏障封口。

三、压裂防砂的选井原则

压裂防砂的选井原则如下:

(1)近井地带存在伤害,地层渗透率较高,$K=(500\sim1000)\times10^{-3}\mu m^2$,出砂历史较短,应采用该工艺。

(2)对于特高渗透率($K>1000\times10^{-3}\mu m^2$),但地层尚有一定硬度($E>700MPa$),或者当$K=(500\sim1000)\times10^{-3}\mu m^2$,$E=700\sim3500MPa$时,采用该工艺。

四、压裂防砂设计

1. 配套压裂设计

按照需要的增产倍数设计压裂裂缝的几何尺寸以及所要求的裂缝导流能力。

2. 防砂设计

裂缝中的砾石目数设计:根据上段设计的裂缝导流能力和裂缝的几何尺寸,反算裂缝的渗透率,并按照所选择的砾石是石英砂还是陶粒,反推砾石的目数。

封口砾石的设计,与上段裸眼砾石充填设计相同。其他砾石参数的设计与上段裸眼砾石充填相同。

一般情况下,裂缝中的砾石目数可以与封口砾石的目数相同,也可以不同。裂缝中的砾石主要是满足高导流能力,而封口砾石则主要是确保防砂有效。

五、压裂防砂技术常规施工程序

1. 一次管柱完成法施工工艺过程

压裂充填一次管柱施工过程中的两个阶段(以下循环工具为例)如下所述。

1)压裂过程

套管闸门关死,压裂液及支撑剂由油管泵入,通过砾石充填管柱充填工具的转换孔进入油套环形空间,经由射孔孔眼进入地层,把地层压开并充填支撑剂。

2)绕丝筛管管内循环砾石充填阶段

套管闸门打开,携砂液由油管泵入,通过充填工具的转换孔进入绕丝筛管与套管之间的环形空间。通过绕丝筛管过滤,砾石留在环空位置,纯液体进入绕丝筛管内,由冲管经充填工具的转换孔从防砂工具皮碗以上的环空经套管闸门流出。这个过程同常规砾石充填作业相同。

压裂施工中泵注排量及压裂液的黏度一般应低于常规压裂,主要目的是减缓裂缝延伸速度,控制缝高,便于脱砂。表2-14是哈里伯顿公司提供的压裂充填泵速度限定表。

表2-14 压裂充填泵速限定

工具尺寸,in(mm)	排量限定,m³/min
2.55(64.77)和2.75(69.85)(普通型)	1.27
2.55(64.77)和2.75(69.85)(高流速型)	2.38
3.25(82.55)	2.54
3.88(98.55)	3.66
5.00(127.00)(标准型)	3.66
5.00(127.00)(特殊型)	5.72

2. 端部脱砂压裂

常规压裂要求泵注足够的前置液充分造缝,当施工结束时缝内砂浆前缘接近或恰好到达裂缝前缘。而端部脱砂压裂要求在泵注携砂液过程中,缝内砂浆前缘提前到达裂缝周边,从而限制缝长、缝高的进一步增长,促使缝宽较快地增大。因此,成功的端部脱砂应该是裂缝周边脱砂;裂缝前端及上、下边任何部分不脱砂都不能完全达到预期目的。

1)施工参数及泵注程序特点

(1)压裂液黏度低于常规压裂。液体黏度要求满足两个相互矛盾的方面:一是液体悬砂,二是利于脱砂。若黏度太低,缝内不能保证悬砂,缝上部分会出现无砂区,达不到周边脱砂的目的。

另外,黏度太低,也容易导致井筒沉砂。若黏度太高,滤失较慢,难以适时脱砂。因此,端部脱砂压裂对液体黏度的要求比常规压裂更严格一些。

(2)泵注排量一般应低于常规压裂。主要目的是减缓裂缝延伸速度,控制缝高并便于脱砂。

(3)前置液用量比常规压裂少。目的是使砂浆前缘能在停泵前到达裂缝周边。

(4)加砂比通常高于常规压裂(因排量小,加砂比可以提高上去),以提高裂缝支撑效率。

2)裂缝延伸规律及施工压力特点

常规压裂在整个施工过程中,其裂缝的长、宽、高一般都是不断增长的(遇到坚硬遮挡层时缝高停止增长),而井底压力是基本稳定的。而端部脱砂压裂在出现脱砂之前,裂缝增长规律及压力特征同常规压裂一样;但开始脱砂后,缝长和缝高不再增大,只有缝宽较快地增大,井底压力开始按一定速度稳步升高。

六、压裂防砂压裂液的选择

在中高渗透油藏的压裂充填防砂过程中,液体对地层的滤失特性及其对地层的伤害机理均与低渗透地层压裂有较大的区别。因此,合理地选择压裂液是保证压裂充填防砂作业达到预期目的的关键因素之一。

目前,国外已开发研制了 50 多种压裂液,可以大致分为如下体系:线性溶胶压裂液、硼交联压裂液、有机金属压裂液、磷酸酯交联油基压裂液、泡沫压裂液等。压裂防砂压裂液的选择见表 2-15。

表 2-15 压裂防砂压裂液优选表

序号	分类	特点	适用范围
1	硼交联压裂液	黏度高,摩阻小,残渣量低,滤失小,需要加破胶剂	中高渗透油藏
2	HEC 线性溶胶压裂液	黏度较高,滤失较快,侵入地层深度大、48h 自动破胶,基本无残渣,易返排	低温,浅井
3	磷酸酯交联油基压裂液	黏度高,滤失量小,泵送摩阻低,不伤害油气层,易返排	常温、水敏油藏
4	泡沫压裂液	悬砂能力强,滤失量小,基液表面张力小,压裂液返排彻底,对油层伤害小	含气砂岩地层渗透率小于 $1 \times 10^{-3} \mu m^2$ 或者水敏性油藏

习 题

1. 合理的完井方法应力求满足哪几点要求?
2. 简述出砂对生产的危害。
3. 在裸眼内可以采用哪些完井方法?
4. 压裂与防砂结合的好处是什么?
5. 某地层的地层砂粒度参数 d_{10} 为 0.32mm,地层不出砂,拟采用割缝衬管完井,试设计割缝衬管的 5 个参数。
6. 某地层的地层砂粒度参数 d_{50} 为 0.29mm,地层出砂,拟采用割缝衬管完井防砂,试用公式法设计割缝衬管的缝隙宽度。
7. 某地层的地层砂粒度参数 d_{50} 为 0.18mm,地层出砂,拟采用高级优质筛管完井防砂,试用公式法设计高级优质筛管的挡砂精度。

第三章 海洋射孔系列完井方法

上一章论述了裸眼完井系列完井方法的特点与地层适用条件以及施工工艺,裸眼系列完井具有施工简单、完井后产能高的优点,但是对储层条件有一定的要求。对于有气顶、底水、含水夹层及易塌夹层的单一厚储层,或压力、岩性不一致的多储层,或需要实施对储层分层段进行选择性处理的储层,裸眼系列完井并不适用。本章的主要内容就是讲述一种能满足这类储层条件的完井方式——射孔系列完井。

第一节 射孔完井

一、射孔完井概述

射孔完井是指用钻头钻穿油层直至设计井深,然后下油层套管(尾管)至油层底部并注水泥固井,最后在套管(尾管)上射孔的完井方式。这一完井方式成功地解决了油气井储层与井筒之间形成有控制性的液流通道问题。图3-1、图3-2分别是套管射孔完井与尾管射孔完井示意图。

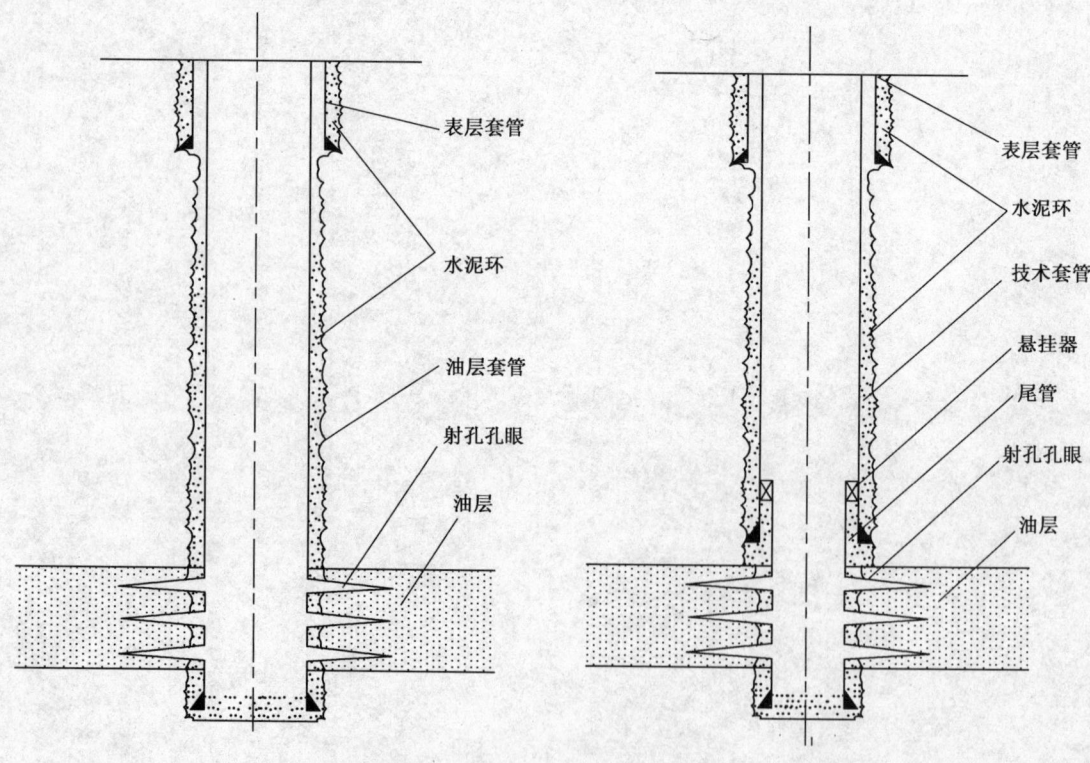

图3-1 套管射孔完井示意图　　　　图3-2 尾管射孔完井示意图

射孔作为射孔完井的重要技术环节,是利用射孔器射穿油气井管壁、水泥环和部分地层,建立油气层和井筒之间的油气流通通道的一种技术。

由于射孔完井过程中下入了油层套管并注水泥固井,形成了新的人工井壁,因此可以防止井壁垮塌,并且可以在油层套管的任意部位通过射孔的方式建立流体流入井筒的通道。因此,射孔完井相比裸眼完井来说具有更为广泛的适用性,它可以适用以下地质条件的储层:

(1)有气顶、底水、含水夹层、易塌夹层等复杂地质条件,要求实施分隔层段的储层。
(2)各分层之间存在压力、岩性等差异,要求实施分层测试、分层采油、分层注水储层。
(3)要求实施大规模水力压裂作业的低渗透储层。
(4)砂岩储层、碳酸盐岩裂缝性储层。

二、射孔器

射孔器是用于油气井射孔的器材(或装置)及其配套件的组合体,其性能的好坏直接影响到射孔完井效果。

1. 射孔器的基本类型

1)机械切孔器

1910年,用一个机械刀片在套管上旋转钻孔,机械切孔器通过钻杆传输下井,然后打开切刀,当切刀绕销钉旋转时,靠钻杆的上提力切入套管壁。这种钻孔法速度慢、成本高,水泥环超过25mm厚时效果不佳。

2)子弹射孔器

1926年,Sid Mine首先发明了子弹射孔方法,于1932年首次用于油井套管射孔,在加利福尼亚Montebello油田一口800m深的井,用了8d时间,下井11次,共发射80枚子弹。该射孔方法较机械切孔方法具有一定优势,广泛使用了二十多年,目前国外仍有应用。

3)聚能射孔器

1945年,Mohaupt和R. H. Melemore等在美国福特沃斯成立了油井炸药公司(Well Explosives Inc.,现今哈里伯顿·威立克斯公司的前身),开发了油气井聚能射孔弹,利用聚能弹的聚能效应形成喷流穿透套管、水泥环和部分地层。1946年首次在裸眼井中射孔,1948年在密西西比两口套管井中射孔。聚能射孔弹穿透力强,效率高。

4)水力喷砂射孔器

20世纪60年代初以来,水力喷砂射孔在国外逐步成熟,美国、俄罗斯等相继将它用于准备进行水力压裂的地层。这种方法是借助于含有分选好的石英或其他磨料的高压液流进行井下射孔。液流通过喷嘴的速度为150~250m/s,流量为0.001~0.006m^3/s,枪外径为80~230mm,枪身用油管下入井中,井口泵为2~8台大功率泵。该技术在俄罗斯使用较多,约占其射孔作业的5%。

5)复合射孔器

20世纪80年代,随着高能气体压裂技术的完善与发展,将聚能射孔与高能气体压裂相结合形成了复合射孔器。射孔后,利用推进剂的快速燃烧产生高温高压气体对地层进行造缝。90年代,复合射孔器得到了很大的发展。复合射孔器按结构形式可分为一体式、分体式、外套式、二次增效等类型。

6) 激光射孔器

这种方法将地面激光发生器产生的高功率相干光束通过光缆沿着井轴到达预定射孔深度,然后通过设在此处的激光接受器将光束横向折射到被射位置,光束连续聚焦在折射光束轴的聚焦点上,形成射孔孔眼。预计激光射孔器的射孔穿透深度可达457mm,可按要求射开多个孔眼,孔径为9.5~25.4mm。此外,激光射孔器的孔眼定位相当准确,使每个孔眼都能对准油气层。这种射孔方法可最大限度地降低对油气层的伤害。但到目前为止,未见现场应用情况报道。

虽然射孔器的种类较多,但目前射孔仍以聚能射孔器或以其为基础发展起来的复合射孔器为主。

2. 聚能弹射孔的基本原理

如图3-3所示,聚能射孔弹主要由导爆索、起爆炸药、主体炸药、聚能罩(衬套)与外壳组成。聚能射孔弹的实际射孔过程十分迅速,从射孔弹引爆到穿透地层的整个过程一般只需几十微秒。

1) 聚能喷流的产生

在射孔过程中,导爆索中产生的震动波迅速引爆主炸药。主炸药中的爆轰波约以8700m/s的速度和近350kPa的压力作用于聚能罩,使聚能罩上的金属流动,并且内外层分离,随着作用压力的增加,逐渐产生一个高速细粒针状的金属粒子流。在喷流形成过程中,喷流的质量和长度随着时间的延长而增大。

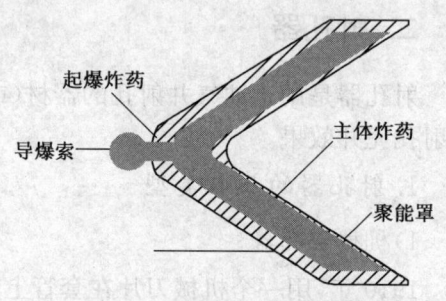

图3-3 聚能射孔弹结构示意图

2) 聚能喷流的穿靶

喷流形成后,经过一段距离的运动,然后撞击靶板,进入穿靶阶段。聚能喷流是一种高速运动的金属粒子流,它可以被看做为一个高速运动并迅速拉伸的钻杆,在100×10^3MPa的压力下冲击目标靶(套管、水泥环和地层)。目标物质抗拒不住这种具有巨大压力的喷流,在冲击点处产生塑性流动,目标物质在径向上连续流动形成孔道,喷流连续穿透目标物质,直到其压力不能克服目标物质的强度为止。喷流的射孔是靠高压来完成的。这个压力的大小与固态的金属碎屑或粉末状的金屑离子流有关,同时还取决于聚能罩的类型。

3. 影响聚能射孔弹性能的因素

许多参数影响射孔弹的性能:炸药的性质、聚能罩的材料性质、聚能罩的几何形状、外壳的材料和外形、射孔弹的尺寸,特别是射孔弹的间隙(炸高),这些参数综合影响着喷射流的侵入深度与套管上孔眼入口的直径。

1) 炸药

炸药的类型、分布和密度影响产生侵入射孔的爆炸速度与压力。主要用于油田射孔器聚能射孔弹的炸药是粒状材料,这种材料必须在高压下进行压缩,以达到提供较好射孔弹性能所要求的密度。然而对于给定的炸药,其实际的爆炸速度取决于炸药的密度,密度越大,速度越高。因为炸药的密度是爆炸速度的关键,所以在射孔弹内控制炸药的对称分布是至关重要的。制造过程所产生的小的差异可导致不合适的套管上的孔眼入口直径、射孔尺寸和侵入深度。射孔弹的性能并不取决于射孔弹炸药的重量。

2)聚能罩

聚能罩的尺寸影响侵入深度和孔眼入口尺寸。聚能罩越大,就有越多的材料转变成喷射流;喷射流越多,侵入深度或孔眼尺寸就越大。一般情况下,较大的射孔器具有较大的射孔弹和较大的孔眼入口。聚能罩的几何形状影响喷射流速及其质量分布。如图3-4所示,一般情况下,聚能罩角度的减小将提高喷射速度和侵入深度,而孔眼直径减小;相反,增大聚能罩的角度,喷射流速减小,喷射流直径增大,相应的孔眼增大,侵入深度较浅。用于砾石充填操作的大孔径射孔弹的聚能罩,其尖部很圆或呈抛物线形,以提供套管上较大的入口孔眼。现代压实粉末锥形金属聚能罩提供了套管上较大的入口孔眼。此外,新的压实粉末金属聚能罩在射孔器与套管间距较大变化范围内,比老式抛物线型铜片聚能罩能保持较大的入口孔眼。传统使用的锻造铜片已经被较易操作用途更广的使用铜、铅和其他粉末状金属混合物组成的压实粉末金属聚能罩所取代。

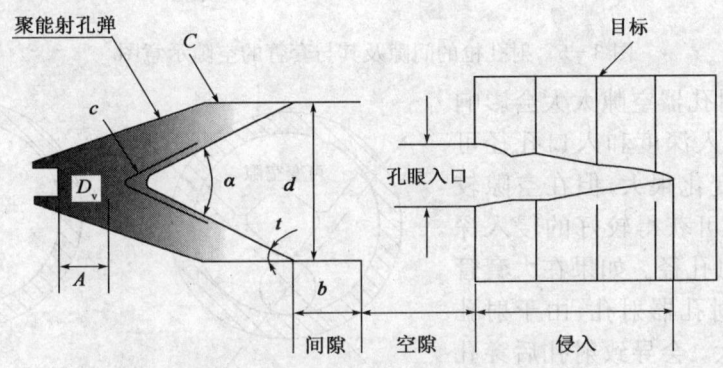

增大侵入深度:减小α,增大b、A、d、t、C和D_v;
增大孔眼入口:增大α、d,减小b、t和聚能罩顶部的D_v;
增大孔眼体积:增大α、d、t,减小b,用火药调整D_v。

图3-4 影响射孔弹侵入深度和孔眼入口尺寸的聚能罩设计参数
D_v—爆炸速度;C—弹药模腔的直径;c—聚能罩顶部的半径

3)外壳

与影响射孔弹性能的其他参数相比,射孔弹聚能罩和炸药的外壳设计是次要的。然而目前比较流行的钢制外壳确实起到了比较好的限制作用,它使炸药在向聚能罩导引更多的能量过程中更有效。

4)间隙

间隙是指聚能罩的基体与射孔器内部之间的距离,又称炸高,如图3-5所示。该距离严重影响着侵入深度与孔眼尺寸。这个距离是一个设计参数,一旦确定,其余参数由它而得。一般情况下这个间隙越大,性能越好。但是枪内炸高又不能提高太大,因为随着炸高的增加,相邻两弹之间的导爆索长度增长,这样两弹之间起爆的时间差延长了。当炸高增加到一定高度时,两弹之间起爆的时间差超过某一临界值,便形成弹间干扰,严重影响射孔弹的穿透性能。

5)射孔器空隙

射孔器空隙是射孔器沿射孔弹喷射轴到套管内径的距离,如图3-5所示。空隙和聚能罩

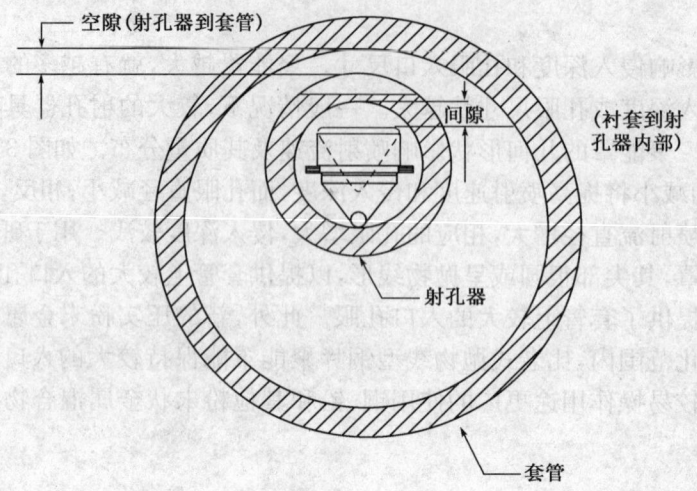

图 3-5 射孔枪的间隙及其与套管的空隙示意图

间隙是不同的。射孔器空隙太大会影响射孔器的性能,侵入深度和入口孔径可随空隙的变化而变化很大,但在空隙较小的情况下,通常可获得较好的侵入深度与套管上的入口孔径。如果在大套管井中选用小直径射孔器射孔,由于射孔枪与套管空隙过大,会导致射孔后穿孔深度下降,孔眼在套管上分布不均匀,孔眼大小不一,孔的深浅差异较大,降低了套管的承载能力等弊端。每种射孔器都有其独特的空隙与性能关系。图 3-6 表示出射孔器空隙对射孔穿深的影响。

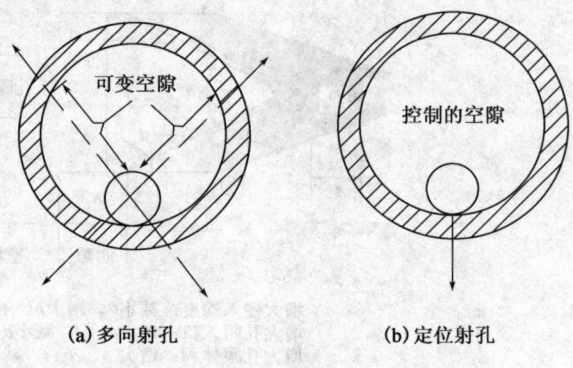

图 3-6 射孔器空隙对射孔穿深的影响

射孔器及射孔弹的设计要平衡各种设计参数,以便为其特殊用途提供最佳可能的系统性能。目前的聚能射孔器比早期射孔器侵入深度深 2~3 倍,并且对套管上的入口孔眼直径无伤害。

三、射孔压差

射孔压差是指射孔层位中部深度处的井底压力与地层压力的差值。按射孔压差大小可将射孔分为负压射孔(Underbalanced Perforating)、正压射孔或平衡射孔(Balanced Perforating)和超正压射孔(Extreme Overbalanced Perforating,EOP)。当射孔压差为负值时为负压射孔;当射孔压差为正且射孔层位中部深度处的井底压力小于地层破裂压力时为正压射孔;当射孔压差为正且射孔层位中部深度处的井底压力大于地层破裂压力时为超正压射孔。

1. 负压差设计

负压射孔的作用已被现场实践和室内试验所证实,但负压值过大会引起地层出砂并损害套管,而负压值过低又不能确保孔眼的清洁。因此必须对射孔负压进行合理的设计。

1)常用负压设计方法

(1)W. T. Bell 经验关系。W. T. Bell 根据世界范围上千口射孔完井的经验,给出了根据产层渗透率及储层类型确定所需负压值的一个统计表,见表 3-1。该方法的缺点是只给出一个范围,需要结合经验来确定,只能用于确定最小负压。

表 3-1　W. T. Bell 射孔负压设计经验准则

渗透率 K, $10^{-3}\mu m^2$	负压 Δp, MPa	
	油层	气层
$K>100$	1.4~3.5	6.9~13.8
$10<K\leqslant 100$	6.9~13.8	13.8~34.5
$K\leqslant 10$	>13.8	>34.5

(2)美国岩心公司经验关系。

美国岩心公司曾根据 45 口井的修正数据给出了一个选择油井射孔负压的经验关系:

$$\ln\Delta p_{min} = 5.471 - 0.3688\ln K \tag{3-1}$$

式中　Δp_{min}——油井射孔最小负压,10^{-1}MPa;

　　　K——油层渗透率,$10^{-3}\mu m^2$。

(3)美国 Conoco 公司计算方法。

1989 年,美国 Conoco 公司的 H. R. Crawford 发表了负压设计院方法,它建立在 G. E. King 最小负压公式和 Colle 最大负压公式基础上。King 等人根据 90 口井的经验获得了最小负压关系。King 等人指出,若砂岩油藏射孔后酸化增产不明显(产能增加低于 10%),则表明这种孔眼是干净的,对应的负压就是足够的。当然,King 的这种分析是将酸化本身存在问题的井排除在外。King 等人获得了以下经验方程:

$$\ln\Delta p_{min}(oil) = 17.24/K^{0.3} \tag{3-2}$$

$$\ln\Delta p_{min}(gas) = 17.24/K \quad (K<10^{-3}\mu m^2) \tag{3-3}$$

$$\ln\Delta p_{min}(gas) = 17.24/K^{0.18} \quad (K\geqslant 10^{-3}\mu m^2) \tag{3-4}$$

式中　$\Delta p_{min}(oil)$——油层的最小负压,MPa;

　　　$\Delta p_{min}(gas)$——气层的最小负压,MPa;

　　　K——产层的渗透率,$10^{-3}\mu m^2$。

Colle 则根据他在委内瑞拉和海湾地区的经验开发了一种计算最大负压 Δp_{max} 的方法。他将 Δp_{max} 与相邻泥岩声波时差或体积密度建立了联系。根据声波时差的计算公式为:

$$\Delta p_{max}(oil) = 24.132 - 0.0399\Delta T_{as} \quad (\Delta T_{as}\geqslant 300\mu s/m) \tag{3-5}$$

$$\Delta p_{max}(gas) = 33.059 - 0.0524\Delta T_{as} \quad (\Delta T_{as}\geqslant 300\mu s/m) \tag{3-6}$$

$$\Delta p_{max} = \Delta p_{tub,max} \quad (\Delta T_{as}<300\mu s/m) \tag{3-7}$$

根据相邻泥岩体积密度的计算公式为:

$$\Delta p_{max}(oil) = 16.13\rho_{as} - 27.58 \quad (\rho_{as}\leqslant 2.4g/cm^3) \tag{3-8}$$

$$\Delta p_{max}(gas) = 20\rho_{as} - 32.4 \quad (\rho_{as}\leqslant 2.4g/cm^3) \tag{3-9}$$

$$\Delta p_{max} = \Delta p_{tub,max} \quad (\rho_{as}>2.4g/cm^3) \tag{3-10}$$

式中　Δp_{max}——最大负压,MPa;

　　　$\Delta p_{tub,max}$——井下管柱或水泥环最大安全负压,MPa;

　　　ΔT_{as}——相邻泥岩声波时差,$\mu m/s$;

　　　ρ_{as}——相邻泥岩体积密度,g/cm^3。

(4)Behrmann方法。

20世纪90年代中期,斯伦贝谢射流测试中心Behrmann等对射孔伤害带通过CT扫描、薄片分析、压汞测量及模拟井下岩心流动实验进行了大量详细的研究,使人们对射孔压实带的概念有了新的认识,提出达到零压实表皮系数的最佳负压设计方法。

当 $K<100×10^{-3}\mu m^2$ 时,取:

$$\Delta p_{min} = 1.6359\phi d_p^{0.3}/K^{0.3333} \tag{3-11}$$

当 $K \geqslant 100×10^{-3}\mu m^2$ 时,取:

$$\Delta p_{min} = 3.8666\phi d_p^{0.3}/K^{0.5} \tag{3-12}$$

式中 d_p——孔眼直径,mm;
　　K——地层渗透率,$10^{-3}\mu m^2$;
　　ϕ——孔隙度,%;
　　Δp_{min}——零表皮最小负压,MPa。

该方法的缺点是没有提供最大负压的计算方法。

(5)Tariq最小负压计算方法。

Tariq方法最根本的依据是当孔眼处流动达到非达西状态时,清洗孔眼堵塞物质的拖曳力与流速的平方成正比,此时孔眼压实带污染的清除将变得很容易。因此建立了射孔后负压作用下不稳定渗流的有限元数值模拟程序,模型中流动遵循Forchheimer非达西渗流规律,通过计算可知道压力、流速与位置、时间、负压差、孔眼尺寸、压实程度、地层渗透率、流体黏度等参数有关。Tariq的模拟计算表明,当无因次时间 t_D ($t_D=\dfrac{K_t}{\phi\mu c_t r_{cz}^2}$, r_{cz} 为压实带半径)达到0.1时,负压的影响将达到或超过压实带外边界。负压越大,速度越大,非达西效应越显著。Tariq对模型假定不同的负压 Δp,计算出不同压实带渗透率下 $t_D=0.1$ 时压实带边界的雷诺数 Re。

$$Re = \frac{\beta K \rho v_c}{\mu} \tag{3-13}$$

式中 β——非达西紊流系数;
　　K——地层渗透率;
　　ρ——流体密度;
　　v_c——t_D 为0.1时压实带外边界流速;
　　μ——流体黏度。

图3-7是Tariq作出的油井(原油黏度 $\mu=1mPa·s$)渗透率 K 与负压 Δp 和雷诺数 Re 的关系曲线。

为了获得清洁孔眼所需要的临界雷诺数 Re_c,Tariq将图3-7按给定雷诺数 Re 读出对应的负压 Δp 和渗透率 K,并绘制在G.E.King的现场统计图版上。对于油井,Tariq发现,当 $Re=0.05$ 时,其 $\Delta p-K$ 关系刚好落在最小负压曲线上,故得到油井临界雷诺数 $Re_c=0.05$;对于气井,Tariq得到临界雷诺数 $Re=0.1$。

对于实际计算,数模方法要求输入流体参数、地层参数、射孔及伤害参数,反复假设负压 Δp 值,计算 $t_D=0.1$ 时压实带外边界雷诺数 Re;当 Re 达到 Re_c 时,所假设 Δp 即为最小负压。

因此这种方法实质是以G.E.King的现场数据为准。但对于实际流体物性(如黏度 μ)和

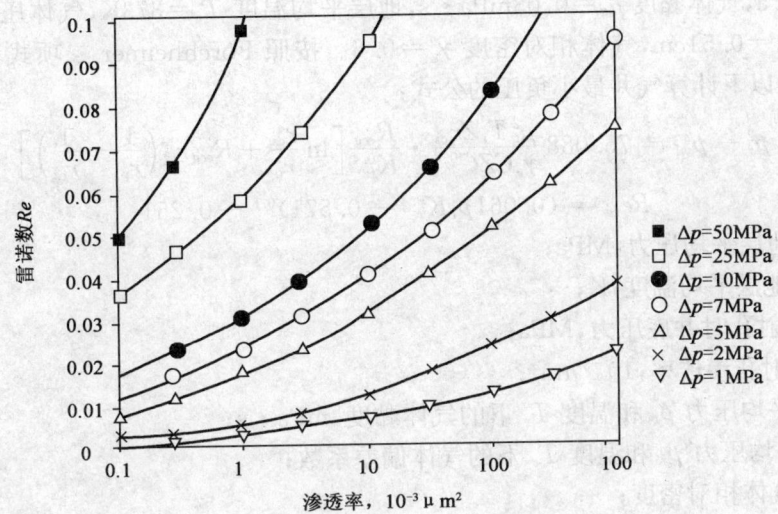

图 3-7 渗透率、负压 Δp 与压实带边界雷诺数的关系($t_D=0.1$)

地层压力 p_r 与 G. E. King 的统计井平值相差很大时，必然会导致误差甚至错误。Tariq 的油井临界雷诺数 $Re_c=0.05$ 适合于 μ_o 在 $0.7\sim1.2\text{mPa}\cdot\text{s}$ 范围，而气井雷诺数 Re_c 应是随渗透率变化的。尽管如此，Tarip 在定量化理论计算最小负压方面所做的开创性工作仍具有重要意义。

(6)油井射孔最小负压解析公式。

Tariq 认为，在 $t_D=0.1$ 时刻负压影响已超过压实带外边界，即可近似假设此时压实带半径 r_c 处压力为 p_r 而孔壁 r_p 处压力为 p_{wf}。假设负压 Δp 足以造成非达西流且 r_c 处雷诺数达到临界值 Re_c，则此负压即为最小负压 $\Delta p_{\min}$。利用 Forchheimer 二项式方程，从 r_p 到 r_c 积分，经推导 Tariq 得出了计算 $\Delta p_{\min}$(oil)的解析方程：

$$\Delta p_{\min}(\text{oil}) = \frac{130.82 \mu_o^2 Re_c r_{cz}}{K_{cz}^{0.4} \rho_o} \left[\ln \frac{r_{cz}}{r_p} + Re_c r_{cz} \left(\frac{1}{r_p} - \frac{1}{r_{cz}} \right) \right] \quad (3-14)$$

式中　μ_o——原油黏度，$\text{mPa}\cdot\text{s}$；

Re_c——油井射孔清洁孔眼临界雷诺数，取为 0.05；

K_{cz}——压实带渗透率，$10^{-3}\mu\text{m}^3$；

ρ_o——原油密度，g/cm^3；

r_{cz}——压实带半径，cm；

r_p——孔半径，cm。

由于 $Re_c=0.05$ 是在 $\mu_o=0.7\sim1.2\text{mPa}\cdot\text{s}$ 下通过拟合 King 的现场数据获得的，它并不代表高黏度下的真实情况。例如，按式(3-14)，当 μ_o 为 $2\text{mPa}\cdot\text{s}$ 时，负压 $\Delta p_{\min}$(oil)将为 $\mu_o=1\text{mPa}\cdot\text{s}$ 的 4 倍，当 μ_o 为 $8\text{mPa}\cdot\text{s}$ 时，负压为 $\mu_o=1\text{mPa}\cdot\text{s}$ 的 64 倍，很不合理。为此，建议使用 Tariq 公式时，若 $\mu_o \gg 1.2\text{mPa}\cdot\text{s}$，则将 μ_o 取为 $\mu_o=1.2\text{mPa}\cdot\text{s}$。

可见，油井射孔最小负压除了与地层渗透率有关外，还与原油物性、孔眼尺寸、压实半径和压实伤害程度有关。

(7)西南石油大学气井射孔最小负压计算公式。

Tariq 按与油井类似的公式也曾导出过气井 $\Delta p_{\min}$(gas)的解析公式，但计算发现，Tariq 公式与其由此作出的曲线差别很大，其公式无法使用。Tariq 的气井射孔最小负压临界雷诺数太小且为常值是不正确的。通过假设以下典型数据拟合 King 的最小负压曲线：地层平均

压力 $p_r=20$MPa，气体黏度 $\mu_g=0.03$mPa·s，地层平均温度 $T_r=373$K，气体压缩因子 $Z=1$，$r_{cz}=1.78$cm，$r_p=0.51$cm，气体相对密度 $\gamma_g=0.6$。按照 Forchheimer 二项式和气体状态方程，最终导出了以下计算气井最小负压的公式：

$$p_r^2-p_{wf}^2=75.088\frac{\mu_g^2 T_r Z r_{cz}}{\gamma_g CZC^{0.8}}\cdot\frac{Re_{cg}}{K_{cz}^{0.4}}\left[\ln\frac{r_{cz}}{r_p}+Re_{cg}r_{cz}\left(\frac{1}{r_p}-\frac{1}{r_{cz}}\right)\right] \quad (3-15)$$

$$Re_{cg}=(0.061p_r K_r^{0.4}-0.571)^{0.5}-0.251 \quad (3-16)$$

式中　p_r——地层平均压力，MPa；

　　　T_r——地层平均温度，K；

　　　p_{wf}——射孔时井底压力，MPa；

　　　K_r——射孔渗透率，$10^{-3}\mu m^2$；

　　　μ_g——平均压力 p_r 和温度 T_r 下的气体黏度，mPa·s；

　　　Z——平均压力 p_r 和温度 T_r 下的气体偏差系数；

　　　γ_g——气体相对密度；

　　　CZC——压实伤害程度（K_{cz}/K）；

　　　r_{cz}——压实半径，cm；

　　　r_p——孔眼半径，cm；

　　　Re_{cg}——气井射孔最小负压临界雷诺数。

如果 $p_r K_r^{0.05}\leqslant 15$ 或计算出的 $p_{wf}<0$，则说明地层无足够能量保证获得最小负压，此时可取 $\Delta p_{min}=p_r$。

(8)保证不出砂的最大负压设计。

根据弹塑性力学观点，出砂即是孔眼结构的稳定性遭到破坏，该过程可以这样来描述：负压射孔瞬间，由负压而产生的高速流体立刻作用于孔眼及围岩，使孔眼附近地带应力急剧变化。在应力作用下，孔眼首先发生弹性变形，弹性变形完毕后接着产生塑性变形，如果应力足以使孔眼周围岩石变形超过其临界塑性变形值，将引起孔眼结构破坏，导致大量出砂。有研究表明：标准的达西流动与非达西流动相比，非达西流动将大大增加孔眼的不稳定性，即可以采用弹塑性力学原理，以等效塑应变来估价孔眼的稳定性。因此，可以综合利用流体的非达西渗流模型和应力应变模型计算孔隙压力分布与孔眼应力分布，预测孔眼的稳定性以确定最大允许负压差。

2)合理射孔施工负压差的确定

综合考虑地层渗透率、孔隙度、岩石的声波时差、岩石力学参数等因素，确定基本的最大、最小负压值。根据油田区块有无出砂历史，进行合理负压值预设计。根据油管、套管安全压力、射孔孔眼的力学稳定性、射孔孔眼周围地层是否出砂等条件对预设计合理负压值进行校核，选择最终实施射孔负压值。

具体步骤如下：

(1)首先用 W. T. Bell 的经验准则、美国岩心公司经验公式、美国 Conoco 公司计算方法（包括 King 的经验公式和 Colle 根据声波时差的经验公式）以及斯伦贝谢 Behrmann 方法计算基本的最大、最小负压值。

(2)利用上述计算方法所得出的负压值，根据油田区块有无出砂历史，分以下2种情况进行合理负压值预设计。

①当 $\Delta p_{max}\geqslant\Delta p_{min}$ 时，若储层无出砂历史，则：

$$\Delta p_{rec} = 0.2\Delta p_{min} + 0.8\Delta p_{max} \tag{3-17}$$

若有出砂历史或含水饱和度 $S_w > 50\%$,则:

$$\Delta p_{rec} = 0.2\Delta p_{min} + 0.8\Delta p_{max} \tag{3-18}$$

②当 $\Delta p_{max} < \Delta p_{min}$ 时,这种情况在某些时候也是有可能出现的,因为 Δp_{max} 是指防止地层出砂允许的最大负压,完全有可能小于保证孔眼清洁所需的最小负压 Δp_{min},决不能从符号上理解为 Δp_{max} 一定会大于 Δp_{min}。此时 Δp_{max} 实际上成了采用负压的制约条件。为安全起见,取:

$$\Delta p_{rec} = 0.8\Delta p_{max} \tag{3-19}$$

(3) 从 4 个方面进行校核:一是将地层压力的 80% 作为一个判断标准,也就是说,在上一步计算出的推荐负压值中将大于 80% 地层压力的数值排除掉;二是根据套管的安全抗压强度来校核,以免发生套管挤毁的现象;三是校核所推荐的负压值是否会引起射孔孔眼周围的岩石出骨架砂,在保证不出砂的前提下反推负压值;四是校核孔眼的力学稳定性,在保证孔眼是力学稳定的前提下反推负压值。

2. 超正压射孔施工压力设计

超正压射孔不同于早期的正压射孔,不是在钻井液压井状况下射孔,而是在使用酸液、压裂液以及其他保护液射孔的同时带氮气施加高于地层破裂压力,克服聚能射孔所带来的压实污染,加大延伸裂缝。

合理确定氮气加压井口施工压力是超正压射孔(EOP)工艺的关键参数之一,原则上以最大限度地强化射孔效果、不损伤井筒以及不带来新的污染为标准。射孔点火瞬间井筒压力的关系如下:

$$p_{wf} = p_{压井液} + p_{氮气柱} + p_{井口} \tag{3-20}$$

EOP 工艺要求井底压力 p_{wf} 高于地层破裂压力并低于油管和套管最低抗挤毁压力,即有:

$$p_{破裂} < p_{wf} < p_{挤毁} \tag{3-21}$$

在这一范围内,井口施工压力 $p_{井口}$ 就可以确定。大量实践经验表明,井底压力梯度要求范围内 22~70kPa/m,这与实际地层破裂压力有关。该值的优化设计应根据预期的施工效果,通过不同井底压力、液氮用量、液体用量条件下动态模拟地下裂缝的扩展以及产能分析综合确定。

四、射孔井产能影响因素

射孔过程一方面是为油气流建立若干沟通油气层和井筒的流动通道,另一方面又对油气层造成一定的伤害。如果射孔工艺和射孔参数选择恰当,可以使射孔对油气层的伤害程度减到最小,还可以在一定程度上减小钻井对油气层的伤害,从而使油井产能恢复甚至达到天然生产能力。如果射孔工艺和射孔参数选择不当,射孔本身就会对油气层造成极大的伤害,甚至超过钻井伤害,从而使油井产能降低。有些井的产能只有天然生产能力的 20%~30%,甚至完全丧失产能。

影响射孔井产能包括多个因素,主要有射孔几何参数、射孔压差、钻井污染深度和程度以及射孔液等。

1. 射孔几何参数对产能的影响

如图 3-8 所示,射孔几何参数包括射孔孔深、射孔孔密、射孔孔径以及射孔相位角。由于射孔形成的压实带也对产能有重要影响，目前一般通过压实厚度和压实程度两个参数来描述压实带的特性。

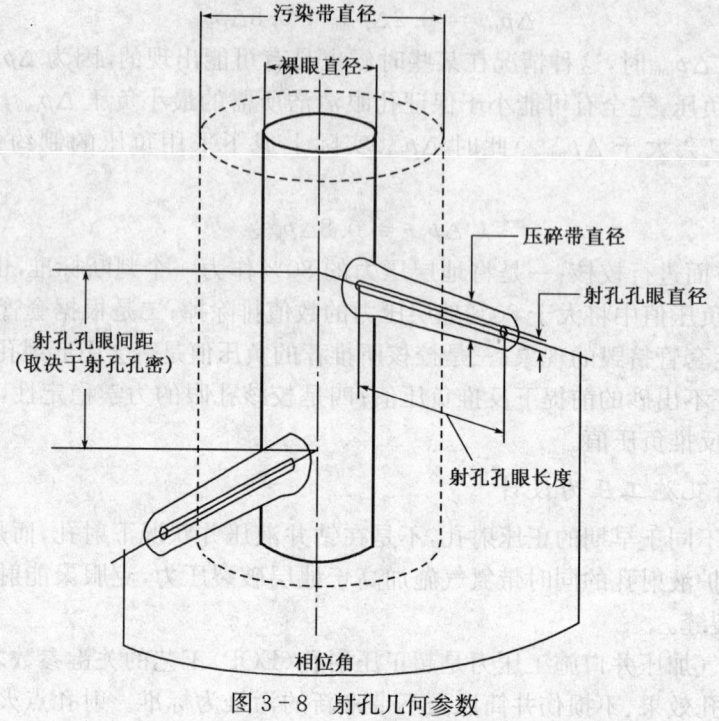

图 3-8 射孔几何参数

1) 射孔孔深

射孔弹的穿透深度有靶深和井下实际穿透深度两种，二者是有差别的，一般情况射孔弹的井下实际穿透深度小于靶深。而射孔孔深指的是射孔穿透套管、水泥环后在地层中形成的孔道有效长度，即井下实际穿透深度，简称为孔深，单位为 mm。

射孔弹厂家公布的射孔弹性能数据是射孔器材质量监督检验中心提供的在贝雷砂岩靶或混凝土靶上的穿孔深度，它并不代表实际地下情况的穿透数据，只有地下实际情况下的穿透数据才能用来评价射孔井的动态。因此，需针对实际地层进行穿透深度折算，可以采用以下两种方法进行折算。

(1) 孔隙度折算法。

当 $\phi_f/\phi_B < 1$ 时：

$$L_{pf} = L_{pB}\left(\frac{\phi_f}{\phi_B}\right)^{1.5}\left(\frac{19}{\phi_f}\right)^{0.5} \tag{3-22}$$

当 $\phi_f/\phi_B = 1$ 时：

$$L_{pf} = L_{pB} \tag{3-23}$$

当 $\phi_f/\phi_B > 1$ 时：

$$L_{pf} = \begin{cases} L_{pB}\left(\dfrac{\phi_f}{\phi_B}\right)^{1.5}\left(\dfrac{19}{\phi_f}\right)^{0.5} & (\phi_B \leqslant 19\%) \\ L_{pB}\left(\dfrac{\phi_f}{\phi_B}\right)^{1.5} & (\phi_B > 19\%) \end{cases} \tag{3-24}$$

式中 ϕ_f——地层孔隙度;
ϕ_B——贝雷靶孔隙度;
L_{pf}——地层条件下穿透深度,cm;
L_{pB}——贝雷靶穿透深度,cm。

(2)渗透率折算法。

$$L_{pf} = L_{pB}\left(1 + A_p \ln \frac{K_f}{K_B}\right) \tag{3-25}$$

式中 L_{pf}——地层条件下穿透深度,cm;
L_{pB}——贝雷靶穿透深度,cm;
A_p——与岩石性质有关的校正参数;
K_f、K_B——地层和贝雷靶岩心的渗透率。

孔深是影响油井产能的一个重要因素,从图3-9可以看出,产能比(射孔后井的产能与裸眼井产能之比)随孔深的增加而增大,但其增长幅度降低。当穿孔深度超过钻井污染带时,产能比有较大幅度的提高。这意味着适当地提高射孔穿透深度,使其射穿钻井污染带,将会产生较大的产能效益。但这种效益随着孔深的增加而逐步减小。因此,无限制地追求深穿透是不必要的。孔深穿过地层伤害区后,产能比有明显上升,故应尽量控制钻井液深度,如采用泥浆屏蔽暂堵技术等。

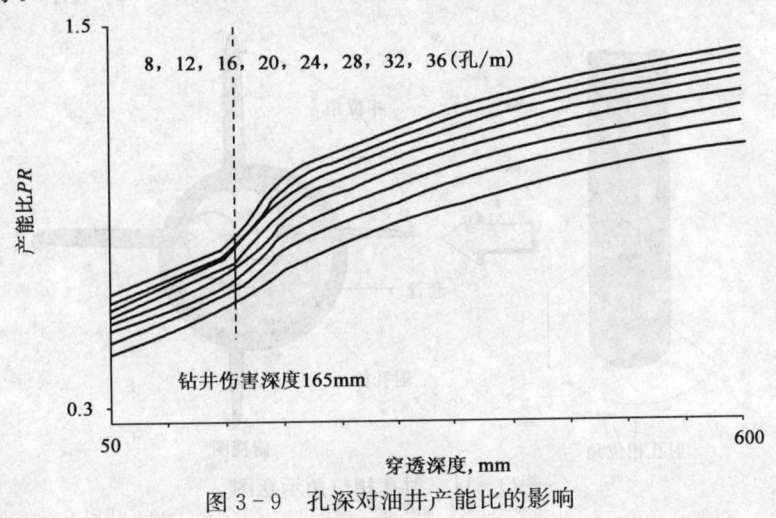

图3-9 孔深对油井产能比的影响

2)射孔孔密

射孔孔密是指单位厚度地层所射的孔眼数量,单位为孔/m。也可以从工程上定义孔密为单位长度射孔器所装射孔弹的数量。

如图3-9所示,随着孔密增加,产能比增大。孔密较低时,提高孔密是一种提高射孔效果的好办法,但无限度地追求高孔密,对提高产能没有实际意义,而且孔密增加会降低套管强度。所以在射孔参数优选过程中,应针对实际情况选择合适的孔密进行射孔作业。

3)射孔孔径

和射孔孔深一样,射孔孔径有井下实际地层入口孔眼直径和地面目标靶孔径,简称孔径,并直接等于射孔弹的直径,单位为mm。它与射孔弹类型、套管强度、地层特性、射孔空隙等因素有关,因此实际地层情况下的射孔孔径也需要修正。如图3-10所示,随着孔径增大,产能比增大，但是增幅较小。可以看出孔径对产能的影响较小。目前弹型孔径的变化范围较小，由于射孔弹的炸药量及能量是一定的，故一般倾向于牺牲孔径来换取较大的孔深。

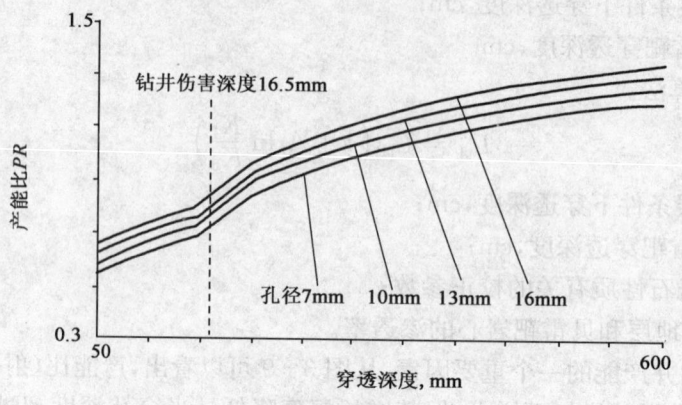

图 3-10　孔径对油井产能比的影响

4）射孔相位角

射孔相位角是指相邻两排射孔弹在平面投影上的夹角，如图 3-11 所示。目前有 3 种布孔格式，即平面布孔、交错布孔与螺旋布孔，分别如图 3-12、图 3-13 与图 3-14 所示。

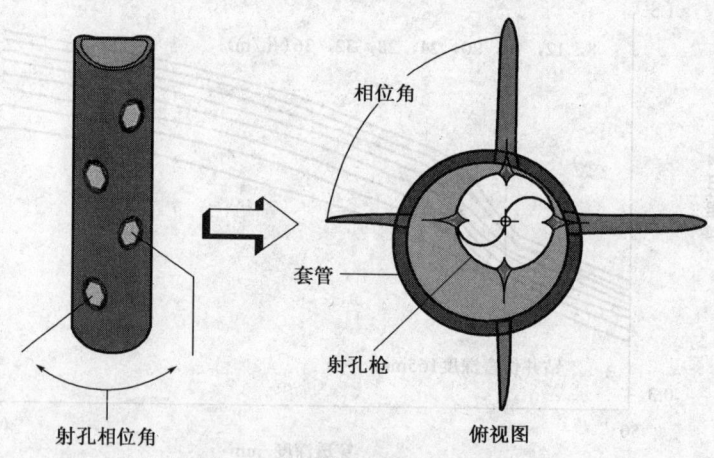

图 3-11　射孔相位角示意图

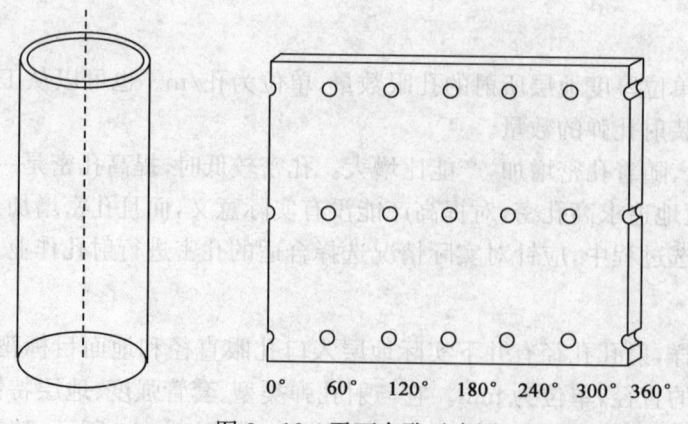

图 3-12　平面布孔示意图

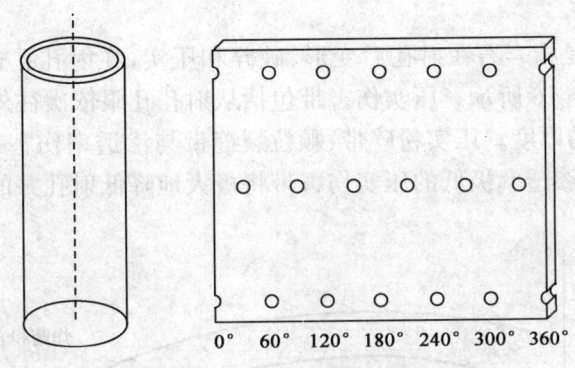

图 3-13 交错布孔示意图

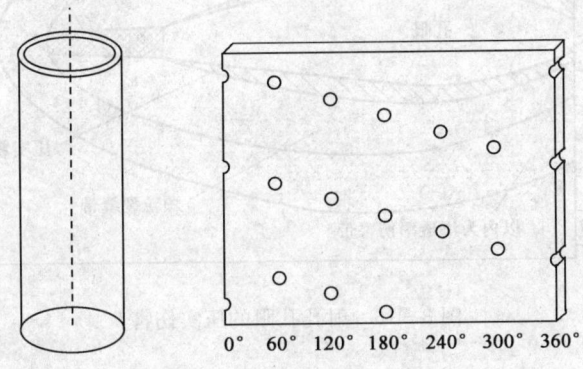

图 3-14 螺旋布孔示意图

在各向异性与相位角之间存在交互作用关系,如图 3-15 所示,在各向异性不严重($0.7 \leqslant K_z/K_r \leqslant 1.0$)时,90°相位角最好,0°相位角最差。依产能比从高到低的顺序,相位角依次为90°、120°、60°、45°、180°与 0°。在各向异性中等($0.3 < K_z/K_r < 0.7$)时,产能比最高的为 120°,0°相位角最差。在各向异性严重($K_z/K_r \leqslant 0.3$)时,按产能比从高到低依次为 180°、120°、90°、60°、45°与 0°。故将 120°、180°称为高相位角。

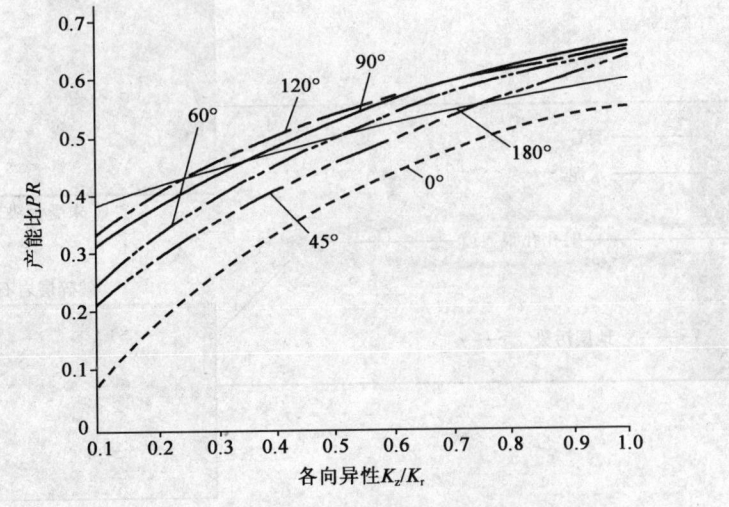

图 3-15 相位角和各向异性对产能比的影响

5）压实厚度

压实厚度（CZH）是指岩石在射孔后变形、破碎和压实，在射孔孔道的周围形成一个压实伤害带的厚度，如图 3-16 所示。压实伤害带包括从射孔孔眼依次往外的压实粉碎带、颗粒裂缝带与渗透率伤害带的厚度。压实粉碎带、颗粒裂缝带与渗透率伤害带的渗透率较原状地层渗透率大大降低，这个渗透率极低的压实伤害带将极大地降低射孔井的产能。

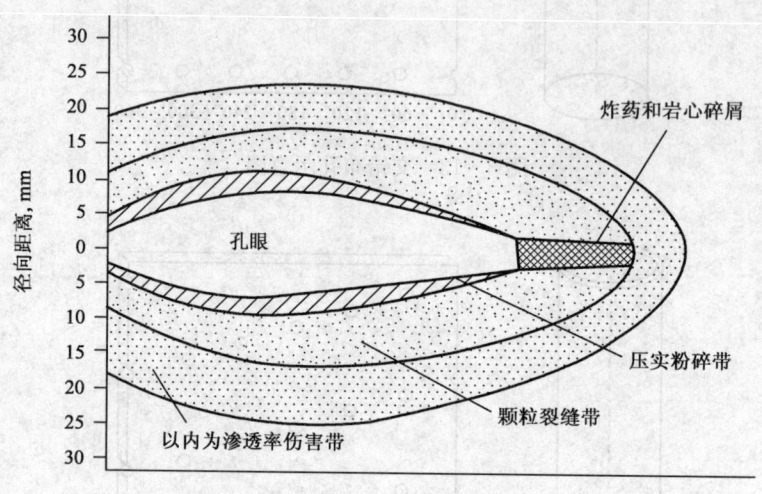

图 3-16 射孔孔眼的压实伤害

6）压实程度

压实程度（CZC）是射孔后地层压实伤害带的渗透率 K_{cz} 与原地层渗透率 K_e 的比值，反映射孔对地层伤害的程度。大量实验表明，射孔孔眼穿透了钻井污染带，压实带的渗透率是孔眼原地层渗透率的 1/7~1/10；射孔孔眼未穿透钻井污染带，压实带的渗透率是孔眼钻井污染带地层渗透率的 1/7~1/10。从图 3-17 可以看出，射孔后，射孔孔眼压实带储层的大孔道已经遭到破坏，代之以小孔隙增加，这导致了渗透率的明显下降。

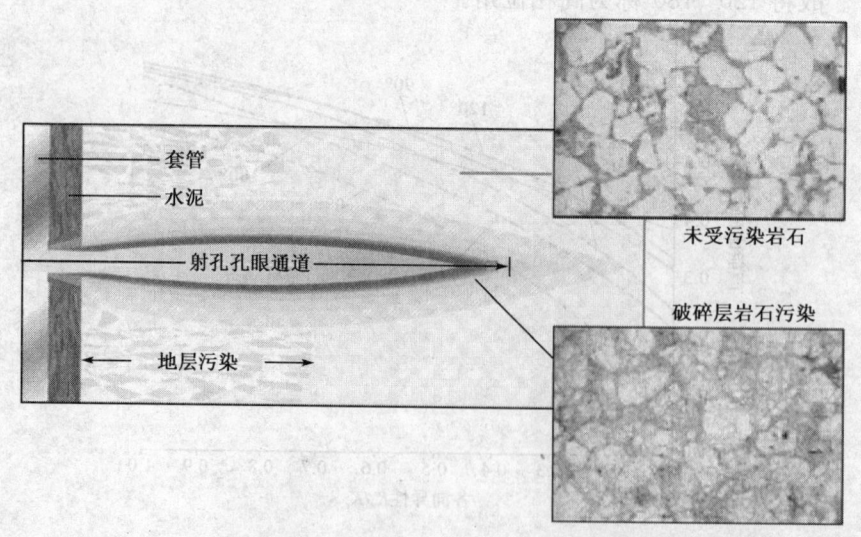

图 3-17 射孔前、后岩石伤害对比

如图 3-18 所示,随着孔深的增加,压实程度对产能比的影响较大,压实程度从弱到强,产能比逐渐减小,但其减幅逐渐增大。

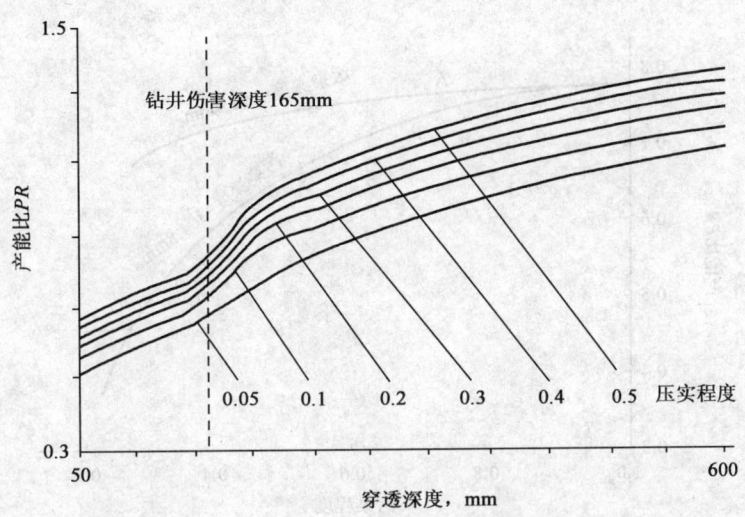

图 3-18　射孔压实程度对产能比的影响

2. 射孔压差对产能的影响

前面已对射孔压差的概念进行了阐述,在此进一步对射孔压差对射孔井产能的影响进行分析。若采用正压差射孔(射孔液柱回压高于油气层孔隙压力),在射开油气层的瞬间,井筒中的射孔液就会进入射孔孔道,并经孔眼壁面侵入油气层。与此同时,由于正压差射孔的"压持效应",将促使已被射开的孔眼被射孔液中的固相颗粒、破碎岩屑、子弹残渣所堵塞。某些研究认为,钻井液正压差射孔时,在已经形成的孔眼中大约有 1/3 的孔眼被完全堵死,呈永久性堵塞。正压差射孔还将促使更严重的压实伤害带,特别是气层。这可能是由于孔隙中的气相比原油更易压缩,不易支撑孔隙的缘故。而过大压差的负压射孔可能会造成物性较差地层微粒运移、堵塞喉道,并使疏松地层出砂和坍塌,从而产生极大的地层伤害。当地层渗透率很低时,即使采取很大的负压差进行射孔,也难以产生足够的负压回流,对射孔孔道进行有效的清洗。因此,近几年来国外又研究和推广了一种新型射孔工艺方法——超正压射孔。所谓超正压射孔,就是在射孔时对地层施加一个超过地层破裂压力的压力,以便在射孔的同时对地层产生造缝作用,从而改善近井地层导流能力,提高射孔井产能。

负压差的合理设计对于提高油气井负压射孔作业的有效率具有关键作用,特别是对于海上油气田的开发,由于其高风险、高昂的作业费用,相比陆上油田的负压值合理设计则显得尤为重要。

3. 钻井污染对产能的影响

钻井伤害包含两个指标:钻井污染深度与钻井污染程度。污染深度是指钻井过程中钻井液浸泡地层,形成的一个地层污染带的厚度;污染程度是指污染伤害带的渗透率 K_d 与原地层渗透率 K_e 的比值。如图 3-19 所示,未射孔时产能比随着污染程度增加而减小的幅度增大,污染程度较小时,污染深度对产能比影响小。如图 3-20 所示,在孔深未穿透污染带时,污染程度对产能比的影响较大,孔眼穿透污染带显得格外重要,随着孔深的增加,污染程度对产能比的影响变小。换句话说,若射孔弹能穿透污染带,其污染程度的影响将大大降低。因此,钻井过程中保护好储层,对于充分发挥油气井产能具有重要意义。同时,选择射孔弹时,应尽量选用能穿透钻井伤害区的射孔弹。

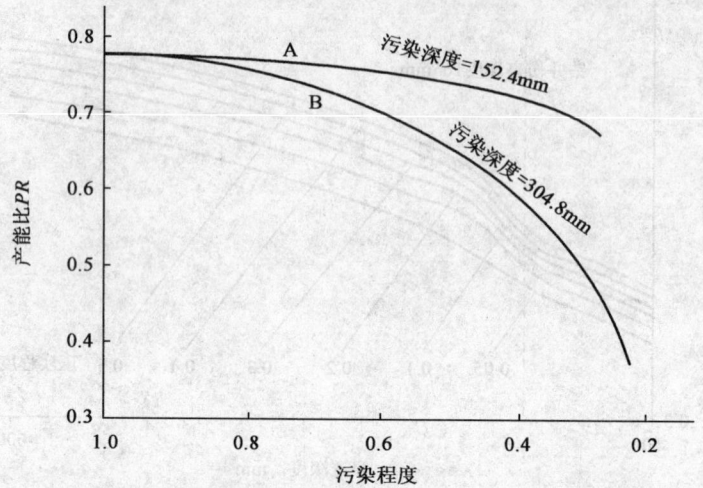

图 3-19 未射孔钻井伤害程度对产能比的影响

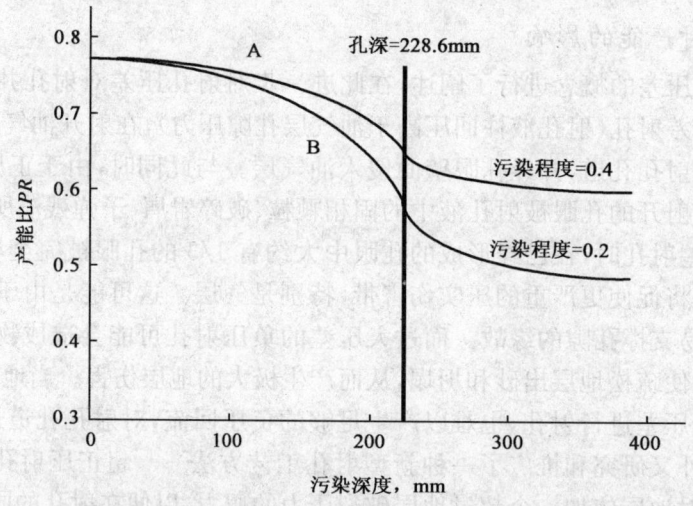

图 3-20 射孔后钻井伤害深度对产能比的影响

4. 射孔液对油气层的伤害

正压差射孔必然会造成射孔液对油气层的伤害。即使是负压差射孔,射孔作业后有时由于种种原因需要起下更换管柱,射孔液也就成为压井液了。

射孔液对油气层的伤害包括固相颗粒侵入和液相侵入两个方面。侵入的结果将降低油气层的绝对渗透率和油气相对渗透率。如果射孔弹已经穿透钻井伤害区,此时射孔液的伤害不但将使井底附近的地层在受到钻井液伤害以后,再进一步受到射孔液的伤害,还将使钻井伤害区以外未受钻井液伤害的地层也受到射孔液的伤害。因此,射孔液的不利影响有时要比钻井液更为严重。

采用有固相的射孔液或将钻井液作为射孔液时,固相颗粒将进入射孔孔眼,从而将孔眼堵塞。较小的颗粒还会穿过孔眼壁面而进入油气层引起孔隙喉道的堵塞。射孔液液相进入油气层将产生多种伤害，因此，应根据油气层物性，通过室内筛选，选择既能与油气层配伍又能满足射孔施工要求的射孔液。

五、射孔工艺

根据不同的分类方式，可将射孔工艺分成不同的类型。按射孔枪下入到油层部位输送方式的不同，可分为电缆传输射孔、电缆传输过油管射孔、油管传输射孔以及连续油管传输射孔；按联作工艺不同，可分为射孔测试联作工艺、射孔压裂酸化联作工艺以及射孔生产联作工艺；按射孔压差不同，又可分为正压射孔、负压射孔以及超正压射孔。同时还包括一些其他的特殊射孔工艺。

1. 电缆传输套管枪射孔（WCP）

电缆传输射孔是用电缆把射孔器输送到目的层，进行定位射孔。射孔器可采用有枪身射孔器或无枪身射孔器。电缆传输射孔根据施工时的射孔压差，又可分为常规电缆套管枪正压射孔与套管枪负压射孔，如图 3-21 所示。套管枪正压射孔是指射孔前用高密度射孔液造成井底压力高于地层压力，在井口敞开的情况下，利用电缆下入套管射孔枪后，通过接在电缆上的磁性定位器测出定位套管接箍对比曲线，调整下枪深度对准层位，在正压差下对油气层部位射孔。该方法具有施工简单、成本低、高孔密、深穿透的特点，但正压会使射孔液的固相和液相侵入储层而导致较严重的储层伤害，为减小正压对地层的伤害，特别要求优质的射孔液。

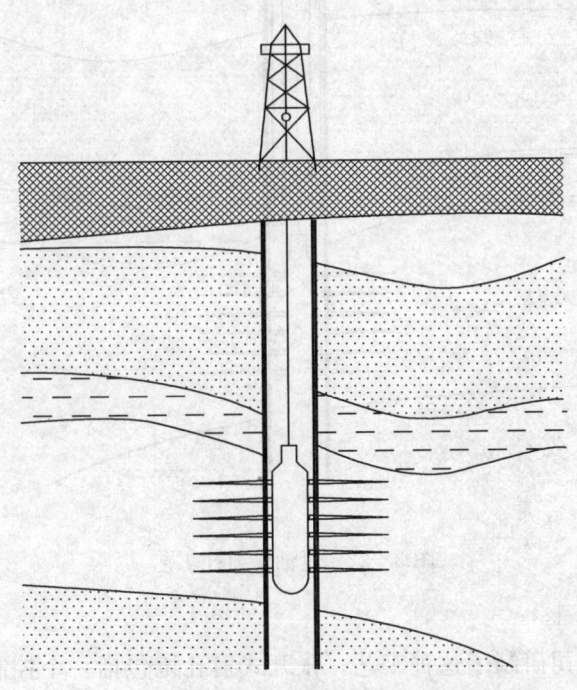

图 3-21 电缆传输套管枪射孔

套管枪负压射孔与套管枪正压射孔基本相同，只是射孔前将井筒液面降低到一定程度，使井底压力低于油藏压力以建立适当的负压。该方法主要用于低压油藏，具有负压清洗和穿透较深的双重优点。但对于油气层厚度大的井，需要多次下射孔枪射孔，不能保持必要的负压。

2. 电缆传输过油管射孔

电缆传输过油管射孔是一种不压井射孔方法,它是通过把油管下放到所需要射孔井段以上,然后用一种专门的射孔枪从油管中经过喇叭口下放到井内,在套管内进行射孔。

1)常规过油管射孔

这是最早使用的负压射孔工艺,首先将油管下至油层顶部,装好采油树和防喷管,电缆接头连接射孔枪一并装入防喷管内。打开清蜡阀门下入电缆,射孔枪通过油管下入油管鞋,用电缆接头的磁性定位器测出短套管位置,调整深度使射孔枪对准储层,点火射孔,如图3-22所示。过油管负压射孔尤其适合于生产井不停产补孔和射开新层位,减少储层伤害,避免了压井和起下油管作业。但过油管射孔枪直径受油管内径限制,无法实现高孔密、深穿透,目前常规过油管射孔已很少使用,仅在海上和一些不能停产的井用于补充射孔。

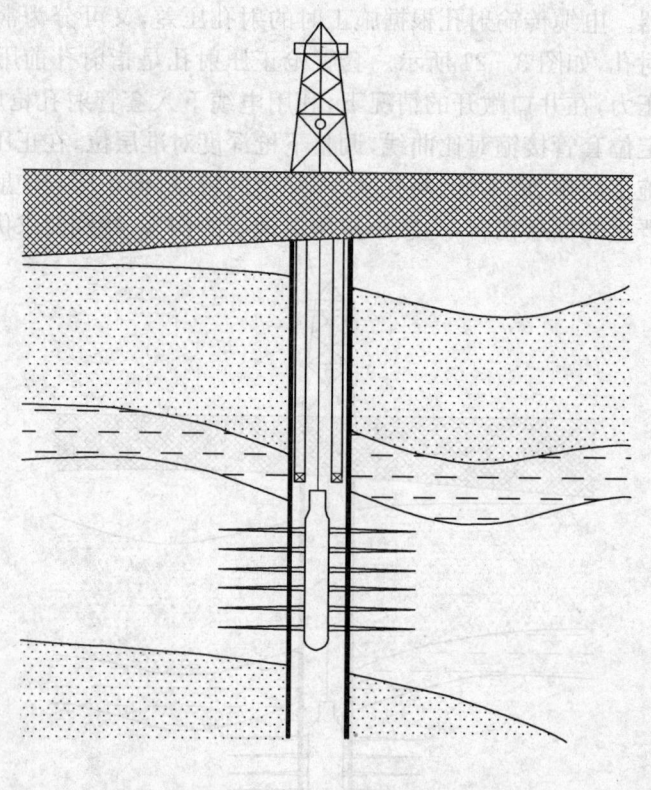

图3-22 过油管射孔工艺

2)过油管张开式射孔

美国马拉松石油公司研制了这种工艺。张开式射孔枪包括一个控制头和一支射孔枪。射孔前控制头上提拉杆,使射孔弹绕框轴旋转而张开并与套管垂直,点火射孔,这样可以加大射孔弹并且减小与套管的间隙,如图3-23所示。该方法的优点是可以在井眼压力小于地层压力的情况下射孔,利用储层流体冲洗射孔碎屑,减小射孔伤害,套管接箍定位器可以精确地确定射孔深度,以便进行准确的射孔,是一种经济的射孔方法。该工艺适合于不停产补孔与打开新层位的生产井,尤其是对修井作业,可节省压井与起油管与封隔器的费用。

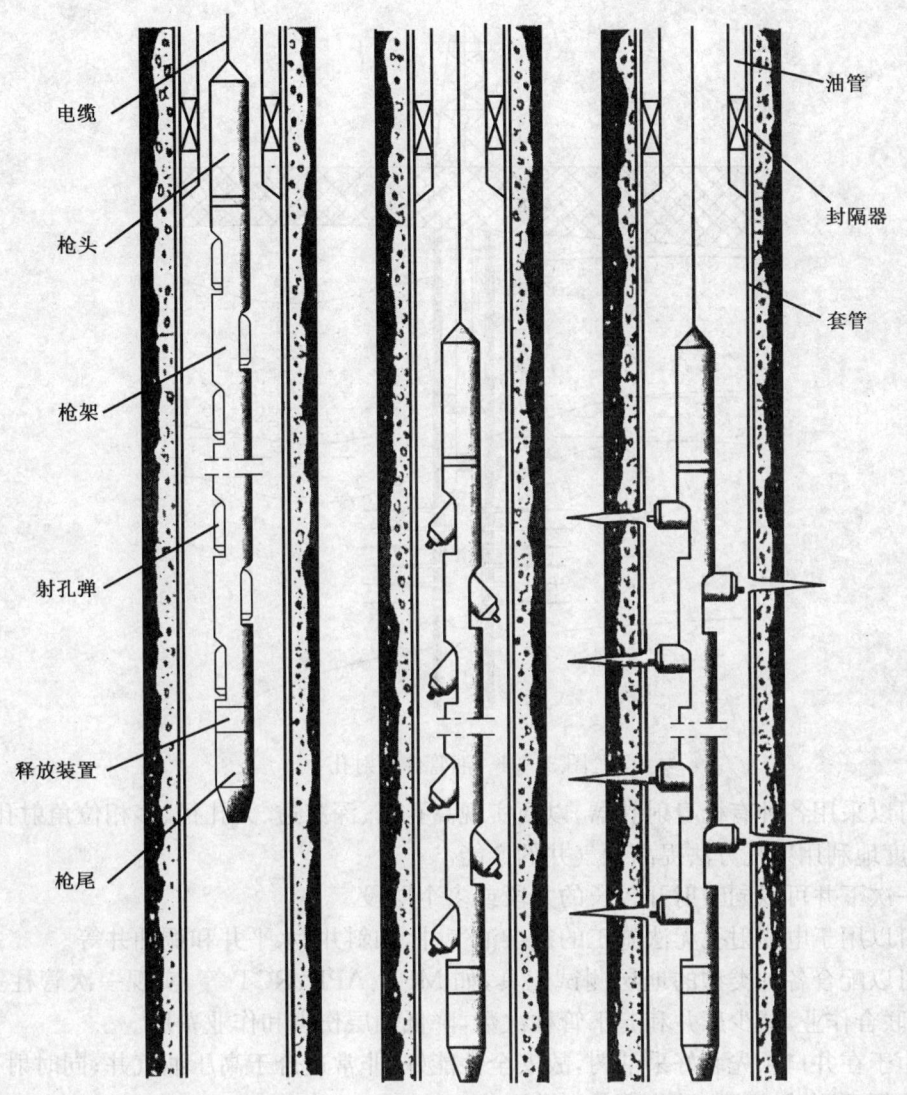

图 3-23 电缆传输过油管张开式射孔

3. 油管传输射孔

油管连接射孔枪下至油层,油管与射孔枪之间连接压差式封隔器、带孔短节、引爆系统,隔绝环空压力;在油管内造成负压,可以采用压力、压差、地面投棒、电缆湿式接头等引爆方式,一次完成射孔,如图 3-24 所示。

油管传输射孔(TCP)具有高孔密、深穿透、高负压特点,可减小射孔伤害,一次可完成 800m 以上厚度油层的射孔。该工艺适合斜井、水平井、稠油井、高压井和气井射孔,射孔后即可投入生产,便于测试、酸化、压裂与射孔联作,减少压井和起下管柱次数,降低油层伤害和作业费用,工艺要求预先装好井口,安全性好。井底口袋要长,存放落下的射孔枪。该工艺具有以下几个特点:

(1)可以实现全井段最大负压值射孔,使射孔孔道得到有效清洗,以减小油气流入井筒的阻力,提高油气井的生产能力。

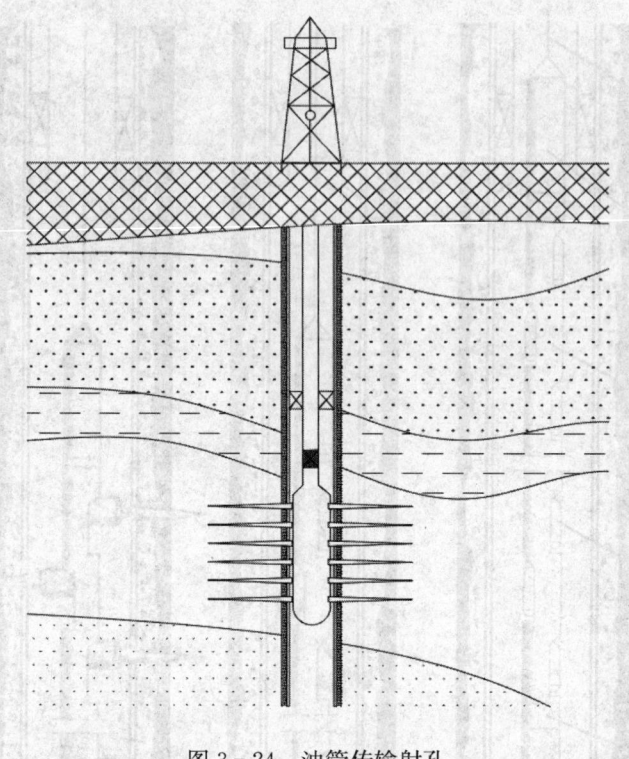

图 3-24 油管传输射孔

(2)可以采用各种有枪身射孔器,以便实现高孔密、深穿透、大孔径、多相位角射孔,从而可以最大限度地利用射孔方法提高油气井的产能。

(3)一次下井可以同时射开较长的井段或多个层段。

(4)可以用于电缆射孔无法施工的复杂油气井,如斜井、水平井和稠油井等。

(5)可以配合各种类型的地层测试工具,如 MFE、APR、RCT 等,实现一次管柱完成射孔和测试的联合作业,减少压井和起下管柱次数,降低油层伤害和作业费用。

(6)由于在井口预先装好采油树,故安全性能好,非常适合于高压油气井;同时射孔后即可投入生产,便于测试、压裂、酸化等与射孔联作。

(7)该工艺虽然费用较高,但射孔效果较好,是目前保护油气层、提高油气井产能的最有效方法之一。

4. 油管传输射孔联作工艺

油管传输射孔联作工艺包括射孔和地层测试联作、射孔与投产联作以及射孔与防砂联作和射孔与压裂、酸化联作。

油管传输射孔和地层测试联作是指将油管输送装置的射孔枪、点火头、激发器等部件接到单封隔器测试管柱的底部。管柱下到待射孔和测试井段后,进行射孔校深、坐好封隔器并打开测试阀,引爆射孔后转入正常测试程序。这种工艺尤其适用于自喷井。

油管传输射孔与投产联作是先用电缆将生产封隔器坐封在生产套管上,然后下入生产管柱(带射孔枪)。管柱的导向接头下到封隔器位置时,循环冲洗干净管柱内积渣,继续下管柱,当管柱密封总成坐封后,井口投棒高速下落撞击枪头的引爆器,使之射孔,射孔枪及残渣释放到井底即投产。

油管传输射孔与防砂联作适用于极不稳定的出砂地层。该系统采用了带螺旋片的管柱旋转，并能大排量循环清除井内出砂而不卡枪，还能有效地向射孔中进行砾石充填。施工流程是先在套管内射孔段底部坐封封隔器，然后将上部封隔器连接带螺旋片射孔枪的管柱下至油层底部，使封隔器坐封并射孔。解封上部封隔器然后大排量清洗孔眼并由管内注入携砂液，经旋转管柱将砂液掺入孔眼，在地面可以观察压力变化和砂液返出情况。最后旋转管柱至砂面以上循环后，再将管柱起出井口。

油管传输射孔与压裂、酸化联作工艺在我国四川气田、长庆油田获得了成功应用。完井时下一次管柱，能完成射孔、测试、酸化、压裂、试井等工序。图 3-25 是油管传输射孔与压裂、酸化联作过程示意图。

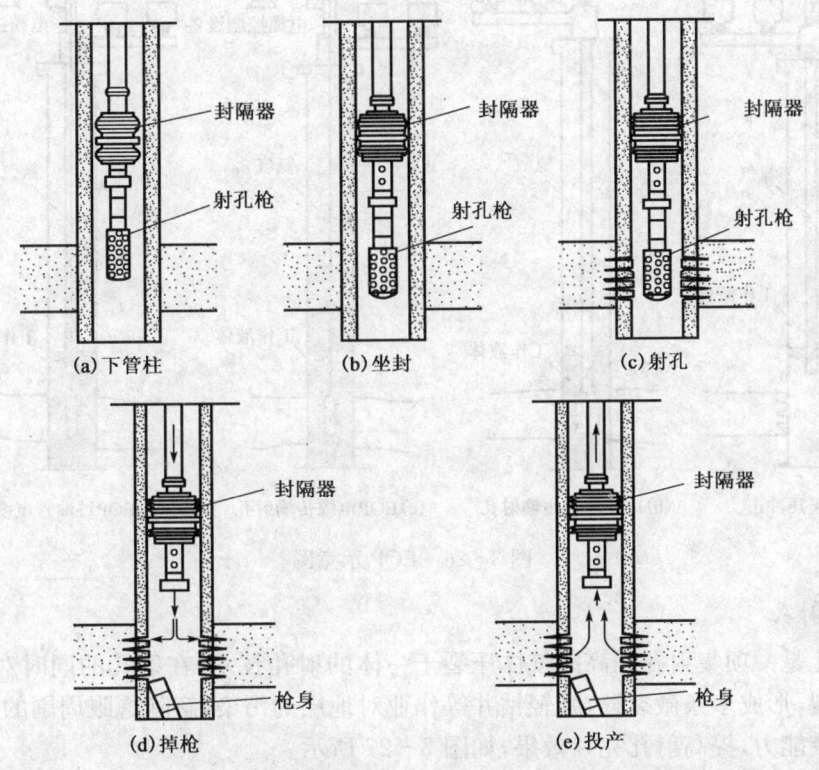

图 3-25 油管传输射孔与压裂、酸化联作过程示意图

5. 超正压射孔

超正压射孔(EOP)工艺最初由 Oryx 公司研究，主要目的是改善井的初始完井效率。该工艺的原理是：射孔前在井口加压，使井底处压力达到高于地层岩石破裂压力或地层孔隙压力后再射孔，利用爆炸能使孔眼周围形成微裂缝并延伸扩展改善近井带渗流能力。然后打开井口，使井底形成负压，起到清洁井眼和诱喷的作用，集射孔(水击压裂作用)、增产处理(造缝作用)、孔眼疏通(负压作用)为一体。由于该工艺是高压作用，需考虑井下管柱、井口和设备的承压能力，强化安全措施。此外，必须选择优质射孔液，以防再次产生地层伤害。

EOP 工艺操作可分为两大类：一是射孔与冲击同时完成的工艺[图 3-26(a)极正压冲击工艺]，二是 EOP 作为独立射孔后的泵注冲击工艺，即分为适用于未射孔和已射孔的井的工艺。未射孔的井按射孔工艺还可分为 3 种，即 EOP 油管传输射孔工艺、EOP 电缆传输射孔工艺、EOP过油管电缆传输射孔工艺[分别对应图3-26(b)、(c)与(d)]。

一般来讲,EOP工艺主要适用于:

(1)中低渗透油藏的压裂施工预处理,射孔相位角120°/180°,低孔密。
(2)中高渗透油藏解堵,高孔密,低相位角(45°/60°)。
(3)碳酸岩油藏(需添加酸液)。
(4)天然裂缝性油藏,高孔密,相位角不限。
(5)非均质严重油藏。
(6)已射孔井的高压冲击解堵。

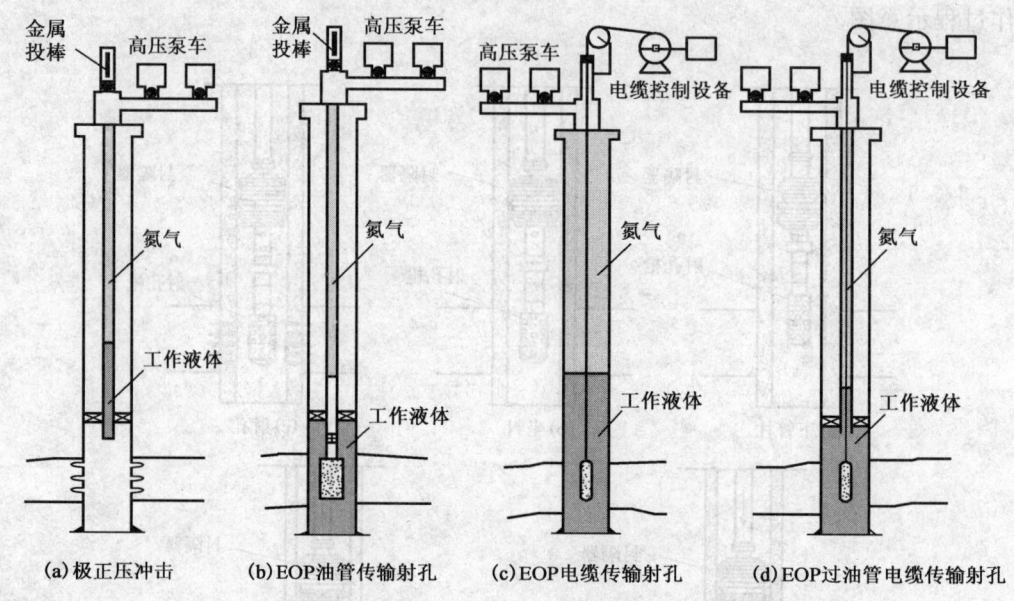

图3-26 EOP示意图

6. 复合射孔

复合射孔是一项集射孔和高能气体压裂于一体的射孔技术,在射孔的同时对近炮眼地层进行气体压裂,形成多条微裂缝,减轻钻井等作业对地层的污染,解除炮眼周围的"压实现象",改善地层导流能力,提高射孔完井效果,如图3-27所示。

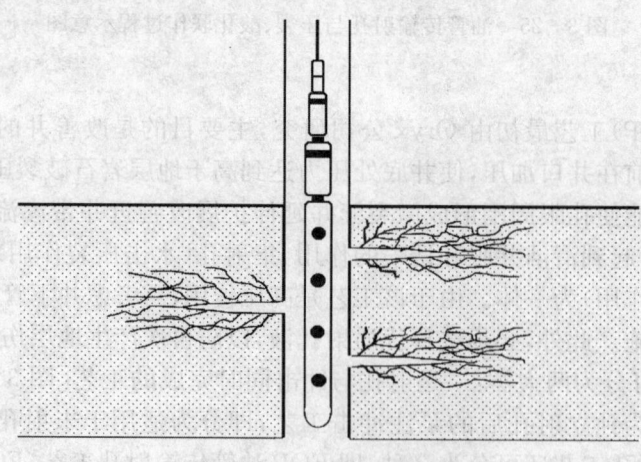

图3-27 复合射孔示意图

复合射孔的原理是：作业时，导爆索在引爆射孔弹的同时引燃推进剂，所以射孔弹先穿透枪身、套管、水泥环与目的地层，在套管和地层之间形成一个通道；然后固体推进剂进行二次爆炸，瞬时跟上燃烧形成的高温气楔，在高压气体的膨胀挤压和尖劈作用下，对射孔孔道进行冲刷、压裂，破坏射孔压实带，产生径向和轴向的裂缝，并向多方扩展延伸，在射孔孔道形成多向网状微裂缝，延伸射孔深度，改善近井地带导流能力，有效地提高产能。复合射孔可以适应于砂硬地层；低渗透油藏；低孔隙度油藏；原油结蜡较高的井；具有一定含油饱和度的地层。

7. 定方位射孔

定方位射孔是对某一特定方向进行射孔的技术，主要应用于裂缝性油藏射孔、水平井射孔、欲压裂井射孔以及防砂射孔作业。一般对准裂缝发育方位或正交于最小水平地应力方位射孔，有利于防砂或进行压裂施工作业，提高作业的成功率和效果。如图 3-28 所示，当射孔孔眼与最大地层主应力方位一致时，裂缝扩展发生了转向，造成复杂的流体流动路径，在水力压裂过程中将会增大流体摩阻压降，从而增加破裂压力。如图 3-29 所示，射孔方位对孔眼稳定性影响很大，沿最大地层应力方向的射孔将形成稳定的孔眼，有利于防止孔眼破裂和出砂，在无筛管防砂完井中起着关键作用。因此，在需要考虑增产和防砂的地层中，合理的射孔方位选择非常重要。

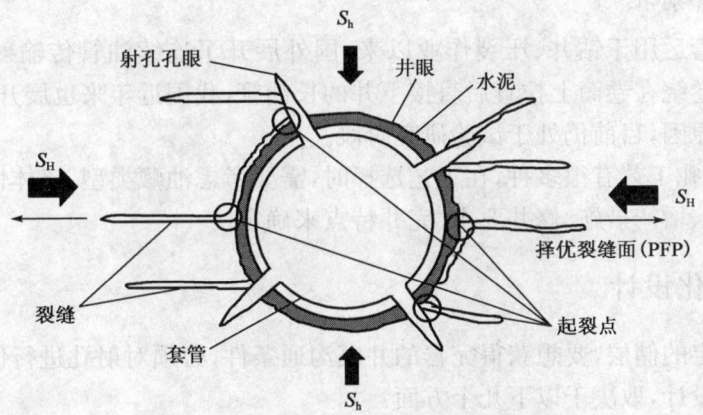

图 3-28　射孔方位对裂缝走向的影响
S_H—最大水平应力；S_h—最小水平应力

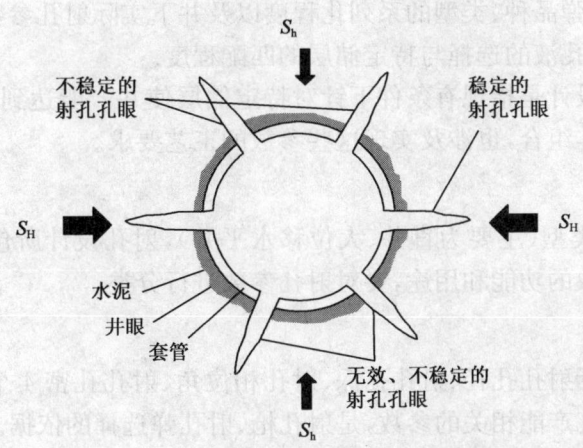

图 3-29　射孔方位对射孔孔眼稳定性的影响
S_H—最大水平应力；S_h—最小水平应力

8. 水力喷射射孔

水力喷射射孔是利用高压流体射流配合机械打孔装置在套管上开孔，并以高压渗流穿透地层，带喷嘴的软管边喷边前进，射孔后收回，射孔孔径为 14~25mm，最大穿透深度可达 3m。

9. 水力喷砂射孔

水力喷砂射孔的原理是利用高压液携砂，携砂液质量分数为 5% 左右，利用高压喷砂液体将套管射穿，继而射向地层。因射流压力高，若地层不是坚硬地层，则可能不是将地层射成一个孔而是形成一个洞穴，不利于今后生产。所以除非特殊要求，一般情况下不采用此方法。目前发展一种喷砂切割，形成穿透深度较大的窄缝，运用于低渗透油藏，并可消除压实带的影响。

10. 激光射孔

激光射孔是将激光发生器产生的高功率相干光束通过光缆导向，沿着井轴到达预定的射孔深度，然后通过设在此处的激光接收器将光束横向折射到射孔位置，光束连续聚焦在折射光束轴的焦点上，形成射孔孔眼，射孔孔径为 9.5~25mm。当激光发生器能量足够大时，可以使孔道更远地向地层延伸。

11. 连续油管射孔

自从连续油管运用于钻井、压裂作业以来，国外展开了连续油管传输射孔完井方面的研究。连续油管是卷绕在卷筒上拉直后直接下井的长油管，我国近年来也展开了相关的研究，但是因技术方面的原因，目前仍处于试验研究阶段。

如上所述，射孔工艺有很多种，在工艺选择时，需要考虑油藏类型、流体性质、地质特点、开发方案、井眼轨迹、增产措施、修井要求、完井特点来确定。

六、射孔优化设计

对于某一特定的储层，要想获得完善的井底沟通条件，必须对射孔进行优化设计。进行正确而有效的射孔设计，取决于以下几个方面：

(1) 对于各种储层和地下流体情况下射孔井产能规律的量化认识程度。

(2) 伤害参数以及储层与流体参数获取的准确程度。

(3) 可供选择的枪弹品种、类型的系列化程度以及井下实际射孔参数的校核准确程度。

(4) 射孔工艺和射孔液的选择与特定储层的匹配程度。

这里谈到的射孔设计是指现有条件下针对特定储层使井产能达到最高的射孔参数、射孔工艺以及射孔液的最佳组合，也涉及实现这些参数的工艺要求。

1. 射孔参数分类

对于不同的井身类型（主要为直井、大位移水平井），射孔设计所包含的射孔参数是不同的。为了明确射孔参数的功能和用途，要对射孔参数进行分类。

1) 射孔几何参数

射孔几何参数包括射孔孔径、射孔孔深、射孔相位角、射孔孔密 4 个参数。射孔几何参数是人为设计直接与射孔产能相关的参数，是射孔枪、射孔弹选择的依据。

2) 射孔枪、射孔弹类型参数

不同的射孔弹有其各自的混凝土靶（或其他测试靶）测试的几何参数（穿深、孔径）以及压实伤害参数(压实厚度、压实程度)共4个参数。不同的射孔枪有其不同的孔密、布孔方式、相位角共3个参数。枪、弹参数对油气井的产能有较大的影响,共计7个。

3)射孔压差

射孔压差对于获得完善的井底沟通条件非常重要,包括负压射孔时合理负压差或超正压射孔时合理施工压力的确定。

4)射孔液体系类型

不同的射孔液对射孔作业的伤害是不一样的,对射孔的产能比同样有着重要的影响,因此射孔液体系类型同样需要优选确定。

5)其他射孔参数

其他射孔参数是指除上述基本参数以外在射孔优化过程中需要设计的参数。对于水平井,在上述基本参数一样的情况下,射孔位置、打开程度、打开段数、射孔方位不同,产能比也不同,即孔眼分布参数直接影响射孔水平井的产能。

如何根据具体的储层特征、井身条件(直井、水平井)进行合理设计、分析和优选上述参数是射孔优化设计的主要内容。在进行射孔设计时,对于压裂井、注水井、防砂井、稠油、非达西渗流等情况,还要进行特殊考虑。

2. 射孔优化设计过程

1)钻井伤害参数的计算

钻井伤害主要表现在固相侵入和滤液侵入,并由此而引起物理和化学伤害,使产层在一定径向深度范围内渗透率降低。就射孔而言,钻井伤害参数(伤害深度、伤害程度)是影响射孔优化设计的两个重要参数。目前确定钻井伤害参数的方法有裸眼中途测试方法、测井方法、反求法、经验法以及根据实际测试资料进行拟合等。若有条件,就采用裸眼中途测试法测定或借用同一地层相同钻井条件的邻井中途测试资料。若无中途测试条件,可根据钻井数据用经验法确定,国内的射孔优化设计软件已提供经验计算方法。

2)射孔弹压实伤害参数的确定及射孔枪的选择

影响油气井产能的射孔参数中,射孔枪以及射孔弹性能对射孔后油气井产能的影响是十分明显的,优良的射孔弹性能是保证获得油气井高产的先决条件。

全国射孔检测中心定期公布全国各种射孔弹的基本数据,主要包括混凝土靶的穿深、孔径、抗压强度等。由于贝雷岩心靶源越来越少且价格昂贵,因而贝雷岩心靶打靶数据越来越少,在近年公布的API 19B中也不是必做测试。由于射孔弹市场变化较大,本书不拟列出目前各种射孔弹的性能数据,应采用每年新公布的射孔弹性能数据。

在优化设计时,需要知道射孔弹的压实伤害参数:压实厚度(CZH)和压实程度(CZC),应根据每种射孔弹岩心打靶的孔深L_p、孔径d_p、贝雷岩心靶长度L_c、岩心直径d_c和射孔岩心流动效率CFE,计算压实参数。

根据前面的讨论,压实厚度CZH为10~17mm,其值对设计和预测影响不大,故可以简单地取各射孔弹CZH统一为12.5mm。也可以按孔径$d_p=10$mm时取$CZH=10$mm,孔径$d_p=20$mm时取$CZH=17$mm,按线性关系估计某一d_p所对应的CZH。

压实程度$CZC(K_{cz}/K_c)$对射孔优化设计有着重要的影响。可使用射孔弹穿透贝雷岩心靶的各项数据(孔深、孔径、流动效率等),通过射孔岩心靶有限元分析软件计算出压实程度CZC。

射孔参数优化设计时,也要调查射孔枪的参数。射孔枪参数包括枪外径、适用孔密、相位角、枪的工作压力和发射后外径(包括毛刺)以及适用射孔弹型号。配套使用射孔枪、弹效果最好,因为配套射孔枪能保证射孔弹炸高在一个合理的范围内。

3) 射孔弹孔深与孔径校正

射孔弹厂家公布的射孔弹性能数据目前大都是混凝土靶数据,它并不表示在实际地下情况的穿透数据,只有地下实际情况下的穿透数据才能用来评价射孔井的动态。因此,针对特定地层条件进行射孔优化设计时,必须进行射孔弹性能参数校正。

以前通过大量的实验已经获得了贝雷砂岩靶的校正方法。针对目前大量使用混凝土靶的现状,必须进行混凝土靶的校正方法研究。方法之一是寻找混凝土靶向贝雷砂岩靶的转换方法,其二是研究混凝土靶数据直接向实际地层穿透数据的校正方法。

(1)根据混凝土靶穿透数据转换为贝雷岩心靶数据。

一些油田建立了简易的混凝土靶以检验射孔弹性能。要将混凝土靶穿透数据折算为贝雷岩心靶数据,这个数据对优化设计、产能预测和动态分析是有用处的。根据大庆检测中心各年来公布的数据分析发现,混凝土靶和贝雷砂岩靶穿透数据之间有较明显的关联性(与 API RP43 第五版的结论相同)。图 3-30、图 3-31 是国内计算关系图,由此可估算贝雷砂岩靶的孔深和孔径。

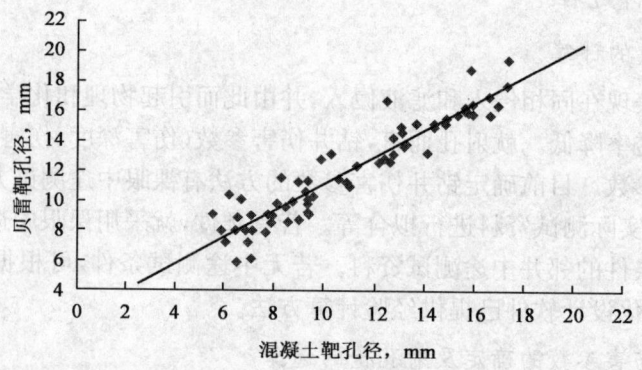

图 3-30 根据混凝土靶孔径折算贝雷靶孔径

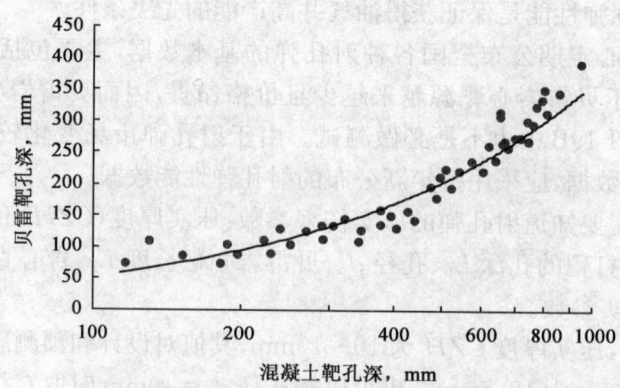

图 3-31 根据混凝土靶孔深折算贝雷靶孔深

(2)射孔弹井下孔深和孔径的校正。

虽然根据混凝土靶可以近似得到贝雷靶数据结果,但实际井下条件下孔深和孔径与地面贝雷砂岩靶的数据可能会有很大的不同。由贝雷靶向实际地层的校正应该包括6个方面,即枪套间隙、套管级别和层数、岩石抗压强度、射孔液垫压力、下井时间和井下温度、射孔弹存放环境和时间等。

4) 射孔几何参数优化设计

射孔几何参数优化必须建立在对各种地质、流体条件下射孔产能规律的正确认识基础上,或者说必须建立起正确的模型,获得定量化的关系。

下面简要总结射孔几何参数优化步骤:

(1) 建立各种储层和产层流体条件下射孔完井产能关系数学模型,获得各种条件下射孔产能比定量关系。

(2) 收集本地区、邻井和设计井有关资料与数据,用以修正模型和优化设计。

(3) 计算和比较各种可能参数配合下的产能比与套管抗挤毁能力降低系数,优选出最佳的射孔几何参数配合。

上述各种计算的工作量很大,采用射孔优化设计软件可以方便、快速、较准确地进行优化设计。

5) 射孔工艺选择

在前面已经详细讨论了不同的射孔工艺,每种射孔都有各自优缺点和使用条件,具体的选择应根据各种射孔工艺的特点,结合实际的储层地质特征、开发需求和工程需求来综合选出满足要求的最佳射孔工艺。

6) 射孔液优选

目前常规射孔液体系主要有无固相清洁盐水射孔液、聚合物射孔液、油基射孔液和酸基射孔液。而高密度、耐高温完井/射孔液体系主要有高密度清洁盐水射孔液(溴盐盐水射孔液、非溴盐盐水射孔液、有机酸盐盐水射孔液)、水基无黏土射孔液、改性钻井/完井/射孔液等。

随着油气勘探开发的重点已由浅层转向深层,射孔液向适用温度由低温转向超高温,以及高密度方向发展。同时,由于环境保护的严格要求,包含各种添加剂的完井液/射孔液必须具有无毒或低毒以及易生物降解的性能。因此,射孔液的设计应包括:

(1) 能够有效地控制地层压力,实现密度可调。

(2) 与储层岩石和流体具有良好配伍性,防止黏土膨胀和结垢等。

(3) 低腐蚀性,有利于保护油管、套管及设备。

(4) 在地面和井下具有良好的稳定性。

(5) 清洁环保。

(6) 成本低廉,货源广。

射孔液的合理选择必须结合具体的储层潜在伤害机理,通过大量的室内实验来优化射孔液配方,使射孔液尽量与储层具有良好的配伍性、环保性,保证最佳的射孔效果。

第二节 管内高级优质筛管完井

射孔完井能够防止井壁垮塌,并且实施对储层分层段的选择性处理。但是对于出砂储层,单纯的射孔完井并不适应,本节论述能够防止储层出砂的管内高级优质筛管完井以及设计、施工程序。

管内高级优质筛管完井是指在射孔完井的井筒中将高级优质筛管下入射孔部位,并将其悬挂在油层套管或者尾管上的一种防砂完井方法。

一、射孔设计

这里是指仅仅通过射孔参数的合理选择,保证射孔孔眼的长期稳定,在能够承受的最小出砂量前提下,能够避免生产压差变化、地层压力枯竭、含水率上升带来的油井大量出砂风险。地层出砂首先是孔眼失稳破坏导致骨架砂脱落,然后才是砂的运移。生产压差和地层压力枯竭引起的孔眼周围应力变化是孔道破坏的主要原因,流体的流速是砂运移的动力。大量的理论研究、数值模拟、室内和现场试验研究表明,要实现射孔防砂,射孔参数(主要指孔深、孔密、相位角)的优化选择十分重要。

1. 射孔孔深

最好选择深穿透射孔弹,因为对于单个孔眼的稳定性来讲,深穿透射孔弹孔眼深而孔径较小,其力学稳定性比大孔径弹的孔道要好得多。

2. 相位角和射孔孔密

除了考虑单个孔眼的稳定性外,还必须考虑孔眼之间的相互作用对稳定性的影响。也就是说,孔眼间距离必须足够大,以避免生产时孔眼附近弹塑性应力区的相互搭接或重叠,防止单一孔眼的坍塌破坏引起连锁反应,从而导致整个射孔井段的坍塌出砂。

孔眼间的间距直接受孔密和相位角的影响(图3-32),孔密越小,孔距越大,虽然孔眼间相互干扰小,但会导致单孔流量增大致使砂运移而出砂。因此,一般是将孔密固定在一个合理的范围内,通过优化射孔相位角来实现孔距最大化。

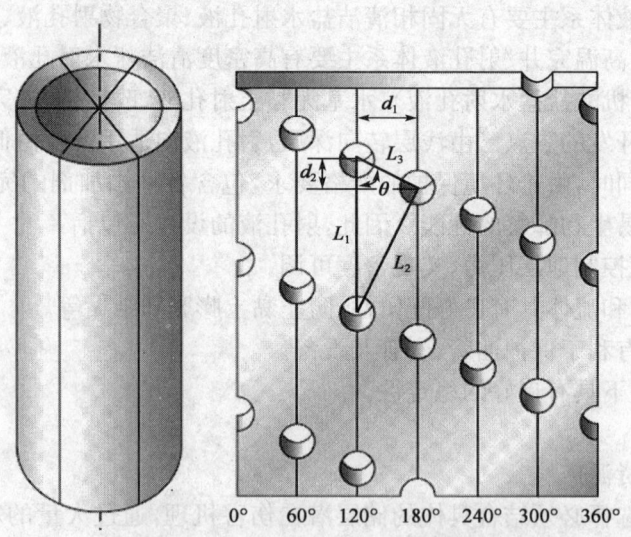

图3-32 60°相位角孔眼间距展开图

为了使得孔间距最大,对于给定的井径和孔密,最佳的相位角需满足$L_1=L_2=L_3$。但对于螺旋布孔来讲,三者相等是不可能的。因此,只要满足L_1、L_2和L_3中其中一对相等的相位角就是最佳相位角。它们的几何关系为:

$$d_1 = \frac{1}{km} \qquad d_2 = \frac{\pi}{180} \times phase \times R_{\min} \tag{3-26}$$

$$L_1 = \frac{360}{phase} \times d_1 \tag{3-27}$$

$$L_2 = \sqrt{L_1^2 + L_3^2 - 2L_1L_3\cos\theta} \qquad \theta = \arctan(d_2/d_1) \qquad (3-28)$$
$$L_3 = \sqrt{d_1^2 + d_2^2} \qquad (3-29)$$

式中 km——孔密,孔/m;

$phase$——相位角;

R_{min}——射孔枪中点到砂面的最短距离(射孔枪居中时即为井筒半径),m。

如果 R_{min} 和相位角 $phase$ 给定,也可以通过优化射孔密度来实现。

3. 射孔方位

对于地层垂向应力、水平最大主应力、水平最小主应力相差较大的情形,为了提高孔眼的稳定性,最好采用定向射孔,定向方位与最大主应力方向一致,偏差不超过15°~25°为宜。据1989年 N. Morita 等人的研究(图3-33),在低孔密时,90°相位角比60°相位角具有更高的临界出砂压差;在高孔密(>20孔/m)时,60°相位角的孔眼稳定性明显优于90°相位角,即使孔密增加到40孔/m,孔眼稳定性都不会降低。

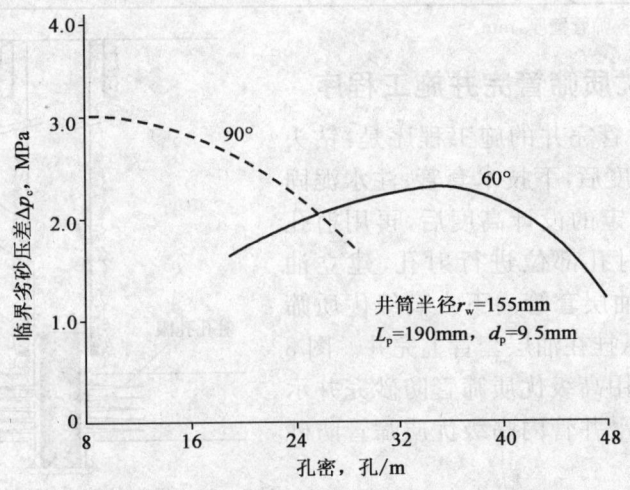

图3-33 临界出砂压差与孔密、相位角的关系

4. 射孔压差

根据不同的射孔工艺确定射孔压差。射孔负压以清洗孔眼时不至于引起孔眼坍塌为标准,具体确定方法见本章第一节射孔压差部分。

二、高级优质筛管防砂设计

1. 高级优质筛管尺寸设计

根据表3-2,由油层套管尺寸确定高级优质筛管尺寸。

表3-2 高级优质防砂筛管尺寸

油层套管尺寸		高级优质防砂筛管外径	
in	mm	in	mm
7	177.8	5	127
8 5/8	219.7	5 1/2	139.7
9 5/8	244.5	7	177.8
10 3/4	273.1	7 5/8	193.7

2. 高级优质筛管挡砂精度设计

具体设计方法参看第二章第四节裸眼高级优质筛管完井挡砂精度设计内容。

3. 筛管悬挂器的确定

根据油层套管、高级优质筛管尺寸可以确定筛管悬挂器的尺寸,见表3-3。

表3-3 筛管悬挂隔器的确定(一)

油层套管		高级优质筛管	悬挂器		
公称尺寸,in	外径,mm	外径,mm	最大外径,mm	最小通径,mm	总长,mm
7	177.8	112	$177.8-2\delta-10$	$112-2\varepsilon$	1500~1600
$8\frac{5}{8}$	219.7	150	$219.7-2\delta-10$	$150-2\varepsilon$	1500~1600
$9\frac{5}{8}$	244.5	175	$244.5-2\delta-10$	$175-2\varepsilon$	1500~1600
$10\frac{3}{4}$	273.1	204	$273.1-2\delta-10$	$204-2\varepsilon$	1500~1600

注:δ—套管壁厚,mm;ε—筛管壁厚,mm。

三、管内高级优质筛管完井施工程序

管内高级优质筛管完井的施工程序是:钻头打开油气层至预定深度后,下技术套管、注水泥固井。水泥浆上返至预定的设计高度后,再用射孔枪在油层套管中自射孔部位进行射孔,建立油(气)流通道,然后在油层套管内下入高级优质筛管,将高级优质筛管悬挂在油层套管上完井。图3-34为垂直井管内采用高级优质筛管防砂完井示意图。图3-35为水平井管内高级优质筛管防砂完井示意图。

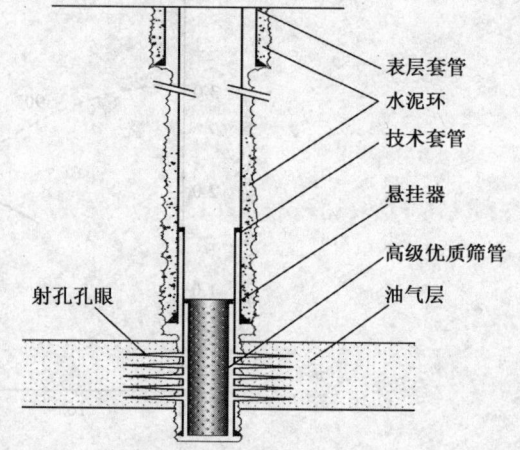

图3-34 垂直井管内高级优质筛管防砂完井示意图

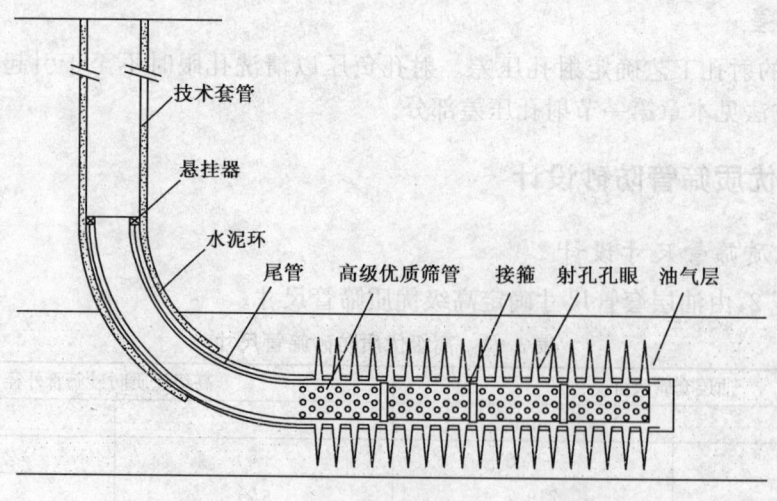

图3-35 水平井管内高级优质筛管防砂完井示意图

第三节 管内井下砾石充填完井

上节所讲的管内高级优质筛管防砂完井是一种施工工艺相对简单的防砂完井方法,但统计和研究表明它对地层砂均匀性差、粉砂和泥质含量高的地层的防砂有效性不甚理想。

一般而言,对于地层砂均匀性差、粉砂和泥质含量高的地层,可以采用管内井下砾石充填完井,它是在套管射孔井内下入防砂筛管并在防砂筛管与套管的环形空间与射孔孔眼内充填砾石的一种防砂完井方法。

一、射孔设计

仅靠合理选择射孔参数来防砂的作用是有限的,因为有时为了防止出砂不得不降低生产压差、牺牲产量来维持,这是大多数油公司无法容忍的。很多油气井采用了管内砾石充填防砂完井,这样既可以实现挡砂,也可以采用较大压差生产,以满足实际生产的需要。

管内砾石充填防砂完井射孔参数的选择主要是为砾石充填施工服务,同时保证充填完毕后套管和水泥环处充填孔眼内的流动压力损失很低。如果在生产时没被遮挡住地层砂沿孔眼流入井底而又无法通过井筒排出,滞留在孔道中,那么充填孔眼的流动能力将大大降低。

一般来讲,此时射孔设计的根本是采用大孔径射孔弹,尽量提高井筒可供流动的面积,又保证砾石充填的效率。射孔相位角一般采用 60°或 45°低相位角。孔密常用高孔密,如 36 孔/m、48 孔/m 甚至更高的 64 孔/m。

二、管内井下砾石充填防砂设计

目前,在海洋系统,当进行管内井下砾石充填完井防砂时,为了更加保险,基本都采用高级优质筛管而不采用绕丝筛管。

1. 高级优质筛管尺寸设计

根据表 3-4,由油层套管尺寸确定高级优质筛管尺寸。

表 3-4 高级优质防砂筛管尺寸

油层套管尺寸		高级优质防砂筛管外径	
in	mm	in	mm
7	177.8	$2\frac{7}{8}$	87
$8\frac{5}{8}$	219.1	4	117
$9\frac{5}{8}$	244.5	$4\frac{1}{2}$	130
$10\frac{3}{4}$	273.1	5	142

2. 高级优质筛管挡砂精度设计

具体设计方法参看第二章第五节裸眼砾石充填完井挡砂精度设计内容。

3. 筛管悬挂器的确定

根据油层套管、高级优质筛管尺寸可以确定筛管悬挂器的尺寸,见表 3-5。

表 3-5 筛管悬挂器的确定(二)

油层套管		高级优质筛管	悬挂器		
公称尺寸,in	外径,mm	外径,mm	最大外径,mm	最小通径,mm	总长,mm
$5\frac{1}{2}$	139.7	74	$139.7-2\delta-10$	$74-2\varepsilon$	1500~1600
7	177.8	87	$177.8-2\delta-10$	$87-2\varepsilon$	1500~1600
$8\frac{5}{8}$	219.1	117	$219.1-2\delta-10$	$117-2\varepsilon$	1500~1600
$9\frac{5}{8}$	244.5	130	$244.5-2\delta-10$	$130-2\varepsilon$	1500~1600
$10\frac{3}{4}$	273.1	142	$273.1-2\delta-10$	$142-2\varepsilon$	1500~1600

注:δ—套管壁厚,mm;ε—筛管壁厚,mm。

三、管内井下砾石充填完井施工程序

管内井下砾石充填的施工程序是:钻头钻穿油层至设计井深后,下油层套管于油层底部,注水泥固井。然后对油层部位射孔,再在射孔的油层套管内下入高级优质筛管。最后以低于地层破裂压力泵压下在套管与筛管的环形空间和射孔孔眼中充填砾石。图 3-36 为垂直井管内砾石充填防砂完井示意图。图 3-37 为水平井管内砾石充填防砂完井示意图。

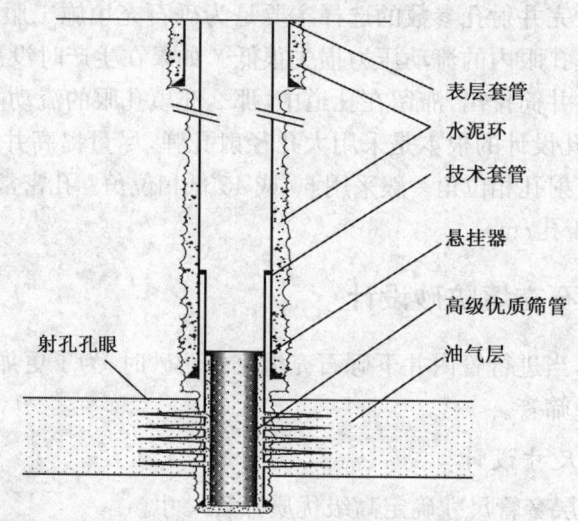

图 3-36 垂直井管内砾石充填防砂完井示意图

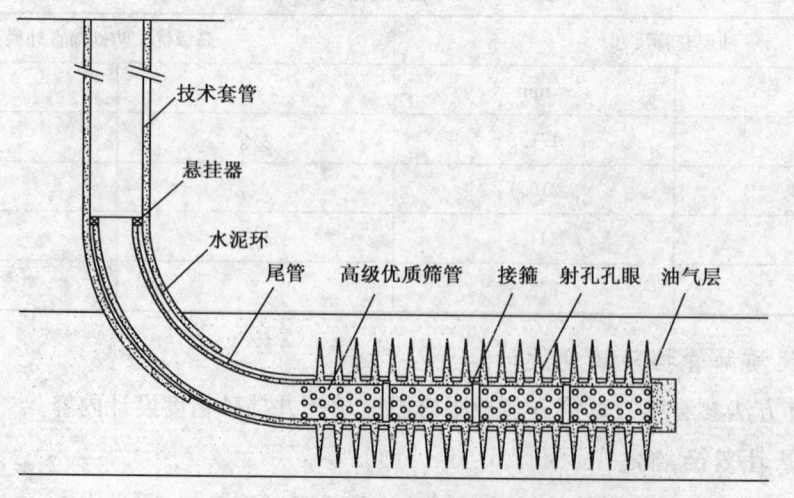

图 3-37 水平井管内砾石充填防砂完井示意图

第四节 管内压裂砾石充填完井

管内压裂砾石充填完井是在射孔完井的基础上,以高于地层破裂压力的施工压力下形成人工裂缝,并在筛管井筒的环形空间与裂缝中充填砾石的防砂完井。与裸眼砾石充填完井不同的是:管内压裂砾石充填完井可以实现选择性层段改造,并有利于更好地保证井眼的稳定性,防止地层出砂,从而提高油井产能以及完井的可靠性和寿命。

一、射孔设计

对于压裂充填(Frac & Pack)或高速水充填(HRWP),射孔参数的选择与管内砾石充填类似。而对于不安装砾石充填筛管的压裂充填作业,即在压裂充填前对地层或充填后对充填裂缝进行环氧树脂胶结处理,这样可以有效防止支撑剂回流并形成挡砂屏障。由于施工后井筒、套管和水泥环处孔眼没有砾石存在,因而射孔参数选择与常规管内砾石充填或压裂充填的考虑就不同了。除了射孔必须保证孔径满足压裂砂充填的要求相同外,还应避免不必要的孔眼(即不直接与充填裂缝相连的孔眼)存在,这样可以减小地层出砂的可能性和风险。对这类施工井,推荐采用 0°或 180°相位角,射开厚度也要尽可能小(如小于 6m)。

渤海大量现场应用表明,砾石充填要求孔径大于 18mm。为了避免砾石充填形成死区,应采用多相位角,枪套间隙以 1in 最理想,最小不得低于 0.5in,最大不得大于 1.5in。对于 9$\frac{5}{8}$in 套管,马来西亚 290 个层砾石充填表明,使用 6in 和 7$\frac{1}{2}$in 射孔枪的效果都很好,但由于负压射孔可能会引起返吐,因此选择 6in 射孔枪最安全。

射孔参数的选择对于水力压裂、酸压和基质酸化的施工质量有着重要影响。压裂井射孔参数优化的目的是尽可能地降低压裂施工时以及油气井投入生产时的近井筒压力区域损失。近井区域压力损失影响的因素主要有孔眼摩阻、射孔相位角与 PFP 面不匹配造成的微环局部限流区扭点(图 3-38)、多裂缝的产生以及裂缝面迂曲度等。

因此,压裂井射孔参数设计一方面要使射孔参数的选择有利于裂缝的起裂,减少砂堵的可能性;另一方面要求射孔参数能满足压裂携砂液良好的携砂能力、低孔眼摩阻,保证孔眼与地层最佳的沟通能力。因此,压裂井射孔参数设计的出发点与常规射孔井追求最高产能比的思想是有差别的。

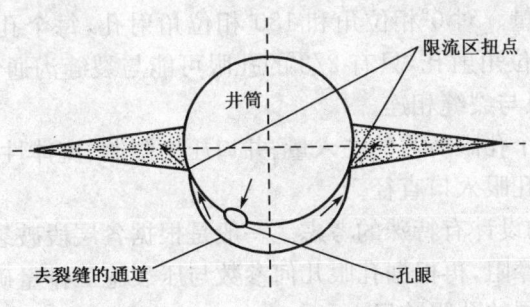

图 3-38 裂缝起裂限流区示意图

1. 孔深

追求射孔深穿透是不必要的,因为裂缝一般都是在接近砂面孔眼的部分起裂并逐渐向

PFP扩展,并且射孔枪的穿透性能与套管上孔眼直径尺寸的大小相互制约。

2. 孔径

当对压裂井选择射孔弹时,穿深和孔眼尺寸必须进行较好协调。保证足够大的孔眼尺寸,对于防止脱砂、防止孔眼和孔眼附近区域支撑剂桥堵则十分重要。过早的脱砂会大大降低裂缝长度和支撑剂体积。

Gruesbeck和Collins进行了一系列的实验来确定孔径与不同支撑剂浓度下的支撑剂颗粒直径的最小容许比值。研究表明,当孔径是支撑剂颗粒直径的6倍以上时,可以增大支撑剂浓度而不会有桥堵的危险。也就是说,对于中高浓度的支撑剂,孔径必须至少为平均颗粒直径的6倍,以便防止脱砂,而保证孔径是平均颗粒直径的8~10倍是最好的,也是经常采用的实施标准。在考虑孔眼尺寸时,还必须注意射孔枪偏心的影响,因为除非射孔枪是居中的,否则孔径将是相位角的函数。

孔径的另一影响因素是孔眼摩阻,当然它与其他射孔参数如孔密、打开厚度等有关。孔眼摩阻p_{pfr}是压裂设计特别是限流压裂设计的关键参数,计算公式为:

$$p_{pfr}=C_D Q^2 \frac{\rho}{D_{en}^2 d^4 C_p^2 h^2} \tag{3-30}$$

$$C_p=(1-e^{-2.2d/\mu^{0.1}})^{0.4} \tag{3-31}$$

式中　h——打开厚度,m;

　　　Q——泵排量,m³/min;

　　　ρ——压裂液密度,g/cm³;

　　　D_{en}——孔密,孔/m;

　　　d——孔径,mm;

　　　C_p——排出系数;

　　　C_D——换算常数;

　　　μ——压裂液的表观黏度,mPa·s。

如果压裂液不含磨损性材料,C_p一般为0.6~0.7;但当泵入混砂液时,由于孔眼被冲蚀,C_p变为0.6~0.95。C_p的变化将大大影响p_{pfr}的大小,因为p_{pfr}与C_p的平方成反比。

3. 孔密

水力压裂的地面施工马力限制了所能提供的最大施工流量,与裂缝相连的孔眼数目决定了通过每一孔眼的平均流量。对0°相位角和180°相位角射孔,每个孔眼都能与裂缝沟通(定向射孔的情形);对120°相位角射孔,只有2/3的孔眼可能与裂缝沟通;而对于60°相位角的孔眼,则可能只有1/3的孔眼与裂缝相连。

最小的孔密依赖于每个孔眼所需的注入量、井口压力限制、流体性质、完井套管尺寸、允许的射孔孔眼摩阻压力以及孔眼入口直径。

对于限流压裂,孔密的设计有特殊的考虑。一般是根据各层段破裂压力、地应力的差别计算出单孔必须达到的孔眼摩阻,再根据孔眼几何参数与压裂施工排量确定总孔数,进而根据各层段的打开净厚度确定各层的孔眼数目。

4. 射孔相位角

对射孔相位角和水力裂缝扩展之间的关系已经做了大量研究。理想的压裂施工条件是孔眼和储层的最大主应力方向一致,因此从孔眼处起裂的裂缝将沿着最小阻力的PFP平面扩展。

对于已知裂缝平面的情况,采用180°相位角定方位射孔,可以大大减小射孔孔眼摩阻并提高压裂施工处理效果。如果不能保证定向射孔精度,孔眼和PFP平面夹角最好不要超过30°。如果裂缝平面方位未知或射孔枪定向不具备条件,则推荐使用60°相位角。

射孔完井后可能会产生微环隙,或者在地面开始泵入施工流体后产生。这里微环隙指携砂液通过沿套管周围的环状路径,即水泥环与砂面的交界面。是否形成微环或微环开度多大与界面的水力胶结程度、射孔参数和压裂施工参数有关。微环存在与否直接关系到射孔参数对裂缝起裂的影响。如果存在,则裂缝的起裂将同裸眼井压裂类似,初始裂缝的发育受射孔相位角的影响不大,只有当孔眼方位与最优裂缝面PFP夹角在30°以内时,裂缝才会在孔眼处起裂。通过对射孔参数的合理选择,不仅可以降低破裂压力、减小裂缝弯曲摩阻,还可以提高压裂的成功率。对大斜度井,裂缝的起裂、雁行裂缝的连接以及裂缝的重定向直接与射孔参数关联,射孔参数的选择更为关键。如果井筒正好位于最大水平主应力平面(即PFP),那么采用垂向180°相位角定向射孔最佳,或者180°定向到井筒最小周向压应力方向。如果井筒方位和PFP平面夹角越大,井筒与PFP面交集越小(夹角呈90°时最小),此时斜井压裂井段的射开厚度也应随之减小,以减少孔眼处起裂的雁行缝无法连接而形成多裂缝,国外推荐射开3m就足够了。对于大位移水平井(井倾斜角大于75°),如果井筒走向与PFP面夹角较大,推荐采用分段集中高孔密多相位角射孔,每段集中在1m范围内,通过有效层段封隔工具,可以实现水平井多裂缝系统生产。对于超高压射孔(EOP)作业,射孔参数的选择与井筒不存在微环隙情况的相似。

二、管内压裂砾石充填防砂和增产原理

管内压裂砾石充填的防砂原理和增产机理与裸眼井内压裂砾石充填防砂和增产机理是一样的(可参看第二章裸眼压裂砾石充填防砂和增产的原理部分),不同的是前者可以实现选择性或者分层段压裂,后者只能在裸眼井筒内笼统压裂,前者针对性更强。图3-39是砾石在压裂裂缝和筛管与套管环形空间的砾石充填过程。端部脱砂过程中使用易渗滤的流体,使支撑剂能在端部脱砂,随着携砂液的继续泵入,裂缝开始扩张,支撑剂向着井筒方向充填,端部脱砂在软地层中能够产生足够的渗滤,在井眼周围形成一个充填支撑剂的环形充填层。该外围支撑剂充填层可以防止与支撑裂缝不在一条直线上的射孔孔眼出砂,并且可以进一步降低近井压降。

管内压裂砾石充填完井相对管内井下砾石充填完井具有增产效果,增产效果主要体现在支撑剂充填的高导流能力渗流通道沟通了井筒和产层深处,解除了近井伤害,降低了油藏流体向井渗流时的渗流阻力,可以采用以下两种方法进行分析。

1. 表皮系数分析法

考虑一般情况,管内井下砾石充填井的表皮系数可用式(3-32)表示:

$$S_t = S_d + S_{PF} + S_P + S_A + S_\theta + S_{Dq} + S_{grav} + S_{an} + S_o \quad (3-32)$$

式中 S_d——钻井伤害表皮系数;

S_{PF}——射孔拟表皮系数;

S_P——部分打开油层拟表皮系数;

S_A——油藏形状拟表皮系数;

S_θ——井斜拟表皮系数;

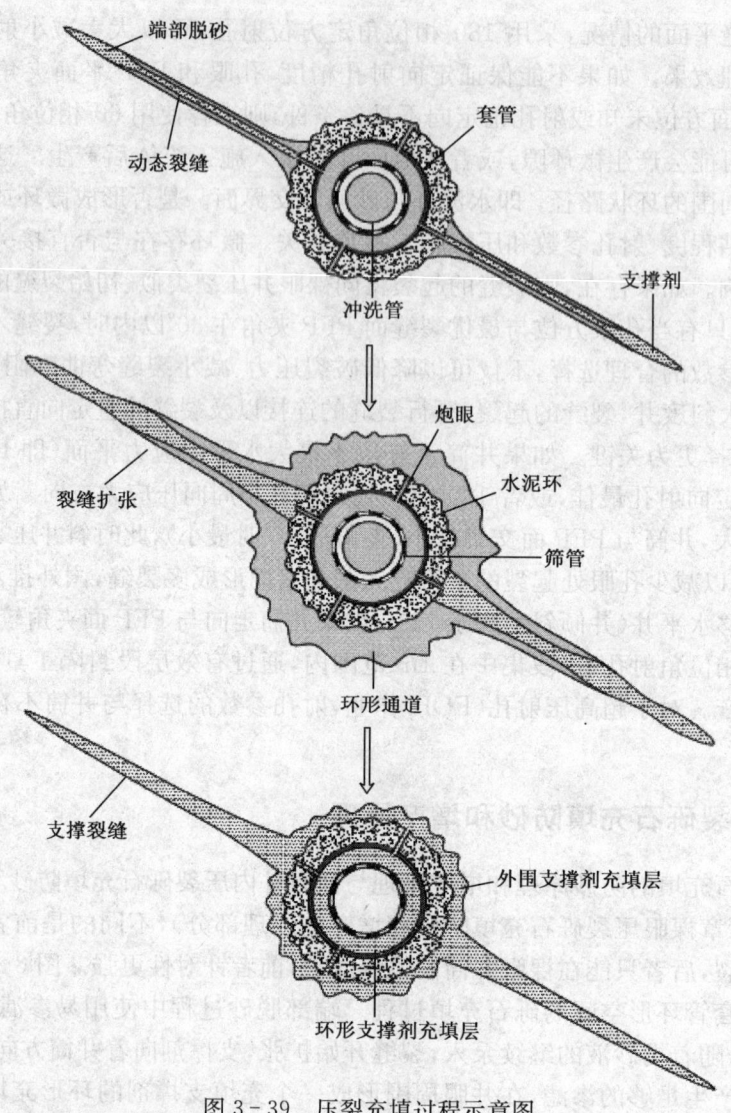

图 3-39 压裂充填过程示意图

S_{Dq}——非达西流表皮系数；

S_{grav}——射孔孔眼砾石充填拟表皮系数；

S_{an}——环空砾石充填拟表皮系数；

S_o——其他表皮系数。

压裂充填井的总表皮系数则为：

$$S_F = S_d + S_{PF} + S_P + S_A + S_\theta + S_{Dq} + S_{grav} + S_{an} + S_f + S_{ck} + S_{fl} + S_o \quad (3-33)$$

式中 S_f——裂缝拟表皮系数；

S_{ck}——瓶颈裂缝拟表皮系数；

S_{fl}——裂缝面伤害拟表皮系数。

比较式(3-32)和式(3-33)，后者多出与裂缝有关的三项 S_f、S_{ck}、S_{fl}。对成功施工的压裂充填井，与裂缝有关的三项之和小于零，即

$$S_f + S_{ck} + S_{fl} < 0 \quad (3-34)$$

进而

$$S_F < S_t \quad (3-35)$$

因此，从总表皮系数角度来说，压裂充填井相对于管内井下砾石充填井具有增产作用。

2. 支撑裂缝增产机理分析

如图3-40所示，地层为圆形、均质地层，泄油半径R_e。地层厚度为h，渗透率为K，孔隙度为ϕ。地层中心处有一口井半径为R_w，对该井压裂，形成的裂缝缝长L_f，井壁处缝宽W_r，裂缝内渗透率为K_f，孔隙度为ϕ_f。生产时，井底流压为p_{wf}，地层内A点距井壁为Y，压力为p_a，此点到裂缝的垂直距离L。B点是A点在裂缝中的投影，该处压力为p_b，距离井壁X。

通过达西定律，能量守恒方程整理得到下式：

$$L = \ln\frac{Y}{R_w} - \frac{K}{K_f} \cdot \frac{L_f - R_w}{W_r} \ln\frac{L_f}{L_f - Y} \quad (3-36)$$

式(3-36)是支撑裂缝的渗流机理表达式。其含义就是在裂缝内距井壁Y处，可从地层内距井壁Y处获得的地层液体的最远距离L。在大于L的各点，液体以径向流方式从地层流入井筒；在等于L的各点，一部分液体以径向流方式从地层流入井筒，还有一部分液体先由地层进入裂缝，再沿裂缝流入井筒；在小于L的各点，液体由地层流入裂缝，再沿裂缝流入井筒。

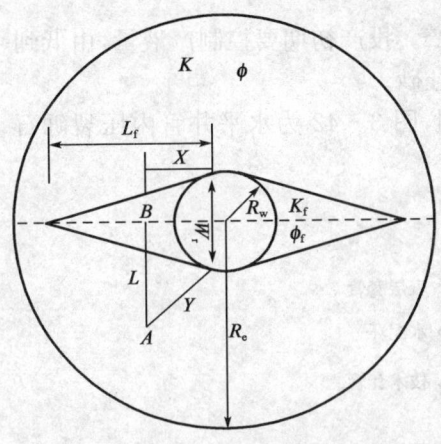

图3-40 支撑裂缝渗流模型

管内压裂砾石充填完井相匹配的筛管外径以及悬挂器外径的确定与管内砾石充填完井确定方法一致，参看管内砾石充填防砂设计内容。筛管的缝隙和砾石尺寸(目数)、砾石充填液以及砾石充填量设计参看本书第二章第六节裸眼压裂砾石充填完井部分的内容。

三、管内压裂砾石充填完井施工程序

管内压裂砾石充填的施工程序是：钻头钻穿油层至设计井深后，下油层套管于油层底部，注水泥固井，然后对油层部位射孔，再在射孔的油层套管内下入高级优质筛管。在高于地层破裂压力的施工压力下向地层中泵入前置液，起裂地层继续泵入前置液，使裂缝在产层中延伸。再泵入低砂比携砂液，当低砂比携砂液到达裂缝端部时，由于携砂液在中高渗透地层的高滤失性或者支撑剂在缝端的桥堵使携砂液开始在裂缝端部脱砂，阻止了裂缝面积的进一步增加。紧接着泵入砂比逐渐升高的携砂液，使裂缝开始膨胀，即增加裂缝宽度以提高裂缝的导流能力，同时支撑剂从缝端到缝口逐渐充填裂缝；当裂缝宽度即裂缝导流能力达到设计要求时，停止压裂施工。最后采用常规砾石充填方法充填筛管和套管之间的环空。也可以将压裂充填分为端部脱砂压裂和裂缝充填与膨胀两个阶段：将携砂液在裂缝端部脱砂以前的部分称为端部脱砂阶段，简称TSO(Tip Screen-Out)；将裂缝膨胀与充填以及筛管与套管之间环空充填称为裂缝膨胀与充填阶段，简称FIP(Fracture Inflation and Packed)，这里强调裂缝充填以防止形成"瓶颈"裂缝，造成对裂缝的伤害。

具体施工步骤是：

(1)井筒准备：探冲(填)砂(距管鞋3m左右)、通井、刮管、油套管试压合格。
(2)下施工管柱：按设计要求下入施工管柱。
(3)反循环洗井：清洗掉施工管柱内的污物。
(4)坐封，开启通道：投钢球，装井口，憋压坐封、验封，开启压裂充填通道。

(5)地层预处理:挤入油层保护剂溶液,关井平衡压力。

(6)压裂充填:正挤前置液、无砂携砂液,记录压力、排量,当排量稳定、压力达到或超过地层破裂压力且逐渐下降时开始加砂,砂比由小到大逐渐提高,至设计砂量后打开套管闸门进行循环充填,至设计停泵压力后结束。

(7)反洗井:反洗至返出液中无砂为止,排量 $0.5m^3/min$。

(8)丢手起管柱:正转施工管柱倒扣丢手并起出丢手后管柱。

(9)探冲砂:下入等径冲管+油管探,冲砂至丝堵位置。

(10)投产:按设计要求下完井管柱,装好井口,及时投产。投产初期要控制产液量,由低到高逐步增大产量,以避免流速过快刺破绕丝筛管导致地层吐砂。

图 3-41 为垂直井管内压裂砾石充填防砂完井示意图,图 3-42 为水平井管内压裂砾石充填防砂完井示意图。

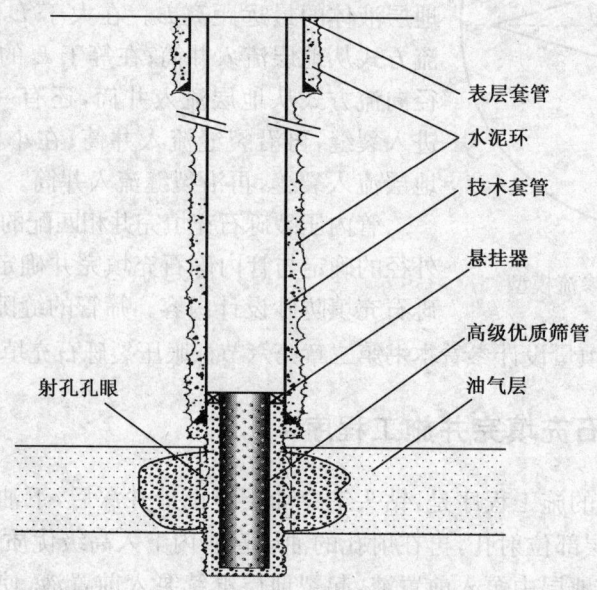

图 3-41 垂直井管内压裂砾石充填防砂完井示意图

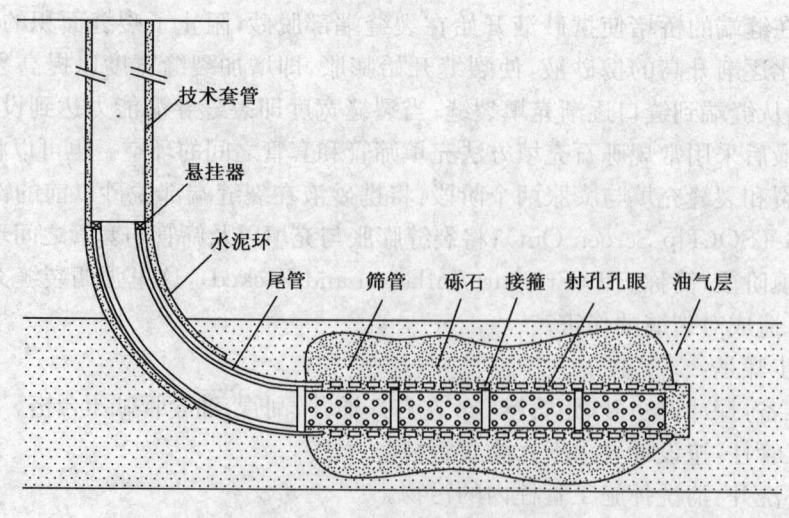

图 3-42 水平井管内压裂砾石充填防砂完井示意图

习　题

1. 射孔工艺有哪些？并简述其优缺点。
2. 简述最佳射孔负压差的设计过程。
3. 阐述射孔几何参数与射孔井产能之间的关系。
4. 某地层的地层砂粒度参数 d_{50} 为 0.35mm，地层出砂，油层套管外径为 177.8mm，拟采用管内高级优质筛管完井防砂。试设计高级优质筛管外径、高级优质筛管悬挂器外径以及高级优质筛管的挡砂精度。
5. 某地层的地层砂粒度参数 d_{50} 为 0.17mm，地层出砂，油层套管外径为 177.8mm，拟采用管内砾石充填完井防砂。试设计高级优质筛管外径、高级优质筛管悬挂器外径、高级优质筛管挡砂精度以及砾石目数。

第四章 海洋特殊完井技术

第二章和第三章分别论述了裸眼系列和射孔系列完井方法以及完井工艺,都是一些常规的完井方法,随着海洋完井技术的发展及需要,逐步形成新的完井方法,尤其体现在完井工具的革新上。譬如,为了实现选择性处理和分段控制,海洋完井采用了分段完井方法;为了延缓和控制底水锥进/脊进,形成了基于均衡排液完井思想的系列控水方法;为了有效地控制井筒流体流动,减少修井作业,提高油气井的采收率,大量井采用了智能完井方法。但是所有新的完井方法都是建立在裸眼完井或是射孔完井基础上的。本章主要对分段完井技术、水平井均衡排液完井技术、分支井完井技术、大位移井完井技术、深水完井技术以及智能完井技术进行阐述。

第一节 分 段 完 井

分段完井是针对水平井来说的,是对一口井油层部位的井底结构进行分段设计,国外也称为选择性完井。分段完井可以分为两大类:第一类是裸眼井内利用封隔器实现分段,根据是否下入管柱以及管柱的类型又有多种完井形式。第二类是套管井内采用分段射孔方式实现分段,可以不在套管中下入任何完井工具,也可在套管射孔井内再下入完井工具,每段的射孔参数和工具结构参数可以进行不同设计。根据完井目的的不同,又可以分为分段控水完井、分段压裂完井等。分段完井是实现井下复杂完井的基础。

国外主要的水平井裸眼分段的完井方法如图 4-1 与图 4-2 所示。图 4-1 为带管外封隔器(ECP)及衬管完井方法。若采用这种完井方法进行控水,它的不足之处在于:盲管段的长度有限,仅仅是管外封隔器的长度,当封堵一个出水层段后,底水将会很快绕过管外封隔器到另外一个相邻的层段,对于延缓底水的锥进没有起到太大的效果。图 4-2 为带 ECP 及滑套衬管完井方法,用此方法进行控水完井有同样的问题:与带 ECP 及衬管完井方法的缺点一样,盲管段的长度仅是 ECP 的长度,延缓底水锥进效果有限。图 4-1 和图 4-2 给出的两种完井方法是目前国外智能完井所采用的基础完井方法。

基于上述完井方法在控水方面的局限性,2006 年西南石油大学熊友明与中海油深圳分公司专业技术人员通过理论研究,提出了新型带 ECP 的打孔管分段完井方法,并建立了分段完井的技术理论,如图 4-3 所示。该图表示的是一口长度为 800m 的水平井,采用新型带 ECP 的打孔管分段堵水完井方法,其各段尺寸为:打孔管(200m)+盲管(100m,两端各带 1 个 ECP)+打孔管(200m)+盲管(100m,两端各带 1 个 ECP)+打孔管(200m)。图 4-4 是该种完井方法得到的沿水平井筒长度上流率[单位长度水平井流入井内的流量,$m^3/(d \cdot m)$]分布示意图。

新型带 ECP 的打孔管分段完井方法的优点有:

(1)水平段中的完井管柱是由经过优化,长度不相同的盲管、打孔管配合管外封隔器 ECP 组成,依靠合理的盲管段长度来延缓底水脊进;盲管段长度长,当封堵一个出水段以后,底水要经过很长一段时间才能绕到另外一个相邻的水平井层段,而其他剩余生产层段还能够继续生产。

（2）预先将水平井分成若干段，后期采油过程中，具备对水平井实施机械堵水或化学堵水的功能。

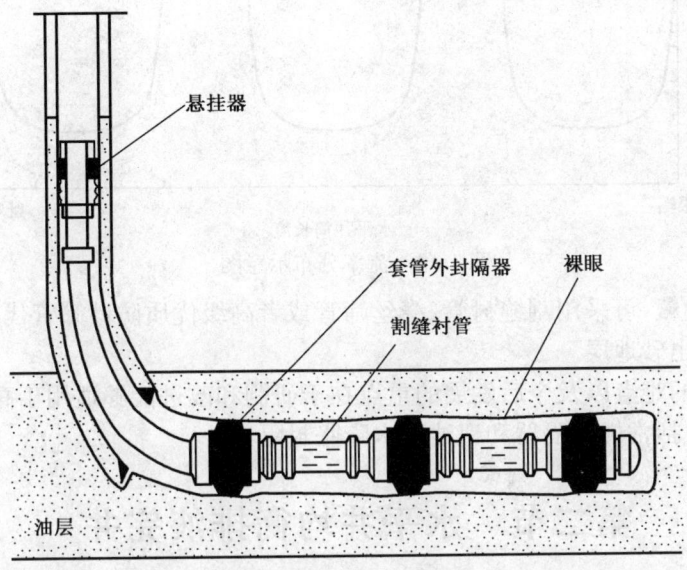

图 4-1　国外带 ECP 及衬管完井示意图

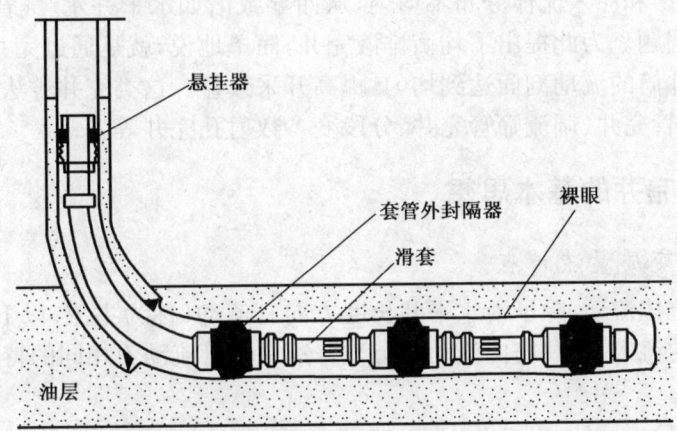

图 4-2　国外带 ECP 及滑套衬管完井示意图

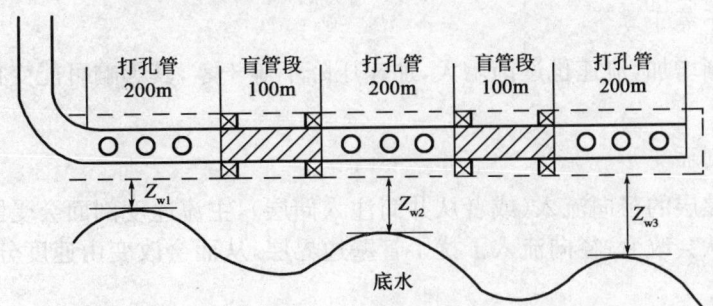

图 4-3　新型带 ECP 的打孔管分段堵水完井示意图
Z_{w1}，Z_{w2}，Z_{w3}—水平井离底水顶部的垂直距离

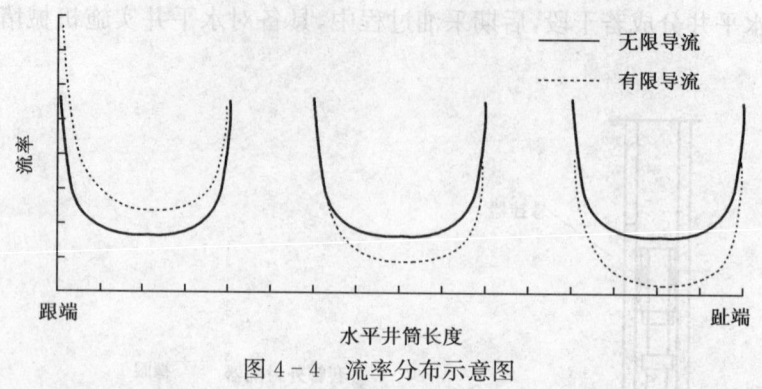

图 4-4 流率分布示意图

（3）对于出砂油藏，可采用割缝衬管、绕丝筛管或者高级优质防砂筛管代替打孔管，故这种完井方法同样适合出砂地层。

分段完井技术的难点以及今后发展的重点在于研制和改进能够适用于高温、高压、强腐蚀性地层的封隔器，包括常规封隔器和遇油遇水膨胀封隔器。

第二节　水平井均衡排液完井

在海洋水平井完井中，由于水平段储层的非均质性、井筒蛇曲、跟趾效应（有限导流）等原因，使沿水平井筒生产和注入流体分布不均匀，从而导致诸如水平井水/气脊进，注水、蒸汽吞吐的效果差等生产问题。为此提出了均衡排液完井，简单地说，就是通过完井的结构分段设计（调整）使得沿水平井筒的流动剖面达到均匀，提高开采效益。这类完井方法有多种类型，如中心油管完井、变盲筛管完井、调流筛管完井、分段变参数射孔完井等。

一、均衡排液完井的基本思想

1. 水平井井筒变质量流特点

对于水平井筒流体流动，除了沿水平井长度方向有流动（称为主流，以下同）外，沿程各处还有从油气藏径向的流入，使井筒内流动具有与普通水平管流动不相同的特性。

1）变质量流

由于流体从油藏的径向流入井筒，从趾端到跟端，井筒内流体质量逐渐增加，其流动为变质量流。

2）加速压降不等于零

质量流量逐渐增加，流速也逐渐增大，加速压降不等于零，其影响可能变得相当重要，不能忽略。

3）主流速度剖面变形

由于流体从储层的径向流入（或者从井筒注入储层），主流速度剖面会受影响，与普通水平管流相比剖面形状会改变；径向流入干扰了管壁边界层，从而会改变由速度分布决定的壁面摩擦阻力。

4）与油层内渗流相互耦合

从油气藏径向流入的流量大小会影响水平井筒内压力分布及压降大小，而井筒内压力分布反过来又会影响从油气藏径向流入的流量大小及分布。故油气藏内的渗流与水平井筒内的流动是相互联系又相互影响的耦合流动过程。

如图 4-5 所示，对于均质地层，油气藏流体是径向流入井筒，水平井筒中的流动是一种沿流动方向流体质量流量逐渐增加的变质量流动，流速逐渐变大，流体油气藏流率呈左高右低的近似 U 形分布。流体从趾端流向跟端，由于需克服各种能量的损耗，压力逐渐降低，渗流压差逐渐增大，这种沿井筒流动渗流压差的不均衡将导致流体流入（注入）流率的不均衡，则底水或气顶最可能从跟端局部突破。

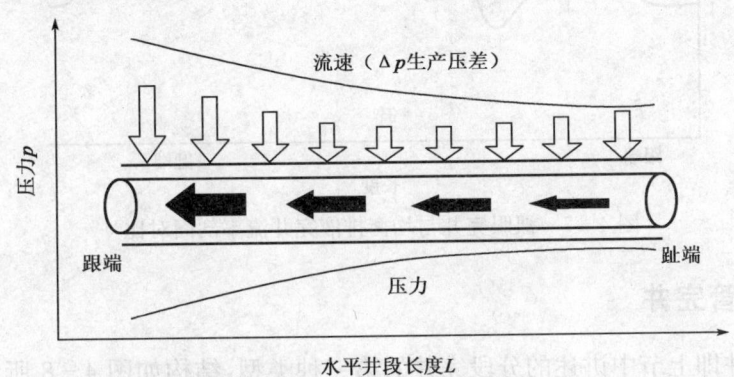

图 4-5 水平井均质地层井筒油藏耦合流动特点示意图

对于非均质地层，如裂缝型油藏，流体最先突破位置也将随着地层非均质性或渗透率的变化而变化，底水或气顶最先突破位置将是地层非均质性和井筒压降共同作用的结果，流率分布可能出现如图 4-6 所示的情况。

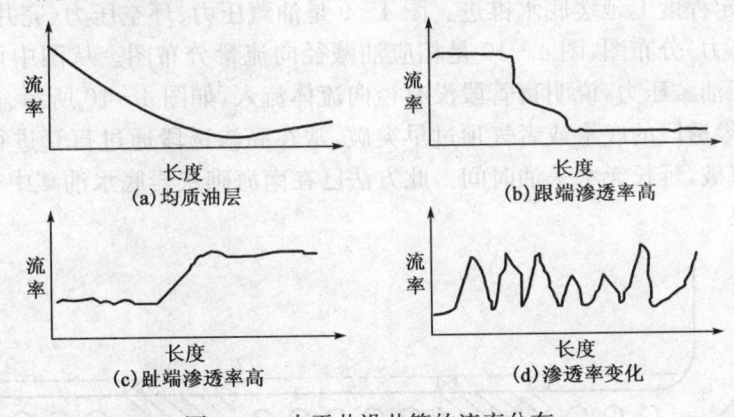

图 4-6 水平井沿井筒的流率分布

2. 均衡排液原理

通过上述分析可知，形成流体局部突破的原因有：
(1)井筒流动压降造成生产压差非均衡分布，生产压差跟端高趾端底。
(2)地层的非均质性，造成流率的非均衡分布，高渗透率处可能高。

对于底水油藏，由于上述原因，水平井底水一旦局部突破，由于油水黏度差异，含水率迅速上升，控制困难，严重时将导致关井停产。另外，在对水平井注水或热采时，同样由于水平井筒流动压降和地层的非均质性，将导致作业流体的非均衡性注入，严重影响作业效果。

均衡排液控制思想就是通过对高生产压差、高渗透地层处径向流入流体施加一定的附加流入阻力或者改变流体在井筒中的流动方式,从而建立统一均衡的流率剖面或生产压差,如图4-7所示。

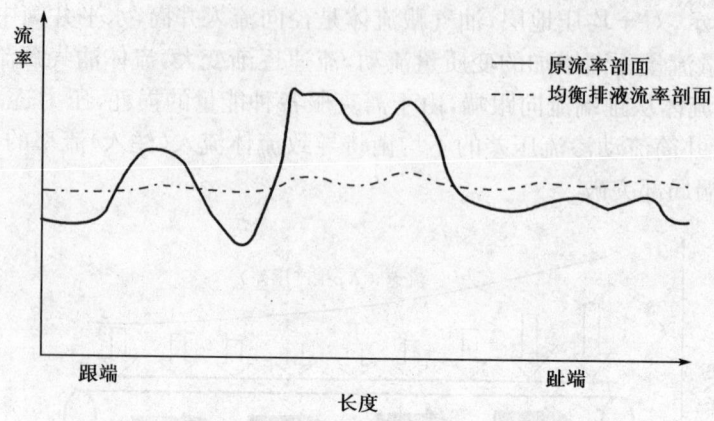

图 4-7 裸眼完井与均衡排液完井流率剖面对比

二、变盲筛管完井

变盲筛管完井即上节中讲述的分段完井的第三种类型,结构如图4-8所示,水平段中的完井管柱为不同长度的筛管、盲管配合 ECP 组成,依靠合理的盲管长度达到有效延缓底水锥进的目的。由于预先将水平井分段,此方法具备后期对水平井实施化学或者机械堵水的功能。该完井方法中,盲管和筛管(或者打孔管)的长度与比例配置是关键问题,如果配置合理,则能够在对产能影响较小的情况下延缓底水锥进。它的缺点是判断出水层位困难,需下入找水仪器,且只能在一定程度上延缓底水锥进。图 4-9 是油藏压力、环空压力(完井工具与井筒构成的环形空间的压力)分布图,图 4-10 是相应油藏径向流量分布图。从图中可以看出:盲管处的环空压力等于油藏压力,说明盲管段没有径向流体流入,如图 4-10 所示。在实际完井过程中,为了限制高渗透段的底水或者气顶过早突破,常在高渗透段通过盲管进行分隔,从而延缓底水和气顶的突破,延长无水采油时间。此方法已在南海礁灰岩底水油藏中得到应用,取得了很好的控水效果。

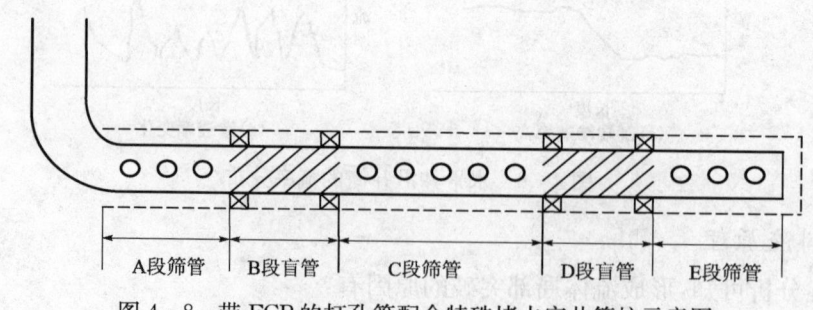

图 4-8 带 ECP 的打孔管配合特殊堵水完井管柱示意图

三、中心油管完井

中心油管完井即在水平井完井(筛管、衬管或射孔完井)的基础上,向井筒中再插入一根小于筛管(衬管或套管)内径的油管,并用封隔器封堵跟端处小直径油管与井筒之间的环空,从而改变井筒内流体流动方向,降低跟端处的大压差,改善水平井流入剖面,达到延缓水脊上升的

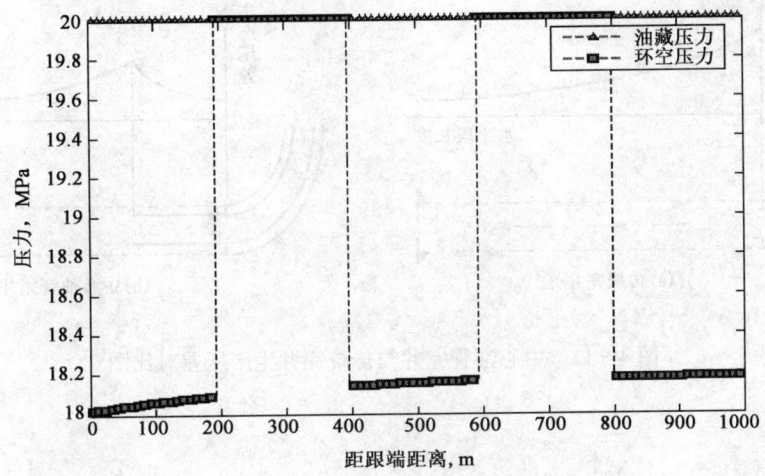

图 4-9　油藏—环空压力沿井筒位置分布示意图

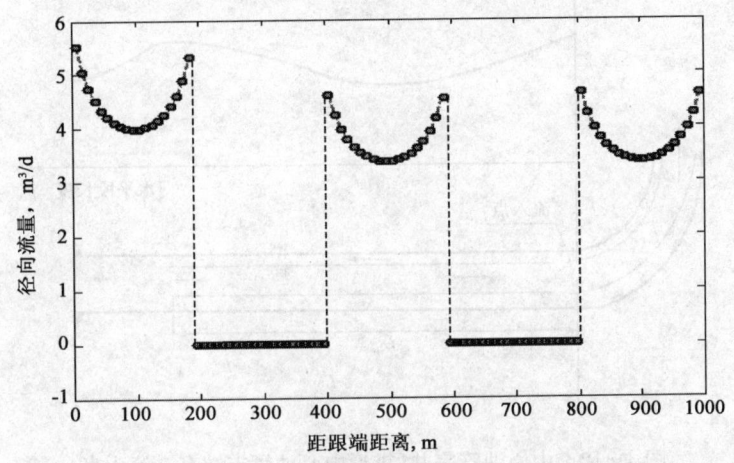

图 4-10　径向流量沿井筒位置分布示意图

目的。图 4-11 是中心油管完井与传统完井沿井筒剖面生产压差对比图。传统完井沿井筒剖面的渗流压差从趾端到跟端是逐渐增大的,跟端底水和气顶锥进风险最大;而中心油管完井沿井筒剖面的渗流压差从跟趾两端向中心油管管口处逐渐增大,且最大值小于传统完井的最大值,说明中心油管完井对整个水平井筒的生产压差具有一定的均衡调节作用。

如图 4-12 所示,水平井长度为 L_w,中心管长度为 L_{st}。在中心管靠近跟端处增加一个流入点,可以进一步平衡渗流压差。实际中,可以通过滑套或流入控制阀(Inflow Control Valve,ICV)控制调节流入点控制阀的打开度。这种完井方法已在加蓬和尼日利亚等国家的油田实施,并且获得了成功。采用 ICV 配合中心油管完井能使整个水平井的压差分布更加均衡。

图 4-13 是对同一口井模拟得到的中心油管完井环空压力(中心油管与井筒所形成的环形空间的压力)与裸眼完井环空压力(指裸眼完井井筒中的压力)对比图。裸眼完井的环空压力是从趾端到跟端逐渐减小的,非均衡性强,而中心油管完井环空压力在中心油管管鞋处最小,且整个压力分布相对均衡,说明中心油管完井具有对水平井流体径向流率剖面进行调节的作用。图 4-14 是对应的中心油管井筒轴向流量分布,从图中可以看出,流量从跟端到中心油管管鞋处是逐渐增大的,在中心油管内部保持恒定。

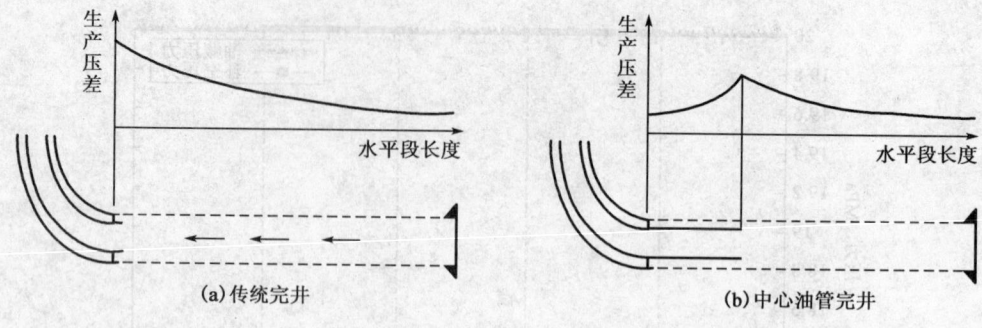

图 4-11 中心油管完井与传统完井生产压差对比图

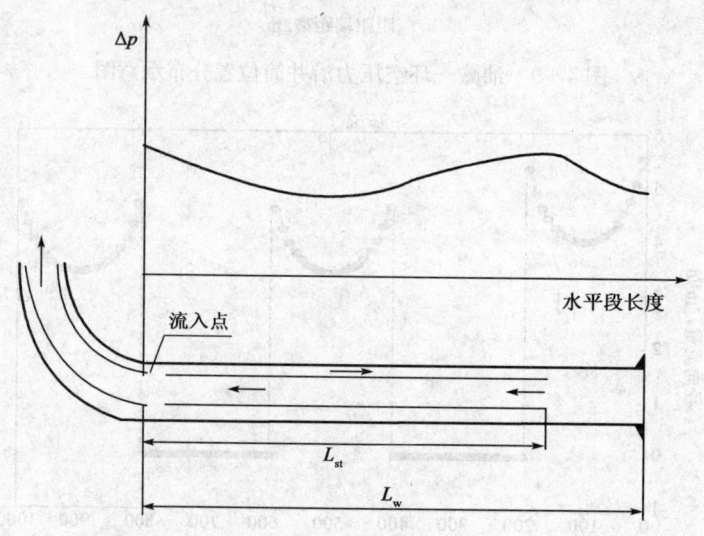

图 4-12 中心油管完井(靠近中心油管末端有一流入点)

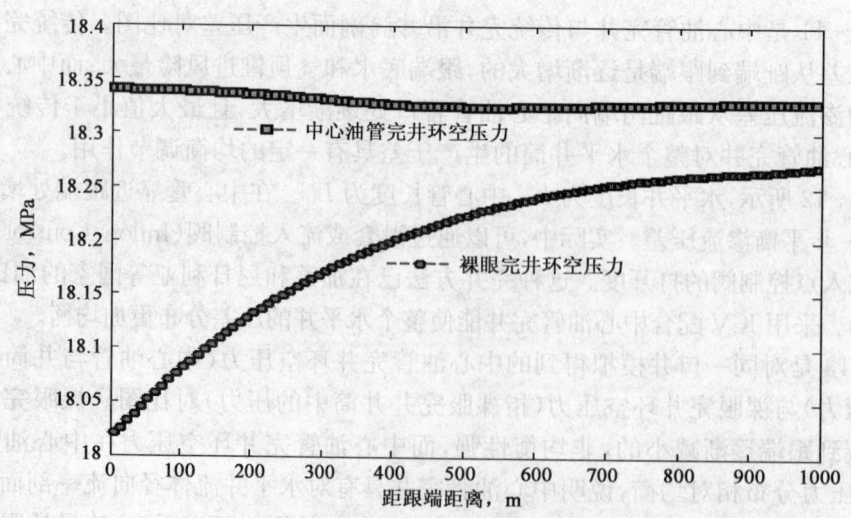

图 4-13 环空压力沿井筒位置分布示意图

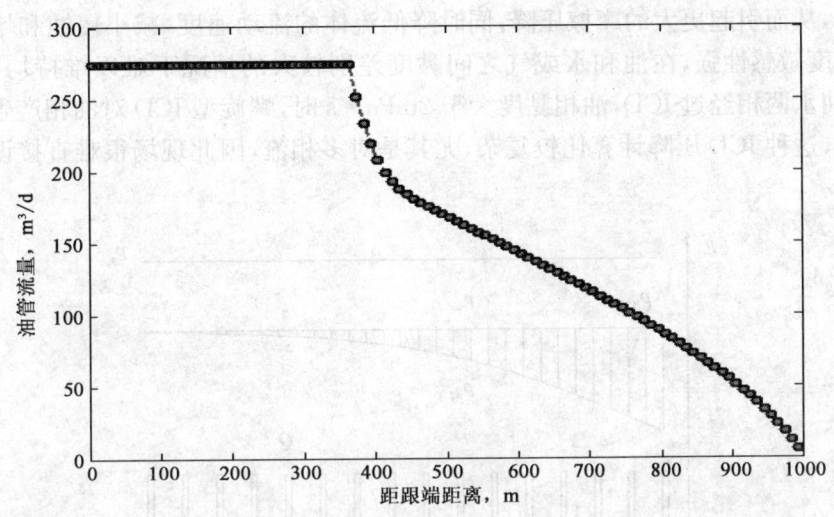

图 4-14　油管流量沿井筒位置分布示意图

该技术对于均质油藏底水控制简单且实用,但是对于非均质油藏,由于水平井段各点的渗透率不同,底水突破层段不一定在跟端,因此在非均质油藏中应谨慎使用。

此方法在西江油田、江汉红花套油田得到了应用,取得了很好的效果。

四、调流筛管完井

1. 技术原理

调流筛管(Inflow Control Device,ICD)完井是 20 世纪 90 年代在国外发展起来的一种用于水平井分段液流控制的完井方法。1998 年挪威水电公司在 Troll 海上油田开采时,首次应用了该项技术。经过多年的发展,ICD 已经衍生出了各种类型产品,伴随完井工具的进步(特别是管外封隔器、遇油/遇水/遇气封隔器),以及底水油藏水平井控水机制认识的深入,国外已经设计出了多种结构类型的流入控制装置(ICD、AICD)。其原理是通过一定的物理结构产生附加阻力压降,从而调整水平井产液剖面。这类完井方式可以很好地延缓水平井底水突破时间,提高底水油藏的最终采收率。ICD 完井也已成为一个比较成熟的用于水平井完井的方法,普遍应用于各种类型油藏。

如图 4-15 所示,油藏压力为 p_r,流量为 Q_r,井筒流压为 p_{wf},井壁处面压力为 p_{wr},净生产压差为 Δp_r(油藏压力与井筒砂面的压力差,$\Delta p_r = p_r - p_{wr}$)。通过人为地增加相应的附加压降 Δp_{icd} 来平衡井筒流动压降造成生产压差的不均衡($p_r = \Delta p_r + \Delta p_{icd} + p_{wf}$),使净生产压差 Δp_r 处处近似相等,从而实现统一均衡的流率剖面。

2. ICD 类型

ICD 的结构多种多样,但其工作原理大同小异,都是通过摩阻、限流或者二者混合作用以均衡井筒压力分布来控制液流,从而降低水锥和气锥,防止出砂以及其他由于排液不均衡引起的生产问题。国外应用的 ICD 完井工具类型如下。

1)螺旋型/迷宫型 ICD

最早的 ICD 就是螺旋型的,它主要是通过流道的表面摩擦来产生压降。流体通过多层筛管流入筛管与中心管之间的环空,从流道进入井筒。这种设计使流体多次改变流动方向并增加流动距离,从而引起更大的摩擦压降,同时降低流体的流动速度,减小侵蚀和堵塞。缺点是对流体的黏度敏感性强,在油和水或气之间黏度差别较大的情况下难以维持均匀的入流量。实验表明,油水两相经过 ICD,油相黏度大于 2mPa·s 时,螺旋型 ICD 对油相产生较大的阻碍作用。另外,这种 ICD 压降计算比较复杂,尤其是对多相流,因此现场很难直接设计这种 ICD 的参数。

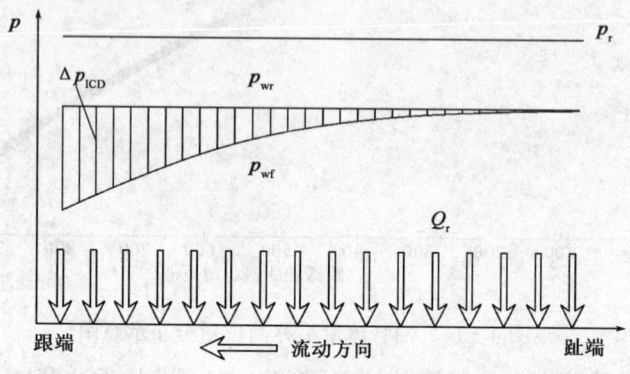

图 4-15 均衡排液控制原理

Baker Hughes 的 Equalizer™(图 4-16)为螺旋流道式 ICD,该工具在每节筛网尾端与基管相连,以确保沿水平段每块筛网处平衡入流。疏松地层中,ICD 中使用 Excluder 2000™ 筛网,由 Vector Shroud(一种防护罩)、单层 Vector Weave Filtration Membrane(一种编织过滤膜)、Baker Weld 内护套组成,具有较强的耐磨性,此筛网具有较强的排水、控砂能力,可以有效地防止筛管堵塞和冲蚀。在坚固地层中,则使用 Equalizer™,在不出砂储层,如坚固的碳酸盐岩储层中,可作为一个独立的工具使用。

图 4-16 Baker Hughes 的 Equalizer™ 螺旋流道式 ICD

2)喷嘴型/孔板型 ICD

喷嘴型/孔板型 ICD 通过限流作用来获得所需要的压降,流体通过直径较小的孔眼或者喷嘴会产生流动阻力,流经这种 ICD 后所产生的压降与流体密度和流速有关,而与流体的黏度无关。这种类型的 ICD 结构简单,可以根据实时的数据修改相应的尺寸结构。但这种类型的 ICD 容易受砂粒的冲蚀,且容易堵塞。图 4-17 所示的是 WeatherFord 公司为解决水平井的气水锥进问题而研制的一种孔眼型 ICD——FloReg,最外面是筛网,绕在基管上,基管上采用轴向的筋支撑筛网,并提供流体流向喷嘴的通道;孔口安装在基管的一端,原油从地层流出,在压差作用下流经筛网,沿着筛网与基管之间的环空流动。然后,流体通过多个孔口进行节流,产生相应的附加压降。孔口材料为硬质合金,具有较强的耐磨性,可以有效地防止应力敏感性腐蚀。最后流体从基管上的孔流入生产管柱中。FloReg 可以通过增加喷嘴的数量在井筒生产段产生预定的压差,从而达到稳定生产、平衡入流剖面的目的。

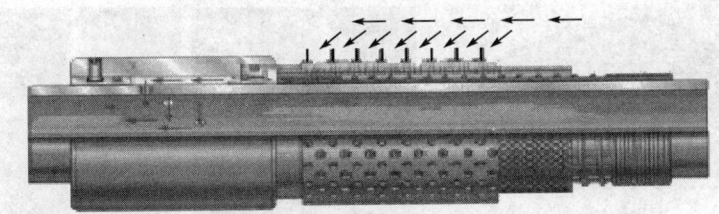

图 4-17 WeatherFord 公司的孔眼型 ICD——FloReg

3) 直管型/喷管型 ICD

直管型/喷管型 ICD 的压降产生原理与螺旋型类似,只是将螺旋型流道改成了直线型流道,流体在进入井筒之前要流经多个并排的小直径管道,流体因管道入口和出口的突缩与突扩作用产生局部水头损失,流经管道产生沿程水头损失。管道的长度与横截面可根据实际情况进行不同的设计,从而产生需要的压降。Halliburton 的 EqualFlow 系列喷管型 ICD,通过喷管来调节压力等参数,以达到限压节流作用。它作为完井管柱的一部分,可以经过简单配置,在不同的情况中应用。它的结构简单,其结构如图 4-18 所示,与喷嘴型 ICD 相比,它只是将喷嘴换成了喷管,通过喷管对流体进行节流。安装了该喷管型 ICD 后,配合管外封隔器,流体只能通过筛网流入 ICD 环空,然后在压差作用下通过安装在环空中的一组喷管节流,产生一定压降,最后由生产管柱上的一系列孔流入井筒中。这种管道设计降低了螺旋型 ICD 对黏度的敏感性,流道宽度可以较喷嘴(孔眼)型 ICD 的尺寸大一些,不容易产生堵塞。

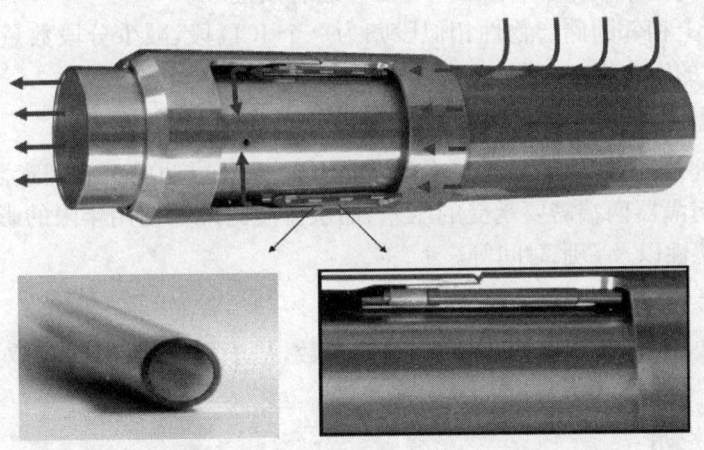

图 4-18 Halliburton 的 EqualFlow 系列喷管型 ICD

4) 自适应型 ICD

自适应型 ICD(Autonomous ICD)是一种新型的 ICD。它的特点是通过适当改变 ICD 入流通道的形状来抑制黏度较小的流体进入。当水气侵入发生时,这种 ICD 会有效抑制水或气的进入,从而提高采收率,延长油井的生产寿命。挪威国家石油最先开发出一种 AICD 工具,采用弹片式的结构抑制低黏度液体进入。如图 4-19 所示,Halliburton 的 EqualFlow 系统采用了分流道设计思路抑制低黏度液体进入,且工具内部没有活动单元,大大提高了工具的使用寿命。AICD 弥补了喷嘴型和螺旋型的缺点,它比前三种类型的 ICD 能更好地节流控流,具有更广的应用范围。

图 4-19 Halliburton 的 EqualFlow AICD

3. ICD 完井实施步骤

1）控流单元划分

水平井的合理分段是 ICD 完井成功的第一步。分段的主要依据是：

（1）根据测井资料、录井资料和三维地震资料，选择泥页岩夹层或者物性较差的低渗透段为隔层，保证储层内不窜流，从而保证 ICD 完井的有效性。

（2）把水平段上相邻的储层物性相似段归为一个 ICD 段，减少分段数量，尽可能地简化工艺，增加完井施工的安全性。

2）管外封隔器选择

选择合适管外封隔器，保证井筒内不窜流是 ICD 完井成功的关键因素之一。封隔器的选择主要考虑包括封隔器两端需要承受的压差、储层温度封隔器使用年限的影响、橡胶皮对矿化度和 pH 值的敏感性以及膨胀时间等。

3）ICD 完井参数设计

根据钻井污染带剖面、物性参数分布、井筒参数，基于最优化设计模型对 ICD 完井参数进行设计。

4. ICD 完井应用

马来西亚油田运用 ICD 完井，使生产井同期产水率减少了一半，累积产油量增加达 $1×10^8$ bbl。ICD 技术广泛应用于科威特的所有油田，并都获得了成功。它控制了气和水的产出，提高了最终采收率，为油田带来了巨大的收益。北海两个油田运用挪威国家石油公司的 AICD 技术来减少气体的产出，保证轻油的产量。位于厄瓜多尔亚马逊丛林 Oriente 盆地的第 15 区块，最初采用常规完井方式完成的斜井进行生产，导致强烈水锥，井间干扰严重，波及范围低，出现大量死油区，开发效果较差。2008—2010 年，分别在胶结地层和非胶结地层中的 4 口水平井上安装了喷嘴型 ICD，从而提高了低含水率生产时间与累积采油量。沙特阿拉伯近海的 1 口油井 Z-253 使用 4 个机械式外套管封隔器配合 ICD 完井技术，这种完井方式提高了产能，与邻井、常规完井和射孔井相比，其流入特征显示出突出的均衡性。

国内引入 ICD 完井技术时间较短，对其进行的研究也较少。2008 年，惠州油田率先在南海引入螺旋型 ICD 完井技术,截至 2011 年应用了 10 口井,其中水平井 7 口。通过与未采用 ICD 完井的井对比分析,使用 ICD 完井的井初始日产油量高,含水率低,液量保持平稳,开发后期含水率上升缓慢,累积产油量高。7 口水平井中,6 口井有效,稳油控水效果明显优于预测结果。目前国内许多油田也陆续自主研发出具有各自特点的控水装置。例如,冀东油田开发的调流控水筛管,是在目前的精密微孔复合防砂筛管上增加流量调节功能,通过设置不同直径的喷嘴使水平井各段均衡产液,类似于国外的喷嘴型 ICD 结构。胜利油田采用的变密度控流筛管是通过在筛管基管上调节打孔密度来调整原油的渗流阻力,调节各段的生产压差,类似于孔眼型 ICD 结构。该技术先后在胜利油田 30 余口水平井中应用,油井产水率比邻井同期平均下降了 10%,大幅延长了油井无水或低含水率采油期,提高了油井的最终采收率并取得了显著的经济效益。塔河油田 TK7221H 井采用 ICD 控水完井进行投产,节约完井成本 10%,并且取得了较好的效果。投产后同时段内的累积产油量大于同期投产的邻井,在邻井产水率达到 100%时,该井产水率还维持在较低水平。

五、分段变参数射孔完井

管内分段完井是以射孔完井为基础的,常规的水平井分段射孔完井都是通过优化某一射孔参数(变密度)来实现分段的。实践表明这种分段方式效果很差。西南石油大学熊友明教授提出通过优化射孔参数,如射孔深度、射孔位置、射孔密度以及打开段数和打开程度,利用污染带剖面和射孔二者的共同作用实现均衡排液。

1. 技术原理

对于底水油藏,在对水平井射孔时,人为地在水平井跟端附近对水平井污染带进行一定程度的避射,不完全射穿污染带,有意增大地层流体向井筒流动的阻力;而对水平井的趾端附近,却人为地设计大的穿深,大大穿透污染带,减小地层流体向井筒流动的阻力,如图 4-20 所示。从跟端到趾端,射孔弹穿深逐渐增大。与此同时,沿着水平井段长度,射孔密度也逐渐增加,实现变孔密,即依靠变穿深、变孔密来调节水平井筒的渗流压差,使整个水平井筒的渗流压差一致,达到整个水平井筒均衡排液。

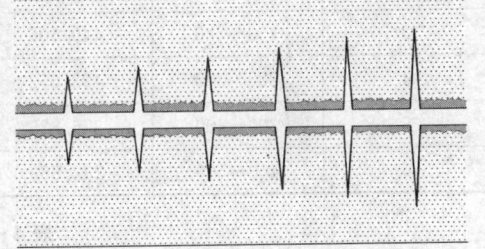

图 4-20 分段变参数射孔示意图

2. 分段变参数射孔完井应用

某底水油藏中的一口水平井,水平井段长度为 500m,原始地层压力为 32.5MPa,油层中部深度为 3172m,地下原油密度为 0.85g/cm³,地下原油黏度为 3.5mPa·s,体积系数为 1.05,油层温度为 81.4℃,油层厚度为 8.1m,井筒偏心距为 2m,油层水平向渗透率为 $54×10^{-3}\mu m^2$,垂向渗透率为 $32×10^{-3}\mu m^2$,水平井段裸眼半径为 82.55mm,下入直径为 139.7mm 的生产套管。相邻直井表皮系数为 5,使用无固相清洁盐水钻井液,密度为 1.2g/cm³,钻井液的静滤失为 3mL,动滤失为 12mL,水平井段钻井总时间为 140h,纯钻水平井段时间为 80h。采用变参数优化设计软件进行设计,根据钻井后预测的水平井段污染带厚度和表皮系数分布曲线,把水平井分成 6 段。为了说明分段变参数射孔的优点,这里把水平井分段变密度射孔和常规射孔一起与分段变参数射孔进行相应的比较,水平井分段变参数射孔完井的射孔参数见表 4-1;水平井分段变密度射孔依靠变孔眼密度来延缓底水锥进,射孔参数见表 4-2。水平井常规射孔一般沿用与垂直井射孔相同的思想，为了消除钻井污染，要求射穿污染带，使用能够穿透污染带的射孔弹，同时布置最大的孔眼密度，常规射孔参数见表 4-3。3 种射孔方式下均使用外径为 89mm 的射孔枪，采用高边 120°相位角射孔（一周布 2 排孔，平面布孔），射孔弹外径为 12mm。

表 4-1 分段变参数射孔参数

第 N 段	起点~终点 m	最大污染带厚度 mm	射孔弹 井下实际穿深 mm	型号	孔密 孔/m
1	0~70	471.106	319.158	A3	12
2	70~150	466.466	343.174	A4	14
3	150~220	449.406	403.845	A5	18
4	220~300	423.052	465.781	A6	18
5	300~400	376.885	495.485	A7	22
6	400~500	282.663	465.781	A2	24

表 4-2 分段变密度射孔参数

第 N 段	起点~终点 m	最大污染带厚度 mm	射孔弹 井下实际穿深 mm	型号	孔密 孔/m
1	0~70	471.106	529.613	A1	12
2	70~150	466.466	529.613	A1	14
3	150~220	449.406	529.613	A1	18
4	220~300	423.052	529.613	A1	18
5	300~400	376.885	529.613	A1	22
6	400~500	282.663	529.613	A1	24

表 4-3 常规射孔参数

第 N 段	起点~终点 m	最大污染带厚度 mm	射孔弹 井下实际穿深 mm	型号	孔密 孔/m
1	0~500	471.106	529.613	A1	24

由上面 3 个表可以看出，分段变参数射孔使用的射孔弹在前三段中并没有射穿污染带；第四段前面部分射孔弹没有完全穿透污染带，随着水平井长度的增加，污染带厚度的减小，第四段的后面部分射孔弹能够穿透污染带；而对于水平井最后两段，射孔弹穿深远大于污染带厚度。同时，沿着水平井段长度，从水平井跟端到趾端，射孔孔眼密度逐渐增加。分段变密度射孔采用穿深最大的射孔弹，都能射穿污染带，孔眼密度也沿着水平井长度从跟端到趾端逐渐增加。常规射孔采用最大穿深的射孔弹进行射孔，孔眼密度采用最大值 24 孔/m。从图 4-21 不同射孔方式下表皮系数曲线对比可以看出，对水平井射孔以后，整个沿水平井段的表皮系数减小，油井的污染程度得以降低。按照分段变参数的思想设计，射孔后的表皮系数呈现跟端

大、趾端小的分布特点，跟端较大的表皮系数是由于没有完全射穿污染带造成的，而在水平井趾端射孔弹穿深远远大于污染带厚度，表皮系数较小，甚至可能为负值。在跟端没有射穿的污染带增加了流体流入井筒的阻力，削弱了水平井筒的渗流压差；趾端表皮系数较小，射孔弹穿深较大，改善了地层的流动效果，降低了流体向井筒流动的阻力，从而在整个水平井段达到调整水平井生产压差剖面的目的，这样就使得整个水平井段的净生产压差和流率分布趋于一致，实现均衡排液完井，延缓跟端底水脊进的目的。

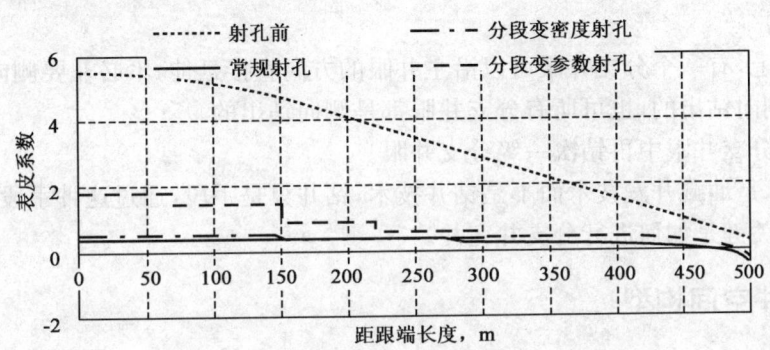

图4-21　不同射孔方式下表皮系数对比图

图4-22为3种方式射孔后水平井井筒净生产压差（渗流压差）与理想裸眼完井水平井井筒净生产压差对比图。

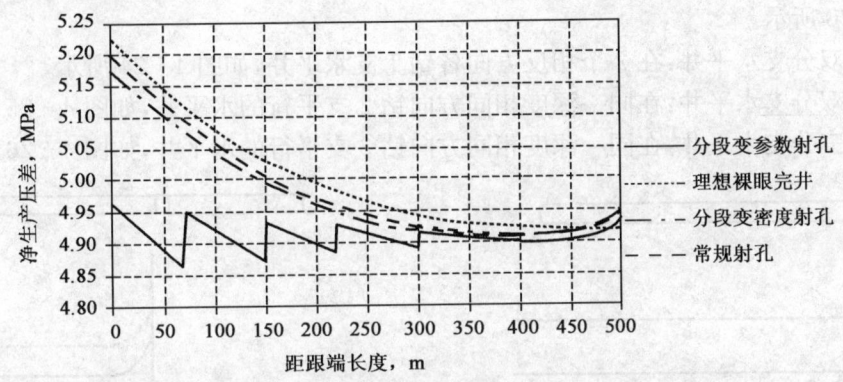

图4-22　水平井井筒净生产压差对比图

从图4-22可以看出，理想水平井裸眼完井，跟端与趾端的净生产压差差值较大，造成这种差异是由于水平井井筒内流体流动摩阻的原因。水平井井筒内的流动压力分布不均，呈现趾端高、跟端低，进而水平井井筒内的净生产压差出现跟端高于趾端的现象。跟端较大的净生产压差产生较大的流率，底水最先从跟端突破。分段变参数射孔后，水平井井筒的净生产压差分布曲线较为平缓，说明通过分段变穿深、变孔密的射孔之后，整个水平井井筒内的净生产压差大小趋于一致，削弱了跟端的净生产压差，流率分布均匀，底水不会在跟端率先突破，而是均匀上升，最终达到均衡排液完井，延长无水采油期和无水采收率的目的。常规射孔采用最大的射孔弹穿深与孔密，降低了整个水平井井筒的污染程度，但是没有改变水平井井筒有效生产压差跟端高、趾端低这一情况，没能有效地调节水平井井筒的净生产压差分布，底水还是会在跟端突破。单一变密度射孔对水平井井筒净生产压差的均衡调节幅度相对小，从而延缓底水推进的效果不太明显。

第三节 分支井完井

分支井是指从一个主井眼中钻出两个或两个以上的分支井眼的井。
(1)生产井眼至少是两个。
(2)对分支井眼的井斜角没有限定极限(尽管目前分支井眼为水平井眼或近水平井眼的较多)。
(3)在空间上,有一个分支井眼可以沿主井眼的方向直接延伸,不必非要侧向钻出,其他分支井眼必定是侧向钻出的,也可所有分支井眼都是侧向钻出的。
(4)可以在分支井眼中再钻次一级分支井眼。

分支井技术是油藏开发技术而不是钻井技术,钻井只是手段,通过这种手段油藏技术才能得以实现,它的关键是如何进行分支井完井。

一、分支井空间构型

目前所钻的分支井主要有两种:一种是以某种类型分支井为完井目的而新钻的分支井;另一种是从现有井中侧钻而成的分支井。随着分支水平井技术的发展,已经出现了很多类型的分支水平井。按照几何形状分类,归纳起来约有10种类型的分支水平井。

(1)叠加式双分支或三分支水平井:在2个或3个不同深度相同方向钻2支或3支水平井,如图4-23所示。
(2)反向双分支水平井:在2个相反方向各钻1支水平井,如图4-24所示。
(3)二维双分支水平井:在同一深度相同方向钻2支平行的水平井,如图4-25所示。
(4)二维三分支水平井:在同一深度相同方向钻3支平行的水平井,如图4-26所示。

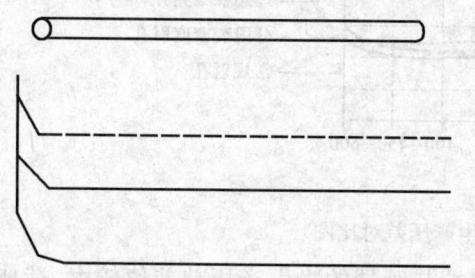

图4-23 叠加式双分支或三分支水平井空间构型

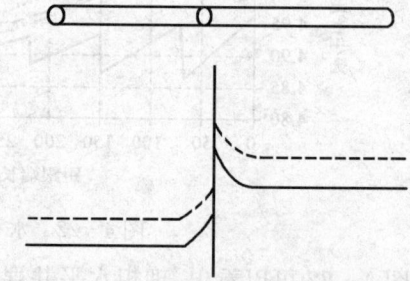

图4-24 反向双分支水平井空间构型

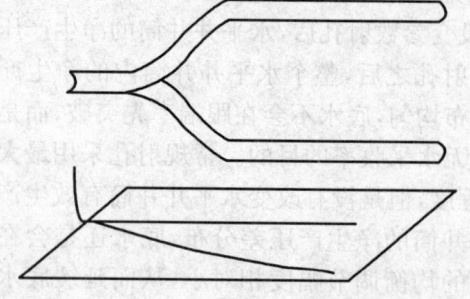

图4-25 二维双分支水平井空间构型

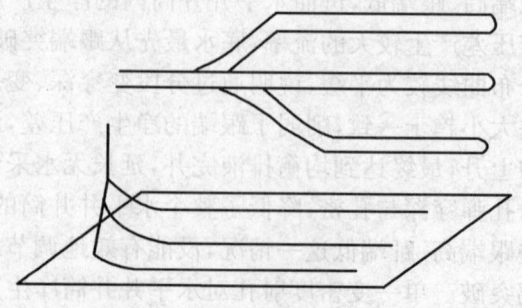

图4-26 二维三分支水平井空间构型

(5)二维四分支水平井:先钻1支主水平井,然后在该主水平井的一侧钻3支平行的水平井,如图4-27所示。

(6)辐射状三分支水平井:在同一深度3个方向钻3支水平井,如图4-28所示。

(7)叠加辐射状四分支水平井:在不同深度4个相互垂直的方向钻4支水平井,如图4-29所示。

(8)辐射状四分支水平井:在同一深度4个垂直方向钻4支水平井,如图4-30所示。

(9)鱼刺形分支水平井:先钻1支主水平井,然后在该主水平井的两侧各钻多支水平井,如图4-31所示。

(10)叠加或定向三分支水平井:先钻1支主水平井,然后在该主水平井的上侧钻2支定向井,如图4-32所示。

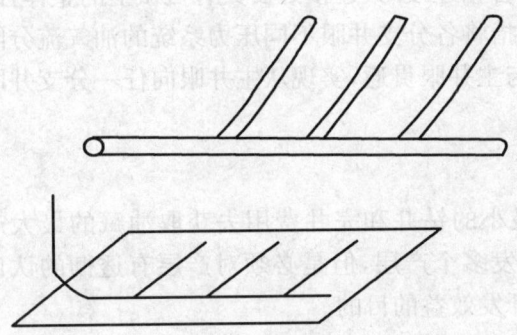

图4-27 二维四分支水平井空间构型

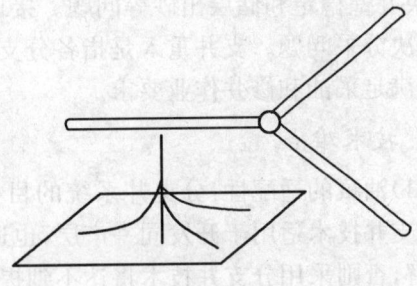

图4-28 辐射状三分支水平井空间构型

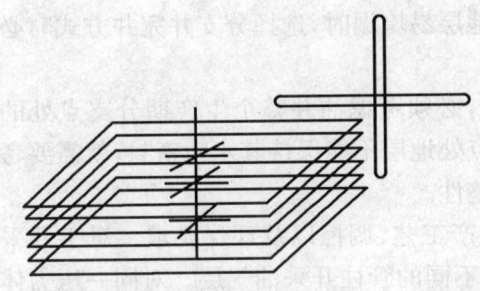

图4-29 叠加辐射状四分支水平井空间构型

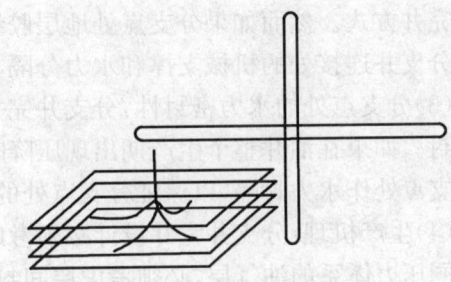

图4-30 辐射状四分支水平井空间构型

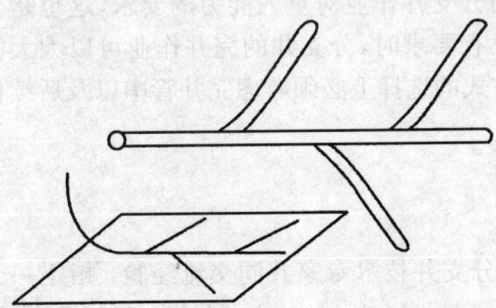

图4-31 鱼刺形分支水平井空间构型

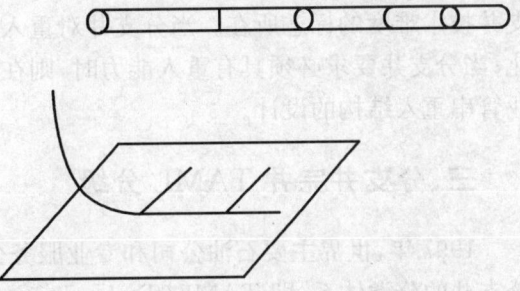

图4-32 叠加或定向三分支水平井空间构型

分支井可以更多地暴露储层,在单一储层采用分支井能提高储层的泄油效率。为了扩大与储层的接触面积,增加油井的产能,减少开采油田所需井数,可在不同的方向钻分支井眼。

当一个不渗透阻挡层阻挡两个产层之间油气的垂直流动时,可钻叠加双分支井或叠加反向双分支井开采两个产层。与常规水平井相比,分支井能否提高产能并改进生产动态取决于分支井眼的长度、数量、角度和它们之间的距离。在薄油层采用分支井可以改进生产动态,由于仅需钻很少的井,降低了油田开发费用,并使边际油田的开发成为可能。

二、分支井完井的技术关键及难点

1. 技术关键

分支井完井的技术关键主要集中在分支井眼与主井眼的分支接口处,其技术水平主要体现在接口支撑(力学完整性)、接口密封(水力隔离性)及支井重入(可及性)三个方面。接口支撑是指各分支井眼的完井管柱都要与主井眼的套管相连接,其连接处要具有机械上的整体性,以解决井壁稳定和储层出砂等问题。接口密封是指将各分支井眼不同压力系统的油气流分隔开,解决分采问题。支井重入是指各分支井都要与主井眼贯通,实现从主井眼向任一分支井眼重入,满足采油和修井作业要求。

2. 技术难点

(1)油藏的适配性:分支井系统的目标是以最小的钻井和完井费用去获取油藏的最大产量,分支井技术适用于开发同一产层,也适用于开发多个产层,但是必须对产层有透彻的认识和了解,否则采用分支井技术将达不到提高油田开发效益的目的。

(2)分支点处的力学完整性:采用分支井技术开发油气藏必须考虑分支井分支点处的地层情况。当设计的分支点位于强度高、致密、胶结性好的地层,井眼稳定性较好时,可以选择采用多种完井方式。然而如果分支点处地层胶结性差,地层易垮塌时,选择分支井完井方式时必须考虑分支井连接处的机械支撑和水力分隔。

(3)分支点处的水力密封性:分支井完井设计时,必须考虑油井整个生产期分支点处的水力密封。如果在油井整个生产期出现压降时,分支点处地层不能保持其水力密封,就需要考虑对分支点处作水力封隔,以保证分支点处的水力完整性。

(4)生产机理:分支井完井设计必须考虑油井生产工艺、调控以及环保要求。对于开采多个不同压力体系的油气层,必须考虑层间封隔,采用不同的管柱开采油气层。对同一压力体系的油气层,可以在分支点处实现合采。

(5)重入能力:分支井完井设计必须考虑后续的分支井作业对重入能力的要求,这也是分支井技术难度的标志所在。当分支井对重入能力没有要求时,分支井的完井作业可以大大简化;当分支井要求必须具有重入能力时,则在完井方式的选择上必须考虑完井管串以及后续作业管串重入结构的设计。

三、分支井完井 TAML 分级

1997年,世界主要石油公司和专业服务公司的分支井技术专家共同交流经验,指定一个分支井的分类体系,即 TAML(Technology Advancement MultiLaterals) 分级。TAML 是按分支井的3个特性即力学完整性(Connectivity)、水力隔离性(Isolation)、可重入性(Accessibility)来评价其技术和分级的。将分支井完井方法分为1~6S级,每级的完井结构如图4-33所示。

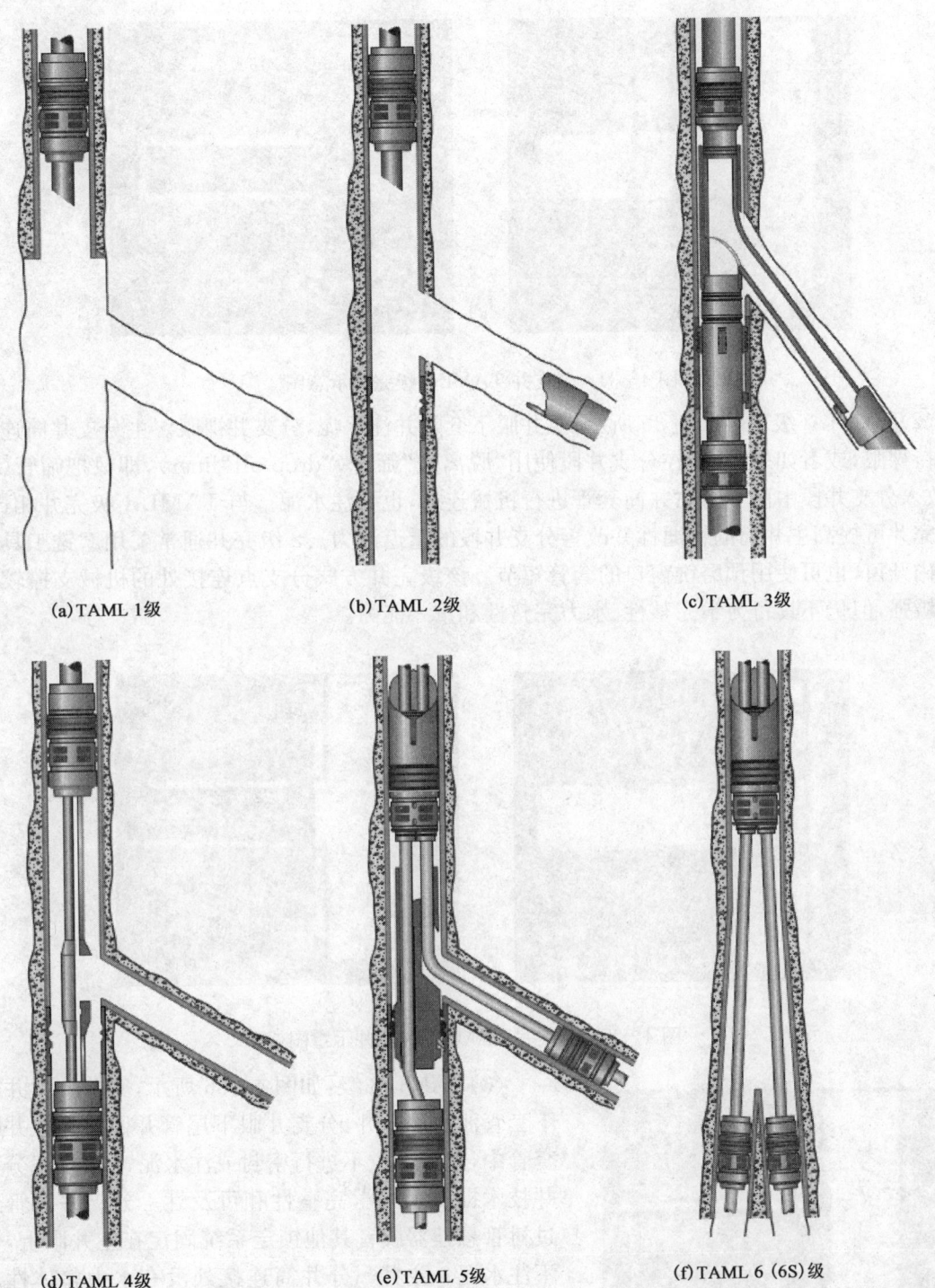

(a) TAML 1级　　(b) TAML 2级　　(c) TAML 3级

(d) TAML 4级　　(e) TAML 5级　　(f) TAML 6 (6S) 级

图 4-33　分支井 TAML 分级系统

(1) TAML1 级：如图 4-34 所示，完井的主井眼与分支井眼都为裸眼或下入割缝衬管，完井作业不能对不同产层进行分隔，侧向穿越长度和产量控制是受限的。这种级别完井方式分支井眼连接处具有较弱的力学完整性，基本不具备水力完整性和重入能力。

 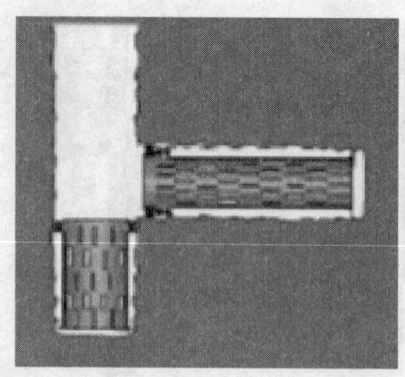

图 4-34 分支井 TAML 1 级完井示意图

(2)TAML 2 级：如图 4-35 所示，主井眼下套管并注水泥，分支井裸眼。主分支井筒连接处保持裸眼，或者如果可能，在分支井段使用"脱离式"筛管（"drop-off"liner），即只把筛管（衬管）放入分支井段中而不与主井筒套管进行机械连接，也不注水泥。与 TAML 1 级完井相比，该级完井可提高主井筒的畅通性并改善分支井段的重返潜力。2 级完井通常要用磨铣工具在套管内开窗，也可使用预磨铣窗口的套管短节。该级完井方式分支点连接处的机械支撑较第一等级强，但仍不具备力学完整性、水力完整性和重入能力。

 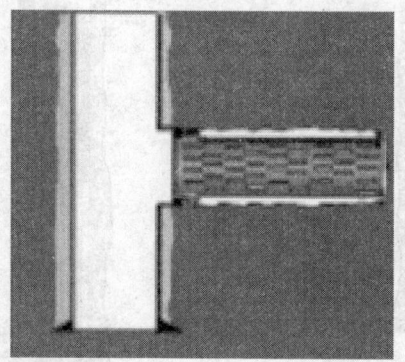

图 4-35 分支井 TAML 2 级完井示意图

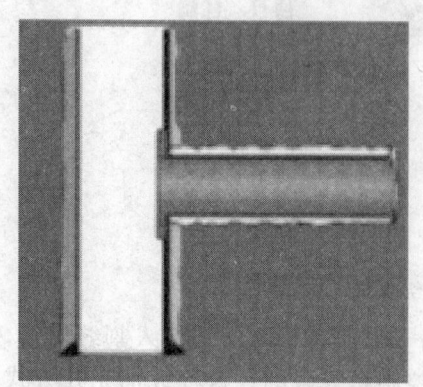

图 4-36 分支井 TAML 3 级完井示意图

(3)TAML 3 级：如图 4-36 所示，完井的主井眼下套管注水泥固井，分支井眼下尾管并回接到主井眼套管中，连接部位不进行密封或注水泥，3 级多底分支井技术提供了力学完整性和可及性。分支井衬管通过衬管悬挂器或者其他锁定系统固定在主井眼上，但不注水泥。主井—分井筒连接处没有水力整体性或压力密封。3 级完井可用快速连接系统（Rapid Connect）为分支井和主井眼提供机械连接，为不稳定地层提供高强度连接。3 级完井还可用预钻的衬管或割缝衬管，套管外封隔器用于脱离式完井装置中以隔离多个油层，固定衬管顶端以便于重返进入衬管。分支井的产量由滑套和其他流量控制装置来控制。这种完井方法较廉价,操作简单,完井作业中的关键技术是流量控制装置在井下的操作。该级别完井方式分支点连接处具有力学完整性和重入能力。

(4)TAML 4 级:如图 4-37 所示,完井从下套管的主井眼中侧钻分支井眼,分支井眼下尾管,事实上分支井的衬管是由水泥固结在主套管上的。分支井衬管与主套管的接口界面没有压力密封,但是主井眼和分支井都可以全井起下进入。该级别完井方式分支点连接处具有力学完整性和重入能力,且窗口部分靠固井水泥环密封以及封隔器和套管的共同作用,提供了层间分隔。

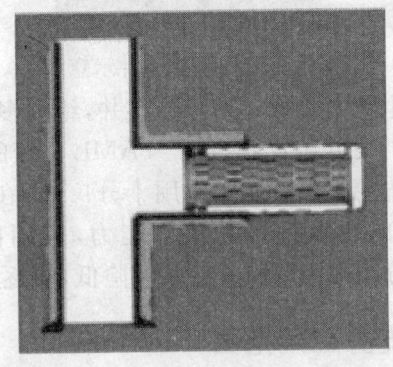

图 4-37 分支井 TAML 4 级完井示意图

(5)TAML5 级:如图 4-38 所示,完井主井眼和分支井眼都下套管固井,5 级完井具有 3 级和 4 级分支井连接技术的特点,还增加了可在分支井衬管和主套管连接处提供压力密封的完井装置。主井眼全部下套管且连接处是水力隔离,从主井眼和分支井眼都可以进行侧钻。该级别完井方式分支点连接处具有力学完整性、水力完整性和重入能力,能实现完全的层间分隔。可以通过在主套管井眼中使用辅助封隔器、套筒和其他完井装置来对分支井和生产油管进行跨式(Straddle)连接以实现水力隔离。

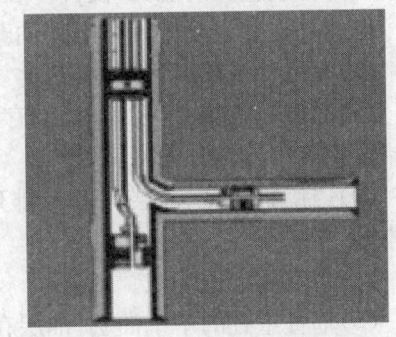

图 4-38 分支井 TAML 5 级完井示意图

(6)TAML 6 级:如图 4-39 所示,完井靠有耐压密封或整体地面预制成型的连接窗口来实现结合部的压力整体性。预成型系统下井膨胀后,窗口可以恢复到原来的几何尺寸,为两个分支提供全尺寸通道,分支井眼的钻井、下套管和完井可以彼此独立进行。6 级完井系统在分支井和主井筒套管的连接处具有一个整体式压力密封。耐压密封的连接部是为了获得整体密封特征或金属整体成型或可成型而设计的,这在海洋深水和海底井安装中具有重要意义。分支井技术的难点是高压下的水力隔离和水力整体性,而 5 级、6 级完井分支井均具有水力隔离、连通性与可及性特点。

(7)TAML 6S 级(即 6 级完井的次级):如图 4-40 所示,这种完井系统在导管或技术套管中下入井下分流头,固井之后,从分流头两个入口分别进行钻进达到目标深度,然后进行完井。基本上是一个地下双套管头井口,把大直径主井眼分成 2 个等径小尺寸的分支井筒,这种双分支的完井系统完全达到了力学完整性、水力隔离性以及可重入性。

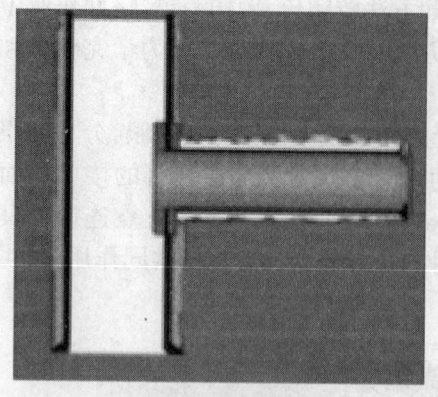
图4-39 分支井TAML 6级完井示意图

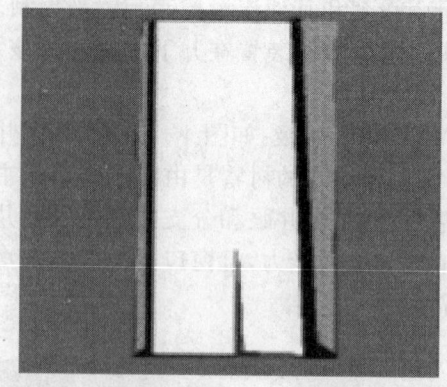
图4-40 分支井TAML 6S级完井示意图

目前全世界已钻成近万口分支井,绝大多数都属于TAML 4级以下的完井,只有少数井采用了特殊的完井装置,达到了TAML分级的5级或6级。TAML 1级和2级的鱼骨状分支井在稠油和煤层气的开发中应用十分广泛;在不考虑窗口密封的情况下,TAML 3级完井由于具备可靠的机械回接和重入能力,应用比较普遍;在考虑窗口水力完整性的情况下,TAML 6级分支井完井由于建井风险低,正逐步成为完井方案的首选。

四、分支井应用范围

分支井技术对于开发多个小块状或透镜体油气层、薄油气层以及低压低渗透和高黏度稠油藏具有特别重要的意义,使许多在经济开采限以下的储量得以开发。

目前分支井主要应用在下列油藏中:

(1)小区块或隔离区块油层。

(2)阁楼油的聚集区。石油储存在油层中现有最高射孔位置之上,这时可直接在阁楼油的存储位置流出点钻分支井。

(3)透镜状油藏,油层为条带排列的透镜体袋状油藏。这种情况钻分支井能穿过多个透镜体。

(4)高定向渗透油藏。

(5)垂直重叠的单个油层,油层在垂向上分隔。

(6)需要优化压力控制且波及效率高的油藏。

(7)渗透率不同需要水驱的油藏。

(8)有多组天然裂缝的油藏。假如油层有两套天然裂缝,原水平井仅交叉其中一组,这时新的分支井横穿另一组可更有效地开采油层。

(9)未来开采的附加带油藏。

随着分支井技术的不断完善以及井下工具的不断开发,分支井几乎可以用于开发所有的油气藏。

五、分支井的特殊用途

分支井除能增加泄油面积、提高油井产能外,在海洋油气开发中还有下列特殊用途:

(1)在非均质地层中降低经济风险。

在区域性非均质油层中钻水平井时,水平井眼的方向是非常重要的,向最大渗透率方向钻的水平井，其产量比向其他方向钻的水平井高得多。但目前很少有人测量水平渗透率的大小和方向。分支井的合理性就在于它能降低区域性非均质地层的经济风险。方法是在钻分支井前可用在直井中所测得的地应力来确定岩石渗透率的各向异性与方向。另外，在钻水平井过程中进行测试以及多井的井间干扰测试也能准确地测出地层渗透率的大小与方向。得克萨斯大学研制出一套计算水平方向渗透率各向异性的模型以及一种分支井产量预测模型。利用这些模型可以准确计算出储层水平方向的渗透率。用这种分支井就可降低在非均质地层中的风险，提高分支井的成功率。

(2) 利用分支井降低单位技术成本。

阿曼石油开发公司利用分支井钻井技术打了 16 口分支井。为了对分支井的效果进行对比，建立了两个指数：一个是产量提高指数，另一个是成本增加指数。产量提高指数是用油井投产后两个月的产量推导出来的。同时引进了效率比这一新概念，效率比就是产量增加指数与成本增加指数之比，若效率比大于 1，说明其综合效率较高。而阿曼石油开发公司 16 口分支井的平均效率比为 1.15，说明分支井效率较高。阿曼石油开发公司评价分支井效率的另一种方法是分析非生产时间。分析表明，在阿曼石油开发公司可钻的 16 口分支井中，非生产时间与常规井是一样的。预期这 16 口分支井可降低单位技术成本约 25%。

(3) 利用分支井提高致密砂岩的采收率。

许多相关文献报道，到目前为止，致密砂岩的开发一直没有一个好的办法。1996 年夏季，英国阿科公司在英国北海海域的波凯尔油田 A3 井侧钻了两个水平分支井眼，地层渗透率为 $(0.5\sim1.5)\times10^{-3}\mu m^2$，平均孔隙度约为 12%。侧钻的两个分支井眼长度分别为 1800ft 和 1500ft。完成这两口井共用了 61d，增加了可采天然气储量达 $2.8\times10^8 m^3$，与普通井相比日增产天然气 $5.62\times10^6 m^3$。

(4) 利用分支井作为加密井可大幅度提高产量。

沙巴壳牌石油公司在马来西亚海上的南弗里思油田采用分支井方式钻加密井。这样就可在固定的井眼数量下，通过分支井眼连接新的油层来增加泄油面积。对 DE27 井的主井眼和分支井眼进行了产量预测，主井眼的预测产量为 137t/d，分支井眼的预测产量为 96t/d。在实际生产中，主井眼的最高产量达 219t/d。总之，由于分支井能增加泄油面积，所以在委内瑞拉和加拿大很多石油公司用分支井来开发稠油，并取得了很好的增产效果。

六、分支井的应用实例

1. 泰国某气田分支水平井完井实例

在泰国海湾上的某气田，是一个河道砂及砂坝型多断层气藏。其中，有一个断块为含有气顶底水凝析气藏，闭合高度为 42m，气柱高度为 17m，油柱高度为 10m，下部为底水。石油地质储量为 $349\times10^4 m^3$，天然气储量为 $2.26\times10^8 m^3$，油气界面深度为 1089m，油水界面深度为 1099m，边底水活跃。经模拟研究，决定在同一油层平面上钻一口分支水平井，该分支水平井两个分支之间的夹角为 60°，每一水平井段的长度为 1000m 左右，并保持水平井段位于油气界面以下 2m 处。具体完井结构为：

(1) 177.8mm(7in) 割缝衬管分别下入两个水平井段。

(2) 下 88.9mm($3\frac{1}{2}$in) 油管，从油管挂直到第二个井眼割缝衬管的顶部。

(3) 在 244.5mm($9\frac{5}{8}$in) 套管深度 1179m 处下入单生产封隔器。

(4)在251m处下入可起出式井下安全阀。

(5)装采油树。两个水平井眼,同时通过88.9mm($3\frac{1}{2}$in)油管进行生产。

该气田采用分支水平井的优点如下:

(1)生产高峰期长。单一水平井日产量约为标准斜井的3倍,而分支水平井可将高峰生产时间延长1倍以上,该井产油633m³/d,稳产时间两年以上。

(2)延缓含水率上升速度。在该气田中,一口标准斜井投产4个月后,含水率达到25%,一年之后含水率达到40%,而分支水平井可将含水率上升速度延缓2年。

(3)提高采收率。与标准斜井相比,单一水平井的采收率为标准斜井的2倍,而分支水平井采收率将为标准定向井的3倍。

2. 煤层鱼骨水平井裸眼完井

煤层气(甲烷,俗称瓦斯)是煤层中自生自储的一种清洁、高效的非常规天然气资源。过去十几年,我国在煤层气主要采用的是直井加压裂的方法进行勘探和开发,由于垂直井贯穿煤层割理系统长度有限(通常为煤层厚度),而煤层气藏基岩渗透率很低,产量非常有限。近年兴起的水平分支井实现了比单一水平井更优的少井高产。2004年某国际公司在我国山西大宁采用水平分支井技术钻进了一口分支水平井DNP-02井,获得了很好的效果。

该井钻进前先钻一口注采直井,然后在离注采直井200m的地方进行主井眼的钻进,主井眼在定向贯通注采直井后,进行主水平井眼的钻进。然后从主水平井眼的末端往后分别进行各分支水平井眼的钻进。在主水平井眼和各分支水平井眼的钻进过程中,从注采直井充气进行欠平衡作业。该井主要参数是:

(1)分支数:13(包括主井眼末支);

(2)主井眼与注采井眼距离:200m;

(3)总进尺:8018m;

(4)主井眼测量井深:1392.7m;

(5)主井眼垂直井深:185m;

(6)煤层中水平井段进尺总计:7687m;

(7)煤层钻遇率:90%。

该井通过分支水平井欠平衡钻进,采用裸眼完成方法进行完井,取得了很高的产量,其中最高产量达到23000m³/d,稳定产量达16000m³/d。

3. 同侧向水平双分支井完井

我国某油田于2004年12月钻完的家H2井为一口同侧向水平两分支井。该井完井主井眼采用筛管加管外封隔器悬挂完井,两分支井眼采用裸眼完井。具体完井方案为:第一分支完钻后,用完井液替出钻井液,裸眼完井;第二分支完钻后,用完井液替出钻井液,裸眼完井。主水平段完钻后,下入完井管柱,水平段下入带膨胀式封隔器割缝筛管,造斜段下入两组膨胀式封隔器,实现对造斜段卡封,在主水平段(第一分支开口后端)下入膨胀式封隔器,实现对第一分支的合采或分采。然后用洗井液将井内钻井液替出,再用酸液将滤饼解除,沟通油流通道,最后膨胀封隔器通过与烃类流体接触膨胀坐封,实现完井。

4. 塔里木哈得4油田薄油层完井

塔里木哈得4油田属于石炭系中泥岩段薄砂层油藏,面积为80.74km²,所钻井都是大于

5000m 的超深井,油藏幅度低为 22m,油层超薄,厚 0.6~1.2m,丰度为 19.16×10^4t/km²,油藏孔隙度为 13%~15%,渗透率为 $(100\sim200)\times10^{-3}\mu m^2$。主要进行水平井采油,水平井注水[直井实际吸水指数为 2.2m³/(d·MPa),水平井实际吸水指数为 22.03m³/(d·MPa),是直井 11 倍]。

塔里木哈得 4 油田的采油和注水水平井多采用两层套管结构双层水平井完井。轨迹控制采用地质导向(FEWD)和随钻测量(MWD)技术,完井方法主要采用筛管完井。采用这种钻完井方法取得了很好的经济效益。2003 年 10 月有井 52 口,开井 44 口,日产油 2931t,年累计产油 91.28×10^4t。

第四节 大位移井完井

大位移井一般是指井的水平位移与井的垂深之比(简称水垂比)等于或大于 2 的定向井,也有指测深与垂深之比的。大位移井具有很长的大斜度稳斜段,大斜度稳斜角一般大于 60°。由于多种类型的油气藏需要,从不变方位角的大位移井又发展了变方位角的大位移井,这种井称为多目标三维大位移井。

由于位移大,斜深长,测量井深实际达到了深井、超深井的深度。大位移井,实际上是定向井、水平井、深井、超深井技术的综合体现,加上多目标三维大位移井技术复杂、要求高,因此大位移钻井技术实际上是体现了目前世界上各个方面最先进的钻井技术。从 20 世纪 70 年代中期开始,井眼水垂比呈逐步增大趋势,井的垂直井深与井的水平位移比已由 80 年代末的 1:2 发展到 90 年代末的 1:3,到 2010 年已完成了很多水垂比大于 4.0 的井。大位移井钻井已在美国、澳大利亚、欧洲和我国海上实施。

一、大位移井的用途

大位移井最早应用是出于经济的考虑,如美国在加州享廷海滩从陆上钻大位移井开发海上油田。现在钻大位移井还是经济上的原因,如挪威北海西 Sleipneer 油田,用大位移井代替原来的开发方案,节约了 10 亿美元;美国 Pedernales 油田,用大位移井代替原来建钻井平台的方案,节约 1 亿美元;英国的 Wytch Farm 油田,在岸上钻大位移井,代替原来的建人工岛方案,节约费用 1.5 亿美元。大位移井的主要用途如下:

(1)用大位移井开发海上油气田,可大量节省费用。用常规定向井、水平井钻井开发海上油气田,需要建的人工岛或固定平台的数量多,打井也多,费用高。如果钻大位移井,少建人工岛或固定平台,少打井,可节省大量投资。

(2)对靠近海岸的近海油田,可钻大位移井进行勘探、开发。过去开发这类油田,需要建造人工岛、固定钻井平台,或用活动钻井平台打井。现在凡距海岸 10km 左右的近海油田,均可使用大位移井进行勘探、开发。这样可以不建人工岛或固定平台,也可以不用活动钻井平台设备,完全可以从陆上向海上钻大位移井勘探、开发油田,从而节省大量投资。

(3)不同类型油气田钻大位移井可提高经济效益。小断块的油气田,或几个不相连的小断块油气田,可钻一口或两口大位移井开发,少钻井,节省投资,便于管理;几个油气层不在同一深度,方位也不一样,这时可钻多目标三维大位移井,节省投资。

(4)使用大位移井可以代替复杂的海底井口开发油田,节约海底设备,减少投资。

(5)有些油气藏在环保要求高的地区,钻井困难。利用大位移井可以在环保要求高的地区钻井,以满足环保要求。

二、大位移井完井难点

1. 完井工具下入困难

在大位移井完井施工中,由于大位移井延伸段长,生产套管及完井工具与井壁的摩擦阻力大,甚至抵消了管柱重量,使管柱下入井底的难度加大,有时需要在井口施加力将套管推进该井段,因此,大位移井下套管作业中需采取特殊措施。

(1)使用顶部驱动装置。它可以随时循环,清洗井眼,旋转套管降低摩阻及在井口给管柱施加推力。

(2)使用管柱漂浮接箍与管柱漂浮技术。

从原理上,套管浮动法是一种简单方法,也就是在套管逐根下入井内的过程中,不向套管内灌泥浆。漂浮接箍装在套管柱上,作为套管内的临时障碍物,配合套管浮鞋单流阀的作用,使该接箍以下的套管柱内由空气充填形成掏空段,接箍以上的套管柱内则仍用钻井液充填。也就是说,在下套管过程中,漂浮接箍以下的套管是掏空的,称为漂浮套管段,而漂浮接箍以上的套管则与通常一样灌满钻井液,甚至为加大下推力,灌入的是加重钻井液。使用套管漂浮接箍和套管漂浮技术可增加套管柱重力,加大下推力,而且漂浮套管段下入过程中不会紧贴井壁,使套管处于漂浮状态,减小套管与井壁之间的摩阻,有利于套管下入。运用套管漂浮技术,可大大延伸套管所能达到的深度。

在西江24-3-A14井施工过程中,首次成功使用了套管漂浮接箍和套管漂浮技术。套管漂浮接箍由内筒和外筒两部分组成,外筒上、下有套管螺纹与套管柱连接;内筒分上滑套和下滑套,并分别用上锁销和下锁销与外筒连接,滑动面由密封圈密封。

(3)使用多刃套管扶正器,可减小套管与井壁之间产生的摩阻。DAVIS漂浮接箍是一种自足式装置,不需要使用其他下入工具或回收工具。该装置的内筒可以在钻水泥塞和浮箍浮鞋时用钻头或牙轮钻掉,在作业过程中操作也很容易。由于漂浮接箍的阻隔,下部套管为掏空段,上部套管灌有钻井液,下完套管,开泵给漂浮接箍上滑套施加一个适当的压力以剪断滑套的上锁销,上滑套下行露出循环孔即可向下部掏空段套管灌钻井液。待灌满钻井液后,即可进行正常循环,直至注完水泥。顶替水泥时,顶替胶塞下行至漂浮接箍处压住上滑套,泵压升到一定值时剪断下锁销,使整个内筒连同顶替胶塞一起下行到套管浮箍位置碰压,这一切与正常固井是相同的。

2. 固井质量难以保证

由于水平裸眼井段长、摩阻大,钻遇储层复杂,顶替效果差,固井质量难以保证。

3. 水平段长,井筒压降大

由于水平井段长,生产过程中井筒摩阻大,跟趾效应明显,造成井筒中径向流率分布不均衡,导致水、气局部突破。对于注入或热采井,将导致非均衡注入,给完井带来很大的挑战。

4. 储层段钻井周期长,储层污染大

相比普通的水平井,大位移井钻遇复杂地层的可能性增大,钻井周期长,储层段与钻井液接触时间长,将大大增加钻井液对储层污染的风险。

三、大位移井完井应用实例

(1)美国 Pedernals 油田发现于 1982 年,水深 74m,距南加利福尼亚 6.5km。1986 年 4 月,利用 lrene 平台对油田进行开发,1987 年该油田产量高峰期时有 11 口油井,日产 3210t 原油。由于含水率增大,产量开始下降,共钻 23 口井,其中 14 口井仍在生产。原来计划在 lrene 平台西北部 3.2km 处再建第二个平台,以彻底开发该油田。但是再建一个平台花费太多,于是采用钻大位移井的方案,钻了 A16 井和 A21 井,其中 A21 井水平位移为 4473m,进入产层达 1826m,钻穿了许多垂直裂缝,提高了单井产量,A21 井增产 2200×10^4 bbl 原油。

(2)1991 年开始,英国 Wytch Farm 滩海油田钻大位移井。油田位移于伦敦西南沿岸靠近英格兰 Poole 海湾,主要产层是三叠系 Sherwood 砂岩,垂深为 1585m,可采储量为 2.7×10^8 bbl,其中有三分之一储量在海湾下。原来计划建人工岛钻 40 口井开发海上油藏,1991 年开始决定采用钻大位移井,这样就不需建人工岛,预计开发费用可节省 1.5 亿美元,并可提前 3 年投产。新方案计划钻位移达 5000m 以上,这样只钻 14 口井大位移井即可,其中,LM05SP 井,垂深为 1605m,测量井深为 8700m,水平位移达到 8035m,创造了大位移井新的世界纪录。

(3)Oseberg 油田由挪威 1979 年发现,面积为 135km^2,总可采储量达 16×10^8 bbl,储层为三角洲砂岩,垂直厚度为 20~60m,用两个平台开发,平台相距 15km,已钻两口海底完成的井。为了增加 5000×10^4 m^3 石油可采储量,预将最终采收率提高到 64%,计划采用大位移水平井方案。自 1992 年钻第一口水平井,计划在油田北部的 C 平台钻 14 口井,油田南部的 B 平台钻 18 口井,水平位移为 1500~5540m,水平段长 600~1500m。目前已成功钻了 17 口水平井。该油田有 40 口采油井,其中 17 口为水平井,水平井生产井段位于油水界面之上 6~10m。该油田 C26A 水平井,1995 年 1 月完钻,C 平台钻至测量井深 9327m,水平位移达 7853m,其中 2100m 井段是在储层内距油水界面 6~8m 范围内水平钻进。这口井投资 2400 万美元,如果采用海底完井要多花 322 万美元,最重要的是大位移水平井增加了泄油面积。

(4)南海西江 24-1 油田,水深为 100m,距投入开发的西江 24-3 油田 8.2km。西江 24-1 油田于 1986 年初发现,含油面积为 4.4km^2,石油地质储量为 535×10^4t,共有 14 个油气藏,其中 3 个为底水油气藏,11 个为层状油气藏,油柱高度为 1.4~1.5m,是一个边际型的小油田。经反复论证研究,决定利用西江 24-3 油田平台剩余井槽,向西江 24-1 油田钻一口大斜度水平位移井西江 24-3-A14 井。总井深达 9238m(垂直深度为 2985.8m),最大井斜为 79°,水平距离长度为 8062.7m,用 88d 时间一次性降斜钻穿 14 个油层,层层中靶。该井使用套管漂浮接箍、漂浮技术、多刃滚柱式套管扶正器和非旋转钻杆保护器等新工艺技术。最后下入 7in 尾管至 8552m,固井射孔后下入 4in 油管完井,1997 年 6 月投产,日产油维持在 1000m^3 左右,投产半年后就回收全部投资,油井生产状况良好。同时,通过这口大位移井的钻井新发现了 4 个新油层,使该油田的储量由原来的 535×10^4t 提升到 746×10^4t。从 1999 年 6 月至 2001 年 5 月,又从西江 24-3 油田平台先后钻了 3 口大位移补充井至西江 24-1 油田,单井日产油为 963~1017t,油田采油速度达到 6% 以上,开采状态较好。

第五节 深水完井

随着勘探开发技术的不断进步,海洋深水油气田在不同的时期有着不同的定义,而不同的地区或公司对深水也有着不同的标准。在 18 世纪 70 年代,石油工业在深水开发领域还基本上没有经验。那时候"深水"被定义为潜水员不能有效工作的水深,大概是61m(200ft)的水深。不同公司(国家)对深水油田的定义见表4-4。

表4-4 不同公司不同时期对深水油田的定义

年　　代	深　水　标　准	
1970年石油行业	潜水员不能有效工作的水深>61m(200ft)	
2002年世界石油大会	<400m	常规水深
	400~1500m	深水
	>1500m	超深水
巴西石油公司	600~1200m	深水
	1200~3000m	超深水

海洋油气资源主要分布在墨西哥湾、北海、中东、西非、巴西及东南亚海域等,约占全球海洋油气资源的60%以上,两极大陆架也蕴藏丰富的油气资源。据估计,俄罗斯海洋油气资源的80%以上聚集在其北极海区域,有$(1000\sim1200)\times10^8$t油当量。

据世界石油机构统计,海洋的平均深度为3730m,海深3000~6000m的海域占海洋总面积的73.83%。世界已探明的海洋石油储量80%以上在深海。从海上钻井方式及水深来看,海洋油气的开采逐步趋向深海化,钻井深度已由20世纪70年代的500m发展到3000m。

1999—2003年,全球新发现的14个储量在6850×10^4t以上的大油田有9个在深水;其间发现的大气田23个,50%以上来自深水。从新增储量来看,2000—2005年全球新增油气探明储量为164×10^8t油当量,深水占41%,而浅水和陆地分别占31%和28%。随着世界各国对深海油气开采力度的加大,全球深海油气开采量由2001年的每日250×10^4bbl增加到2006年的每日520×10^4bbl,预计到2010年深海油气日产量可达到900×10^4bbl。而近10多年来,在南美、西非大西洋沿岸、墨西哥湾、北海、巴伦支海、喀拉海以及东南亚、澳大利亚西北大陆架等海域相继发现了许多大型油气田,其勘探领域已扩展到水深3000m的深海区。尤为引人注目的是墨西哥湾、南美和西非大西洋沿岸已成为目前世界深水油气勘探的热点。

我国海洋油气开发已有近40年的历史,取得了巨大的成绩。但中国的深水石油勘探开发尚处在起步阶段。近年来,随着老油田产能的快速递减,重质稠油油田、边际油田的份额增加等情形的加剧,"向海洋深水领域进军,向深水技术挑战"已愈发迫切。目前,深水油藏的勘探开发已成为世界跨国石油公司的投资热点,而中国海洋石油总公司(以下简称"中海油")也将深水勘探作为未来主攻方向之一。国家高度重视海洋领域,重视深水的发展。专家预测,无论在中国还是全球其他地区,深水已经成为并且将继续成为全球资源接替的重要领域。中海油规划2020年以前在深水投资约2000亿元,打800口探井;2015年南海深水区总产量达到2500×10^4t原油当量,2020年总产量达到5000×10^4t,称为"深水大庆"。

中海油的深水战略将坚持自营与国际合作相结合。中国近海水深超过300m以上的深水海域大约有20×10^4km^2,中海油计划将其中的7×10^4km^{2}海域开展对外合作,其余大约14×10^4km^{2}则进行自营勘探。中海油的深水勘探还将坚持国内国外同步进行的战略。目前中海油在国外一些深水海域已经通过合作或自营的方式进行勘探开发。

2004年8月,中国海洋石油总公司与哈斯基能源公司就珠江口盆地29/26深水区块签订石油合同。2006年,这一区块内获得荔湾3-1天然气田发现。据介绍,发现井流花34-2-1距荔湾3-1气田东北方向仅23km。该井的完钻井深达3449m,海域水深约1145m。在钻杆测试中,流花34-2-1可日产天然气$155.65\times10^4\mathrm{m}^3$($5500\times10^4\mathrm{ft}^3$)。

2006年5月31日,国内规模最大、自动化程度最高、作业水深最深,具有当代国际先进水平的122m自升悬臂式钻井船的建成交工,标志着列入国家"十一五"规划的大型海洋石油装备开发取得了重大突破,对保障我国大规模海洋石油资源开发、实施能源安全战略具有重大意义。

2007年10月18日,中国首座深水特大型装备——中国海油深水半潜式钻井平台基本设计合同签字仪式在北京长城饭店隆重举行。2008年4月,由中海油旗下的海洋石油工程公司(简称海油工程)总承包的亚洲海上油气田最大平台导管架——番禺气田深水导管架成功下水并扶正。这标志着海油工程在深水领域进行超大型海上导管架下水作业和安装方面又创造了新纪录。番禺气田深水导管架为8腿12裙桩导管架,高212.32m,质量为16216t,是中海油在南海自营开发、投资最大的番禺/惠州天然气联合开发项目的一部分,这也是海油工程第一次涉足200m水深的海洋工程项目。

2009年12月9日中国海洋石油有限公司宣布在我国南海深水区块的勘探再度取得重大突破。继荔湾3-1后,它的合作伙伴哈斯基石油中国有限公司日前再次钻获重要天然气发现。流花34-2天然气发现是中国海洋石油有限公司与合作伙伴在南海东部海域珠江口盆地钻获的第二个深水天然气发现。与此同时,我国在非洲尼日利亚的AKPO等深水油田成功进行了开采。

一、深水主要完井原则及方法

由于海洋环境的特殊性,决定了海上油气田完井与陆上油气田完井理念有较大的差异。深水油气田开发具有高投入、高风险的特点,因此深水完井主要追求的是高可靠性、高的稳定产量、长的生产有效期。深水油田的完井方法不像陆上油田多种多样,只有有限的几种,完井方法应该是简单、可靠、寿命长。深水油气田主要完井方法有:裸眼高级优质筛管防砂完井、裸眼砾石充填防砂完井、管内高速水砾石充填防砂完井、管内压裂砾石充填防砂完井、膨胀筛管防砂完井以及智能完井等。虽然不同地区和海域选择了不同的完井方法,但是砾石充填(包括压裂充填)和裸眼高级优质筛管是主流的深水完井方法,而射孔完井使用极少。表4-5是深水油气田防砂完井方法的特点对比,表4-6是国外不同深水油气田主要采用的完井方法统计。

表4-5 深水油气田防砂完井方法对比

完井方法	裸眼筛管	裸眼井充填	管内高速水充填	管内压裂充填	膨胀筛管
示意图					

续表

完井方法	裸眼筛管	裸眼井充填	管内高速水充填	管内压裂充填	膨胀筛管
产能状况	★★★	★★	★★★	★★★★	★★★
防砂方式的可靠性	★★	★★★	★★★	★★★★	★★
作业施工的风险性	★★★	★★	★★	★★	★★★
单井实现分层开采	☆	☆	★★☆	★★☆	☆

注：★★★★表示最好，★★★表示较好，★★表示中等，☆表示差。

表4-6 国外不同深水油气田主要采用的完井方法

油气田名称	位置	水深 m	完井方法 注水井	完井方法 油井	完井方法 气井
Marlim 油田	巴西 Campos 盆地	600～1100	膨胀筛管完井	裸眼砾石充填完井	—
Marlim Sul 油田	巴西 Campos 盆地的东南部	1000～1900	裸眼砾石充填完井	裸眼砾石充填，智能完井	—
Albacora Leste 油田	巴西 Campos 盆地的第四大油田	>1200	裸眼砾石充填完井	裸眼砾石充填完井	—
Girassol 油田	安哥拉，距 Luanda 西北 210km	1250～1400	高级优质筛管完井	压裂充填，高级优质筛管完井	—
AKPO130 油田	尼日利亚，哈科特市东南面	1500～1700	压裂充填，膨胀筛管，高级优质筛管完井	智能完井，高级优质筛管完井，压裂充填完井	—
Simian/Sienna 气田	埃及尼罗河三角洲流域	600～1000	—	—	裸眼砾石充填完井
Scarab/Saffron 气田	埃及尼罗河三角洲流域	400～1100	—	—	裸眼砾石充填完井
Nours 气田	埃及尼罗河三角洲流域	400～1100	—	—	裸眼砾石充填完井
Rosetta 气田	埃及尼罗河三角洲流域	400～1100	—	—	上部地层采用管内砾石充填完井，下部地层采用裸眼砾石充填完井
Mensa 气田	墨西哥湾	1623.7	—	—	高速水充填完井
Coulomb 油田	墨西哥湾，新奥尔良东南 144mile	2307.3	—	—	采用优质筛管进行压裂充填完井
West Seno 油田	印度尼西亚	823	—	定向射孔，压裂充填完井	—
Aquila 油田	意大利和阿尔巴尼亚之间的亚得里亚海	820～850	—	智能完井	—

二、深水完井方法优选流程

1. 深水不出砂地层垂直井和定向井完井方法优选原则

对于不出砂垂直井和定向井,其基本思路和优选原则为:

(1)对于不出砂的地层,主要考虑生产过程中不同地层压力和不同生产压差下井眼的稳定性。

(2)井眼稳定,如果无底水,则选择裸眼完井。

(3)井眼不稳定,如果无底水,则选择裸眼内下入打孔管完井。

(4)如果有底水,不论是否井眼稳定,都应采用射孔完井,并设计合理的避水高度,一般设计为油层厚度上部1/3~1/4,具体优选流程如图4-41所示。

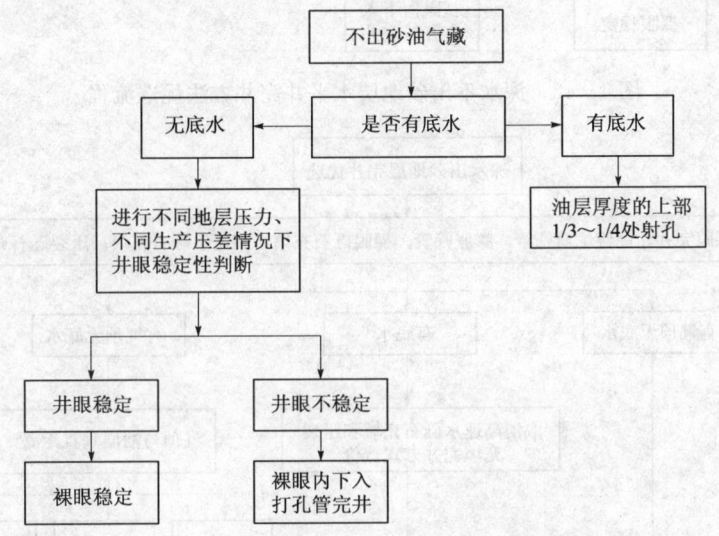

图4-41 深水不出砂地层垂直井和定向井完井方法优选流程

2. 深水不出砂地层水平井完井方法优选原则

对于不出砂水平井,完井方法优选的基本思路和优选原则为:

(1)对于不出砂的地层,主要考虑生产过程中不同地层压力和不同生产压差下井眼的稳定性。

(2)井眼稳定,如果无底水,则选择裸眼完井。

(3)井眼不稳定,如果无底水,则选择裸眼内下入打孔管完井。

(4)如果有底水,不论是否井眼稳定,都要考虑下入打孔管,并采用控水的完井方法,如裸眼封隔器加不同盲管组合的分段完井或者分段变参数射孔完井等,具体优选流程如图4-42所示。

3. 深水出砂地层完井方法优选流程

在进行深水完井优选综合评价之前,先确定是否有气顶和强底水的影响。

(1)若有强底水,取消高速水砾石充填和压裂充填完井方式评价。

(2)若有气顶,气顶与储层垂直距离小于10m,取消高速水砾石充填和压裂砾石充填完井方式评价;若气顶与储层垂直距离为10~30m,则取消压裂砾石充填评价,具体优选流程如图4-43所示。

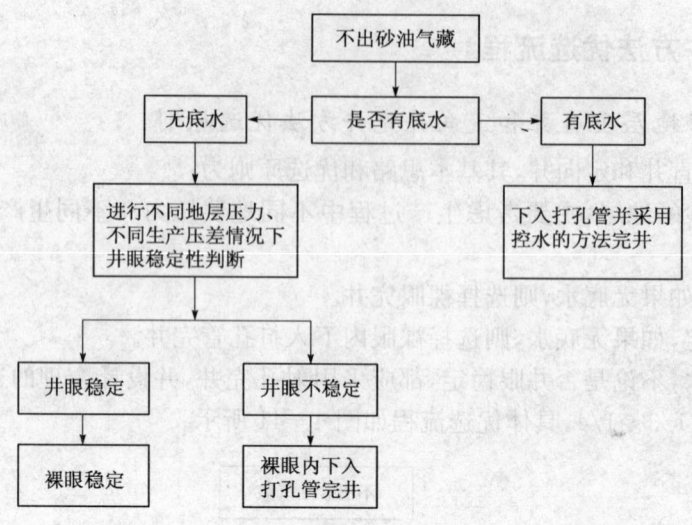

图 4-42 深水不出砂地层水平井完井方法优选流程

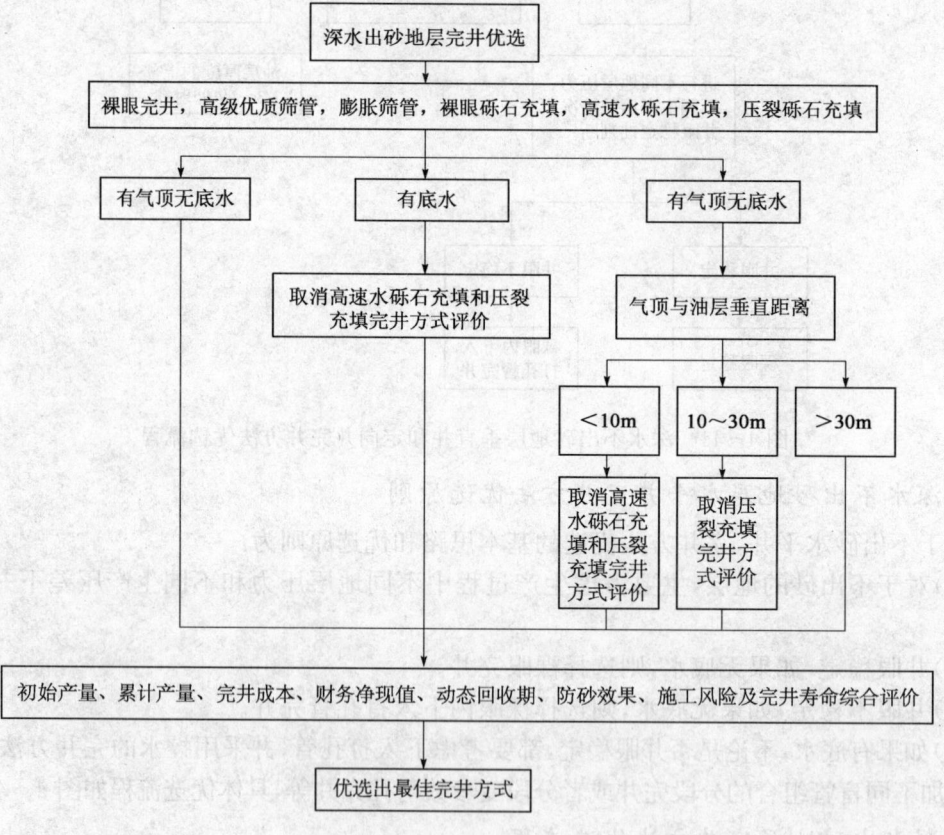

图 4-43 深水出砂地层完井方法优选流程

三、深水完井应用实例

1. 高级优质筛管完井

Coulomb 油田距新奥尔良东南 144mile，于 2004 年 4 月和 5 月对 2 口水深 7570ft（2307.3m）

的井进行了完井作业,这在当时是水深最深的完井作业。Coulomb 油田地层容易出砂,采用了高级优质筛管配合砾石充填进行防砂(图 4-44)。

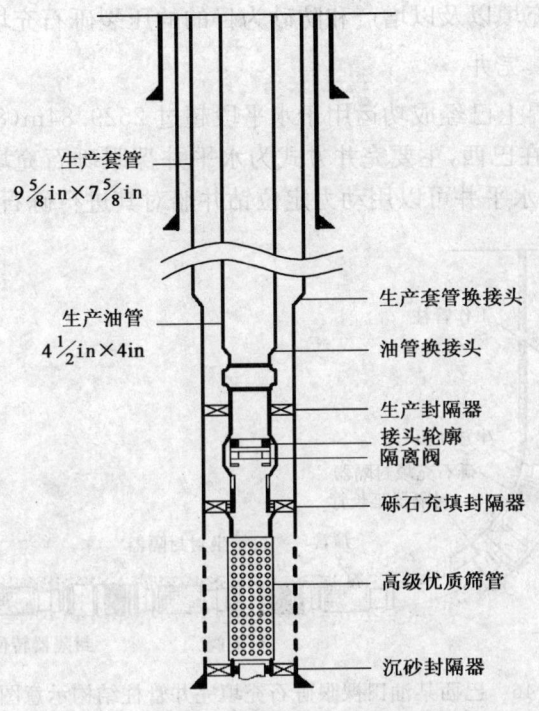

图 4-44 典型的 Coulomb 油田完井示意图

2. 膨胀筛管完井

近几年来,膨胀筛管技术已经越来越成熟,某些油气田使用了膨胀筛管进行防砂。膨胀筛管防砂可以看做是常规筛管防砂和砾石充填之间折中的一种防砂方法。当膨胀筛管直接与地层砂接触时,也可以被划为常规筛管完井。与砾石充填相比,膨胀筛管可以进行层位分隔,在下套管井和裸眼井都可以使用。在尼日利亚水深 1300~1500m 的井中采用膨胀筛管完井,防砂效果良好。巴西东南部 Campos 盆地的 Marlim Sul 油田水深 1000~1900m,采用膨胀筛管完井,图 4-45 为该区域的一口水平井的完井示意图。

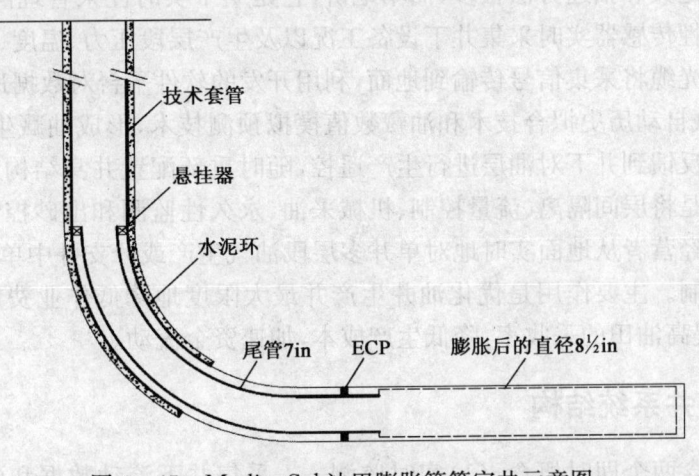

图 4-45 Marlim Sul 油田膨胀筛管完井示意图

3. 砾石充填完井

目前在海上深水油田采用的砾石充填完井方法主要包括水平井常规的裸眼砾石充填与在套管内进行的常规高速水充填以及以增产和防砂为目的的压裂砾石充填。

1) 水平井常规砾石充填完井

水平井砾石充填在世界上已经成功运用于水平段超过 2529.84m(8300ft) 的井中，且水深超过 1829.28m(6100ft)。在巴西，主要完井方式为水平井裸眼砾石充填（图 4-46）。在超深水的环境下，水平段很长的水平井可以用动力定位钻井船对其进行砾石充填完井。

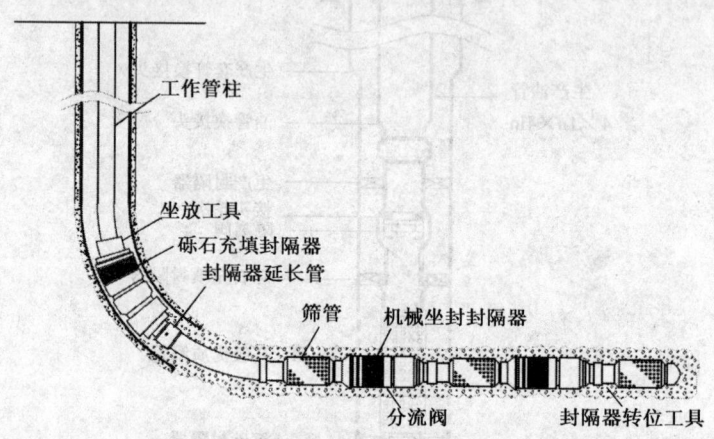

图 4-46 巴西某油田裸眼砾石充填完井管柱结构示意图

2) 压裂砾石充填完井

压裂充填适用于低、中、高渗透率，疏松固结差的砂岩出砂地层以及污染较严重的地层。在墨西哥湾，60%~70%的完井是压裂充填完井。目前，压裂充填在墨西哥湾的深水完井中用得越来越多。

第六节 智能完井

智能完井的定义和描述方法很多，简单地讲，它是一个实时注采管理网络，是一种利用放置在井下的永久性传感器实时采集井下设备工况以及生产层段压力、温度、流量、组分等参数，通过通信电缆或光缆将采集信号传输到地面，利用开发的软件平台对数据进行挖掘、分析和学习，同时结合油藏自动历史拟合技术和油藏数值模拟预测技术，形成油藏生产管理决策信息，并通过控制系统反馈到井下对油层进行生产遥控，随时重新配置井身结构和提高油井产状的生产技术。目的是将层间隔离、流量控制、机械采油、永久性监测和出砂控制等安全可靠地综合起来。它可使经营者从地面实时地对单井多层段油气生产或分支井中单分支井眼的油气生产进行监测和控制。主要作用是优化油井生产并最大限度地降低作业费用与生产风险的同时，最大程度地提高油田的采收率，降低生产成本，加速资金流动。

一、智能完井系统结构

智能完井包含两个即时概念：(1) 实时监测——采集井下流动数据和(或)油藏数据的能

力;(2)实时控制——通过开关式节流阀或可调式节流阀遥控流量的能力。该系统构成和用途如图4-47所示。

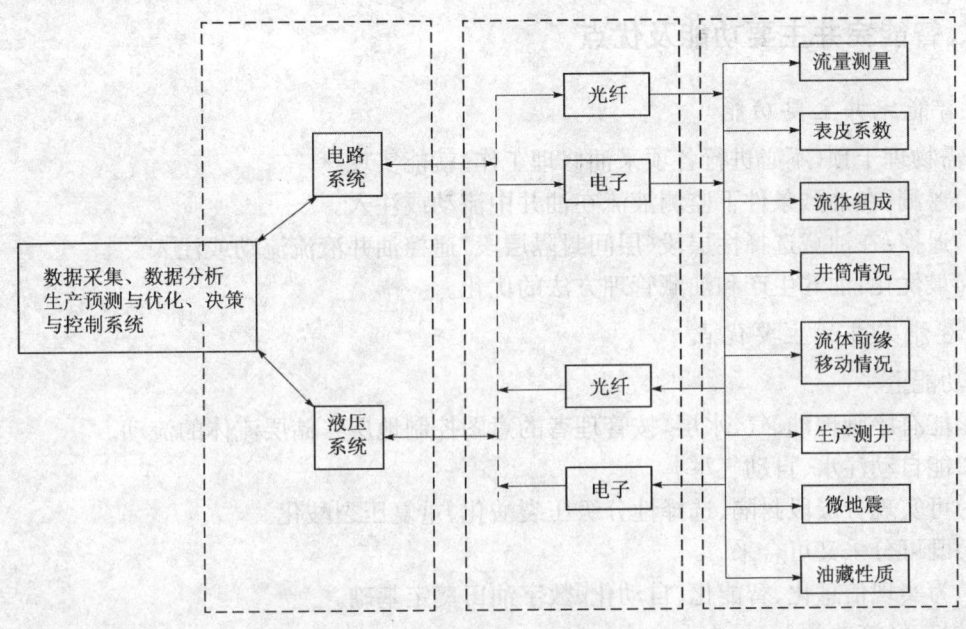

图4-47 智能完井系统构成和用途

智能完井系统一般包括井下信息收集传感系统,井下生产控制系统,井下数据传输系统,地面数据收集、分析和反馈系统地面部分与井下部分。

1. 井下信息收集传感系统

传感系统主要由永久安装在井下间隔分布于整个井筒中的井下温度、压力、流量、位移、时间等传感器组构成,其中多相流流量测量采用普通传感器;井下温度和压力的测量可采用石英传感器、光纤传感器;井筒和油藏中流体的黏度、组分、相对密度的测量采用微电子传感器。

2. 井下生产控制系统

目前控制系统操作方式主要有电缆操作和水力操作两种。该系统包括可遥控的井下封隔器与层间分隔器、可遥控的流入控制阀与井下节流阀、控制分支(分岔)井筒密封的开关装置、井下安全阀等。其中,最简单的是井下节流阀,它可以在油藏中调整各层段之间的产量,是最直接控制井下流量的工具。对产量的控制是通过利用液压、电动、电动—液压装置控制的流入控制阀实现的。流入控制阀可以是一个二元的开/关系统,或是具有可调节(多位调节和精细调节)能力的遥控操作系统。过去由于工具的耐用性和高压等因素限制,使得液压控制占据了主导地位,目前一些公司已开发研制出全电子控制井下操作系统。

3. 井下数据传输系统

数据传输系统是连接井下工具与地面计算机的纽带,这种传输系统能将井下数据和控制信号通过永久安装的井下电缆中专用的双绞线在井下与地面间进行数据传输,传输的数据即使在有井下电潜泵的情况下信号也不会受影响。

4. 地面数据收集、分析和反馈系统

这个系统包括一台计算机以及分析数据用的软件包。计算机用来收集和存储生产数据;

分析数据软件包帮助使用者对数据进行分析，有利于使用者作出最佳决策，从而更科学地管理油井，减少作业次数，优化生产过程。

二、智能完井主要功能及优点

1. 智能完井主要功能

不需物理干预(不必进行各项采油修理工作)就能实现：

(1)遥测：在油藏条件下监测液流在油井中流动或注入。

(2)遥控：在油藏选择性层段(层间封隔层段)遥控油井液流流动或注入。

(3)最优化：油气生产和油藏管理方法的优化。

2. 智能完井的主要优点

从功能上：

(1)能有序管理油、气、水层，按管理者的意图控制地层—储层流体的流动。

(2)能自动注水、自动气举。

(3)可实现分层段封隔、选择性分级压裂酸化、重复压裂酸化。

(4)既可分采又可合采。

(5)为实现信息化、智能化、自动化、数字油田奠定基础。

从提高经济效益上：

(1)利用油藏分合采与先进的复杂井结构来增加、提高产量。

(2)用较少的油井数、减少地面装置等方法来开发资源以降低资产投资(综合)成本。

(3)通过减少采油修井、减小干扰以及减少产水(减少暴露面积)来降低作业处理成本。

(4)通过较好的注采作业油藏管理以及边际油层以及边际储量的开发(非智能完井则不能开发)来增加产量并提高油气采收率。

三、典型智能完井系统

1. WellDynamics 公司 SCRAMS 系统

WellDynamics 公司的地面控制油藏分析与管理系统(SCRAMS)是一个完全综合的控制和数据采集系统，该系统属于电动—液压监测和控制系统，集成了井下压力/温度监测、无级节流位置控制和信息实时反馈设备与功能。该系统可控制多个层段生产，与无级可调流入控制阀和传感器驱动模块配合使用，可实现高精度的井下流动控制，所能控制的节流状态可达100个，对于冗余的电力和液压网络进行了分段/分节处理，提高了系统的可靠性，在每个井口上使用1条液压控制管线和1条电力控制管线。该系统适用于陆上、海上平台、水下/海底。

2. WellDynamics 公司 Digital Hydraulics 系统

此系统属于全液压控制系统，利用3条控制管线控制井下设备，控制的井下设备最多可达6个。该系统能用于控制简单的开/关式流入控制阀或防喷器，为各层段提高打开/关闭流动控制能力。地面控制系统采用全自动或手动方式能力。该系统适用于陆地、水下井底、平台或张力腿平台(TPL)，下入深度无限制。该系统的控制是通过向其中的2条控制管线顺序施加压力来实现的。

3. Baker 石油工具公司 InForce 系统

Baker 石油工具公司的智能完井系统包括 InForce(液压智能井系统)和 InCharge(全电子智能井系统)两个系统。InForce 是 Baker 石油工具公司 1999 年推出的第一个水力智能系统，InCharge 是公司的第一个全电子系统，于 2000 年下半年推向市场。

InForce 智能完井系统是利用 Baker 石油工具公司的 HCM 型液压滑套、MFT 封隔器以及井下永久计量监测仪(常规电子传感器或光纤传感器)来实现对产层远距离流量控制的。InForce 系统的特点如下：

(1)液压驱动。
(2)可同时控制 1~3 个产层。
(3)每层有一根 ½ in 的控制线。
(4)全开关时间小于 5min。
(5)垂直井、斜井、水平井都适用。
(6)陆地和海上平台都可应用。
(7)可使用常规电子传感器或光纤传感器。
(8)可测最高油产量达 25000 bbl/d。

4. Baker 石油工具公司 InCharge 系统

InCharge 系统是利用电力控制的 IPR 滑套(集成压力/温度传感器)、MFT 封隔器来实现远程控制的智能完井系统。系统中每一个 IPR 滑套都集成了一个电动机械式可调节流阀和多个压力/温度传感器，无级可调节流阀可以精确地控制流量或注入压力，并且节流阀装有位置传感器，可精确显示节流阀的位置，在断电后无需重新设定节流阀位置。InCharge 系统的所有电力、传输、控制线都封装在一根电缆中，增加了系统的可靠性，减少了下入时间和相关费用。其电力产生的驱动力可达到 45kN，并且系统带有备用机械部件，可保证在电力系统出现故障后能够正常使用。

InCharge 系统特点如下：

(1)电力驱动。
(2)能监控多达 12 个层段。
(3)每层有一根 ½ in 的控制线。
(4)无级可调节流阀。
(5)直井、斜井、水平井都适用。
(6)可用于陆上或近海完井。

5. IntelliZone Compact 简易智能系统

尽管智能完井具有很多优势，但对于油田开发来说，往往考虑投资产出比。成本的制约使得开发者只能舍弃智能完井系统的油藏管理能力，选择初始成本较低的多产层完井方案。针对这一情况，斯伦贝谢开发了一套能显著降低成本的完井系统——IntelliZone Compact 模块化分层管理系统可部署在多产层井中，这类井需要部署较少的节流阀位置，并且其工作压力低于传统的 IC(Intelligent Completion)候选井。该系统适合使用在老油田和边际油田，适合石油滑套完井(多数没有监测系统)以及需要长期试井的井，IntelliZone Compact 系统将长水平井分段，并且通过监测和控制井底流量管理人工举升井中的产层，从而提高井的采收率。

IntelliZone Compact 系统是一个综合的总成而不是构成传统 IC 的单个工具集合。井下控制接头盒,1个流动控制阀(FCV),如图 4-48 所示。FCV 可以是开/关双位置节流阀或四位置节流阀,与生产封隔器或不带卡瓦的层间隔离封隔器一起下入井筒。

四、智能完井应用实例

智能完井系统特别适用于调整井和修井费用高的环境,包括海下油井、深水油井、远距离无人操作的油井以及沙漠油井、分支井、水平延伸井等。

1. 多层油藏按序生产

北海 Term 油田完井常规做法是射开 Brent 地层(低于 Ness 和 Etive 地层)中产量最高的砂岩层,水淹时关闭这些砂岩层,然后再射开 Triassic 地层(Broom、Rannoch 地层,位于 Ness Tarbet 地层上部)中的致密砂岩层。而采用智能完井技术(远程流量控制技术)后,则能在很大程度上减少作业入井次数。最初射开油井所有砂岩层,无需为堵水和重新射孔作业而再次进入井筒。

通过安装流入控制阀,将生产层位转换到 Brent 地层,使 Triassic 地层压力得以恢复,通过这种方式延缓了 Triassic 产层的产量递减过程。这种生产方式不仅加速了生产,而且与基础方案相比增加了 85000bbl 额外的产量。

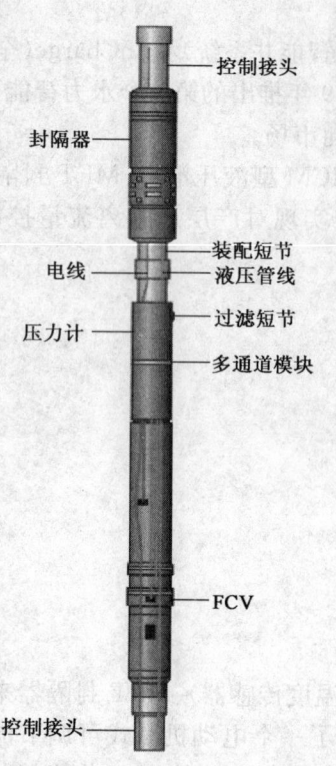

图 4-48 IntelliZone Compact 系统构成

2. 多层合采

假如油管尺寸不再是流体流出的限制因素,并且压力不协调或化学性质不相容完全可排除在外,则从所有层段进行合采将能充分发挥油井生产能力。如果压力不均衡状况能通过试采和(或)井下节流技术加以平衡,则对超高压层段也能进行合采。应用智能完井技术控制不同流量和不同含水各层段的流入量,能实现多层合采。

位于墨西哥湾 Na Kika 开发区块的 Fourier-3 井通过智能完井实现多层合采。在该井上安装了两个控制阀来控制一个底部层段和一个上部层段的生产。当某层段含水伤害到地面净产油量时,使用流入控制阀关闭该层。图 4-49 是墨西哥湾某作业公司的模拟生产曲线,曲线表明多层合采较之按次序开采具有明显的产量优势。该井安装了两套流动控制阀以控制上、下两个产层,当某层出现水淹且影响到原油净产量时,作业者就通过控制开关关闭这一产层,结果显示多层合采累积采油比按次序开采的产量增加 28%。

3. 恢复驱替过程

多层水驱、气驱或采用水平井技术成功与否与注入流体的波及效率紧密相关。对于层状油藏的生产井或注入井,或者沿井身轨迹方向上岩石性质差异巨大的长水平井,采用智能完井技术是最佳选择。

现场案例是挪威海德鲁公司开发的 Oseberg 油田。图 4-50 对比了有控制(在跟部关闭产气点)与无控制油井生产情况。有控制生产的累积产油量明显高于无控制生产的产油量。

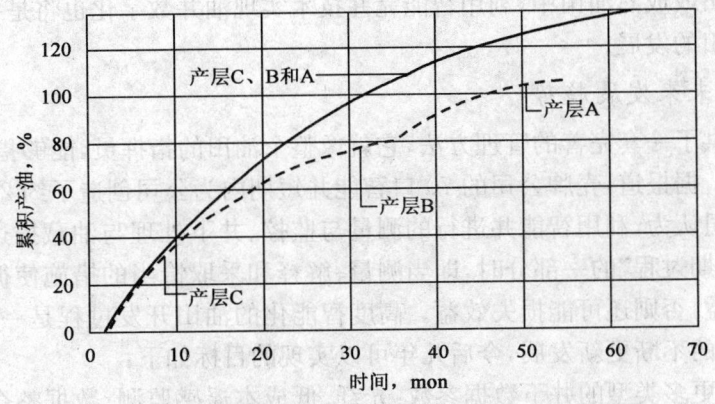

图 4-49 多层合采和分采累积产油对比

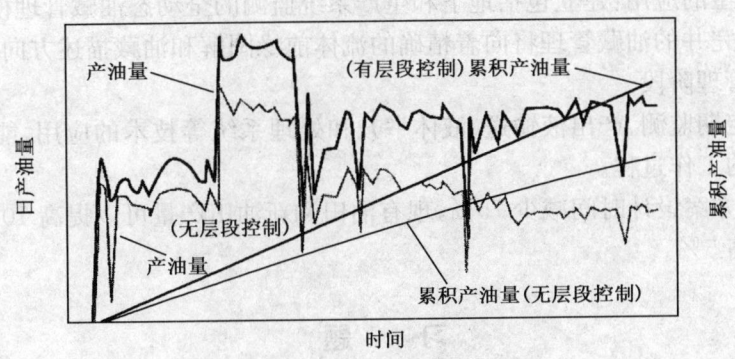

图 4-50 关闭产气层对生产的影响

五、智能完井面临的挑战及未来发展趋势

1. 智能完井面临的挑战

(1)在采用智能完井技术的人工举升油井中,为了优化油井产状,需要采用优良的实时控制技术。油井产状是输入参数(如气举注气量、电潜泵泵抽排量和地面油嘴的设定值)的函数,在几分钟内油井就会对输入参数有响应。

(2)在油田优化开采方面,总的控制系统需根据油田现有生产设施情况来优化油田的开采。

(3)在油田优化管理方面,油田的控制输入参数受油藏模拟软件输出参数的影响,而模拟软件的有效性则需采用系统提供的数据通过历史拟合予以确认。这里油藏的响应可能会在数月或几年方能测试到,当传感器能提供准确、详细的油藏特性数据资料且见到了响应时,为油田的控制而进行的油藏模拟已不再需要。

从国外应用情况来看,智能完井技术虽然在应用初期出现了一些问题,但随着井下设备可靠性的提高,智能完井技术正被广泛应用于水下、海底、沙漠、陆上等环境中的水平井、分支井、多层合采井、自流注水井、气井等以降低操作费用和操作风险,同时提高原油产量和油藏采收率。此外,智能完井技术与防砂技术、电泵举升技术等相结合也取得了较好的现场应用效果。目前兴起的井下油水、油气分离技术与智能完井技术相结合,也能有望取得很好的效果。随着光纤技术、网络技术以及控制技术等的发展,智能完井技术将越来越受到人们的认可和青睐,在一些新开发油田或成熟油田中,利用智能完井技术实现油井数字化也将是一个趋势,这必将推进整个智能油田的发展。

2. 智能完井未来发展趋势

智能完井提供了一套完善的管理方法,它就像整个油田的指挥员,能够指导技术的应用和开发方案的执行。据报道,壳牌公司的70口智能井短期内为公司创造了约200万美元的额外净产值。壳牌公司认为,利用智能井进行的测量与监控、井下处理与油藏描述,只有当其成为构成"价值循环周期过程"的一部分时,即当测量、解释和采取恰当的措施使循环回路闭合时,才能真正产生效益,否则还可能损失效益。高度智能化的油田开发过程是一个反复循环提高的过程,随着技术的不断更新发展,今后几年可以实现的目标如下:

(1)可以获得更多类型的井下数据参数:光纤、低成本遥感监测、数据整合、中枢网格的应用,将使数据的传输与处理更加高效。

(2)新模拟模型的应用:建立包括地下和生产系统监测的全动态油藏管理模型。

(3)使用智能完井的油藏管理将向着精确的流体前缘图解和油藏描述方向进步,将来油藏可能会进入连续管理阶段。

(4)智能井、定期监测、产出液输送、液体举升和处理系统等技术的应用,能监控并优化所有井和整个油田的工作过程。

(5)油田开发方案设计时间减少75%,现有油田和新油田产量可以提高10%,新油田的采收率至少可以提高5%。

习 题

1. 简述均衡排液完井的基本原理。
2. 大位移完井有哪些难点?
3. 简述分支井TAML分级体系的各级完井特点。
4. 简述智能完井的应用范围。
5. 深水完井的特点是什么?主要完井方法有哪些?

第五章 海洋完井方法优选

如第一章所述,海洋油气田完井方法优选是完井工程的2大核心之一。采用恰当而合理的完井方法可以减少综合成本,提高油气田开发的综合经济效益。如果完井方法选择不当,造成的危害会非常严重:如造成产能的大幅下降,油气井寿命的大幅下降,更严重的可以造成一个油气田破产。因此,合理选择完井方法是开发好油气田的关键。

第一节 概述

如第二章和第三章所述,目前采用的完井方法很多,但可以按照油气层段是否下套管固井分成裸眼系列和射孔系列两大类,见表5-1。

还可以按照完井方法是否具有防砂功能分成防砂型和非防砂型的完井方法,见表5-2。从表5-2可以看出,防砂型的完井方法种类最多,而不防砂的完井方法就是有限的几种。

另外,从完井方法是否具有支撑井壁的功能来分,还可以分成具有支撑井壁的完井方法与不支撑井壁的完井方法。从表5-2来看,只有一种完井方法,即裸眼完井不具有支撑井壁的功能,而其他的完井方法均具有支撑井壁的功能。

完井方法的优选需要考虑生产过程中井眼是否稳定以及生产过程中是否出砂。

表5-1 完井方法按裸眼系列和射孔系列分类

裸眼系列完井方法	射孔系列完井方法
1. 裸眼完井	1. 射孔完井
2. 打孔管完井	2. 管内砾石充填完井
3. 割缝衬管完井	3. 管内压裂砾石充填完井
4. 高级优质筛管完井 (1) 裸眼绕丝筛管完井; (2) 裸眼精密微孔复合防砂筛管完井; (3) 裸眼精密微孔网布筛管完井; (4) 裸眼加强型自洁防砂筛管完井; (5) 裸眼梯型广谱多层变精度防砂; (6) 裸眼螺旋不锈钢网滤砂管完井; (7) 裸眼星型孔金属纤维防砂筛管; (8) 裸眼金属纤维防砂筛管完井; (9) 裸眼烧结陶瓷防砂筛管完井; (10) 裸眼金属毡防砂筛管完井; (11) 裸眼粉末冶金滤砂管完井; (12) 裸眼环氧树脂滤砂管完井; (13) 裸眼陶瓷滤砂管完井; (14) 裸眼割缝衬管完井	4. 管内高级优质筛管完井 (1) 管内绕丝筛管完井; (2) 管内精密微孔复合防砂筛管完井; (3) 管内精密微孔网布筛管完井; (4) 管内加强型自洁防砂筛管完井; (5) 管内梯型广谱多层变精度防砂筛管完井; (6) 管内螺旋不锈钢网滤砂管完井完井; (7) 管内星型孔金属纤维防砂筛管; (8) 管内金属纤维防砂筛管完井; (9) 管内烧结陶瓷防砂筛管完井; (10) 管内金属毡防砂筛管完井; (11) 管内粉末冶金滤砂管完井; (12) 管内环氧树脂滤砂管完井; (13) 管内陶瓷滤砂管完井; (14) 管内割缝衬管完井
5. 裸眼砾石充填	
6. 裸眼压裂砾石充填	

表 5-2　完井方法按防砂型和非防砂型分类

非防砂型完井方法	防砂型完井方法	
	裸 眼 系 列	射 孔 系 列
1. 裸眼完井	5. 裸眼砾石充填	21. 管内砾石充填完井
2. 打孔管完井	6. 裸眼压裂砾石充填	22. 管内压裂砾石充填完井
3. 割缝衬管完井	7. 裸眼绕丝筛管完井	23. 管内绕丝筛管完井
4. 射孔完井	8. 裸眼精密微孔复合防砂筛管完井	24. 管内精密微孔复合防砂筛管完井
	9. 裸眼精密微孔网布筛管完井	25. 管内精密微孔网布筛管完井
	10. 裸眼加强型自洁防砂筛管完井	26. 管内加强型自洁防砂筛管完井
	11. 裸眼梯型广谱多层变精度防砂筛管完井	27. 管内梯型广谱多层变精度防砂筛管完井
	12. 裸眼螺旋不锈钢网滤砂管完井	28. 管内螺旋不锈钢网滤砂管完井
	13. 裸眼星型孔金属纤维防砂筛管完井	29. 管内星型孔金属纤维防砂筛管完井
	14. 裸眼金属纤维防砂筛管完井	30. 管内金属纤维防砂筛管完井
	15. 裸眼烧结陶瓷防砂筛管完井	31. 管内烧结陶瓷防砂筛管完井
	16. 裸眼金属毡防砂筛管完井	32. 管内金属毡防砂筛管完井
	17. 裸眼粉末冶金滤砂管完井	33. 管内粉末冶金滤砂管完井
	18. 裸眼环氧树脂滤砂管完井	34. 管内环氧树脂滤砂管完井
	19. 裸眼陶瓷滤砂管完井	35. 管内陶瓷滤砂管完井
	20. 裸眼割缝衬管完井	36. 割缝衬管完井

第二节　生产过程中井眼力学稳定性判断

从表 5-2 来看,只有一种完井方法,即裸眼完井不具有支撑井壁的功能,而其他的完井方法均具有支撑井壁的功能。但由于裸眼完井的优点突出,在选择完井方法时需要考虑是否满足裸眼完井的条件。生产过程中井眼的力学稳定性判断的目的就是要判定该井是采用能支撑井壁的完井方法还是裸眼完井。

井眼的稳定性受化学稳定性和力学稳定性的综合影响。化学稳定性指油层是否含有膨胀性强容易坍塌的黏土夹层、石膏层以及盐岩层。这些夹层在开采过程中遇水后极易膨胀和发生塑性蠕动,从而导致油层失去支撑而垮塌。对钻井过程中的井眼稳定性问题或化学稳定性问题,由于只发生在特殊地层,且由于它的复杂性和多变性,本节均不拟论述。本节重点论述生产过程中产层部位井眼的力学稳定性问题,研究生产过程中井壁岩石所受的剪应力与岩石抗剪强度的关系,从而为是否选择支撑井壁的完井方法提供依据。

一、井眼周围应力计算方法

井眼周围应力计算方法如下:

(1)根据原水平向地应力 σ_{T1}、σ_{T2} 和原垂向地应力 σ_0、井眼倾斜角 γ、井眼方位角 φ,将原地应力转换为井轴直角坐标系中的 3 个法向应力(正应力)及 3 个剪切应力:

$$\sigma_x = (\sigma_{T1}\cos^2\varphi + \sigma_{T2}\sin^2\varphi)\cos^2\gamma + \sigma_0\sin^2\gamma$$

$$\sigma_y = \sigma_{T1}\sin^2\varphi + \sigma_{T2}\cos^2\varphi$$

$$\sigma_{zz} = (\sigma_{T1}\cos^2\varphi + \sigma_{T2}\sin^2\varphi)\sin^2\gamma + \sigma_0\cos^2\gamma$$

$$\tau_{yz} = 0.5 \times (\sigma_{T2} - \sigma_{T1})\sin2\varphi\sin\gamma$$

$$\tau_{xz} = 0.5 \times (\sigma_{T1}\cos^2\varphi + \sigma_{T2}\sin^2\varphi - \sigma_0)\sin2\gamma$$

$$\tau_{xy} = 0.5 \times (\sigma_{T2} - \sigma_{T1})\sin2\varphi\cos\gamma$$

(2)根据井轴直角坐标系中的 3 个法向应力(正应力)和 3 个剪切应力,将它们转换为井眼圆柱体坐标系中的 3 个法向应力(正应力)σ_r、σ_θ、σ_z 与剪切应力 $\tau_{r\theta}$、τ_{rz}、$\tau_{\theta z}$。

$$\sigma_r = p_w$$

$$\sigma_\theta = (\sigma_x + \sigma_y - p_w) - 2(\sigma_x - \sigma_y)\cos2\theta - 4\tau_{xy}\sin2\theta$$

$$\sigma_z = \sigma_{zz} - 2\mu(\sigma_x - \sigma_y)\cos2\theta - 4\mu\tau_{xy}\sin2\theta$$

$$\tau_{r\theta} = \tau_{rz} = 0$$

$$\tau_{\theta z} = 2(\tau_{yz}\cos\theta - \tau_{xz}\sin\theta)$$

(3)根据井眼圆柱体坐标系中的法向应力(正应力)和剪切应力计算其主应力:

$$\sigma_1 = \sigma_r = p_w$$

$$\sigma_{2,3} = \frac{1}{2}(\sigma_\theta + \sigma_z) \pm \frac{1}{2}[(\sigma_\theta - \sigma_z)^2 + 4\tau_{\theta z}^2]^{\frac{1}{2}}$$

计算后按主应力大小重新安排标码,σ_1 代表最大主应力,σ_3 代表最小主应力,σ_2 代表中间主应力,p_w 代表地层压力。

二、采用 Mohr–Coulumb 剪切破坏理论判断井眼力学稳定性

不考虑热应力的影响,按照忽略中间主应力的 Mohr–Coulumb 剪切破坏理论,作用在井壁岩石最大剪切应力平面上的剪切应力和有效法向应力为:

$$\tau_{max} = \frac{\sigma_1 - \sigma_3}{2} \tag{5-1}$$

$$\bar{\sigma}_N = \frac{\sigma_1 + \sigma_3}{2} - p_s$$

式中 τ_{max}——最大剪切应力,MPa;
$\bar{\sigma}_N$——作用在最大剪切应力平面上的有效法向应力,MPa;
σ_1——作用在井壁岩石上的最大主应力,MPa;
σ_3——作用在井壁岩石上的最小主应力,MPa;
p_s——地层孔隙压力,MPa。

根据直线型剪切强度公式,计算井壁岩石的剪切强度,即:

$$[\tau] = C_h + \bar{\sigma}_N \tan\varphi \tag{5-2}$$

$$C_h = \frac{1}{2}\sqrt{\sigma_c \cdot \sigma_t}$$

$$\varphi = 90° - \arccos\frac{\sigma_c - \sigma_t}{\sigma_c + \sigma_t}$$

式中 $[\tau]$——油层岩石的剪切强度,MPa;
C_h——油层岩石的内聚力,MPa;
φ——油层岩石的内摩擦角,(°);
σ_c——油层岩石的单轴抗压强度,MPa;
σ_t——油层岩石的单轴抗拉强度,MPa;
$\bar{\sigma}_N$——由式(5-1)计算出的有效法向应力,MPa。

式(5-2)表明,只要已知油层岩石的单轴抗压强度 σ_c 和抗拉强度 σ_t,便可计算出油层岩石的剪切强度$[\tau]$。若由式(5-2)计算出的油层岩石剪切强度大于由式(5-1)计算出的井壁岩石最大剪切应力,即$[\tau]>\tau_{max}$,表明不会发生井眼的力学不稳定,可以采用裸眼完井方法;反之,将会发生井眼的力学不稳定,即有可能发生井眼坍塌,因而不能采用裸眼完井方法,必须采用能支撑井壁的完井方法。

三、采用 von Mises 剪切破坏理论判断井眼力学稳定性

根据考虑中间主应力的 von Mises 剪切破坏理论,可以计算作用在井壁岩石上的剪切应力均方根(广义剪应力)和有效法向应力:

$$J_2^{0.5} = \sqrt{\frac{1}{6}[(\sigma_1-\sigma_2)^2 + (\sigma_2-\sigma_3)^2 + (\sigma_3-\sigma_1)^2]} \tag{5-3}$$

$$\bar{J}_1 = \frac{1}{3}(\sigma_1 + \sigma_2 + \sigma_3) - p_s$$

式中 $J_2^{0.5}$——剪切应力均方根,MPa;
$\bar{J}_1$——有效法向应力,MPa;
σ_2——中间主应力,MPa。

根据直线型剪切强度均方根公式,计算井壁岩石的剪切强度均方根,即:

$$[J_2^{0.5}] = \alpha + \bar{J}_1 \tan\beta \tag{5-4}$$

其中

$$\alpha = \frac{3C_h}{(9+12\tan^2\varphi)^{0.5}}$$

$$\tan\beta = \frac{3\tan\varphi}{(9+12\tan^2\varphi)^{0.5}}$$

式中 $[J_2^{0.5}]$——油层岩石的剪切强度均方根,MPa;
α——岩石材质常数,MPa;
β——岩石材质常数;

$\overline{J}_1$——有效法向应力,MPa。

若由式(5-4)计算出的剪切强度均方根$[J_2^{0.5}]$大于由式(5-3)计算出的剪切应力均方根$J_2^{0.5}$,则表明不会发生力学上的不稳定,可以采用裸眼完井方法;反之,将会发生井眼的力学不稳定,即有可能发生井眼坍塌,因而不能采用裸眼完井方法,必须采用能支撑井壁的完井方法。

一般情况下,两种理论判断出的井眼稳定性是一致的,当两种理论计算结果发生冲突时,建议采用 von Mises 理论(考虑中间主应力)来判断井眼的力学稳定性。

第三节 生产过程中地层出砂判断

一、地层出砂的危害与机理

砂岩地层出砂的危害体现在:油气井出砂会造成井下设备、地面设备及工具(如泵、分离器、加热器、管线)的磨蚀和损害,也会造成井眼的堵塞,降低油气井产量或迫使油气井停产。因此,对于出砂的砂岩地层来说,一般都要采取防砂的完井方法。

弄清油气井出砂机理并正确判断地层是否出砂,对于选择合理的防砂完井方式及搞好油气田的开发开采是非常重要的。

对于出砂井,地层所出的砂分为两种,一种是地层中的游离砂,另一种是地层的骨架砂。石油界对防砂的观点也随着技术的进步和认识的深化在不断变化。以前,一些防砂的理论主要是针对地层中的游离砂,防砂设计也是针对阻挡地层中的游离砂。但近几年来人们的看法有了较大的变化,认为地层产出游离砂并不可怕,反倒能疏通地层孔隙喉道,对提高油井产量有利。真正要防的是地层骨架砂的产出,因为一旦地层出骨架砂,就可能会导致地层坍塌,使油井报废。

按岩石力学观点,地层出砂是由于井壁岩石结构被破坏所引起的。而井壁岩石的应力状态和岩石的抗张强度(主要受岩石的胶结强度——也就是压实程度低、胶结疏松的影响)是地层出砂与否的内因,开采过程中生产压差的大小及地层流体压力的变化是地层出砂与否的外因。如果井壁岩石所受的最大张应力超过岩石的抗张强度,则会发生张性断裂或张性破坏,具体表现在井壁岩石不坚固,在开发开采过程中将造成地层出骨架砂。

二、地层出砂影响因素

经过大量的研究和总结,归纳出影响地层出砂因素如下:

(1)地层岩石强度。一般来说,地层岩石强度越低,地层出砂的可能性就越大。

(2)地层压力的衰减。随着地层压力的下降,井壁岩石所受的应力就会增大,地层出砂的可能性就会随之增大。

(3)生产压差。一般来说,生产压差(或生产速度)越大,地层出砂的可能性就越大。

(4)地层是否出水以及含水率的大小。生产过程中,随着地层的出水以及含水率的上升,地层出砂的可能性增大。

(5)地层流体黏度。地层流体黏度越大,地层出砂的可能性就越大。

(6)不适当的措施或管理。不适当的增产措施(如酸化或压裂)或不当的管理(如造成井下过大的压力激动)都会引起地层出砂。

三、生产过程中地层出砂判断

众所周知,生产过程中地层出砂的判断就是要解决油井是否需要采用防砂完井的问题,其判断方法主要有现场观测法、经验法、力学计算法和抗拉强度预测法等。

1. 现场观测法

1)岩心观察

疏松岩石用常规取心工具收获率低,很容易将岩心从取心筒中拿出或岩心易从取心筒中脱落;用肉眼观察、手触等方法判断时,疏松岩石或低强度岩石往往一触即碎,或停放数日自行破碎,或在岩心上用指甲能刻痕;对岩心浸清水或盐水,岩心易破碎。如有上述现象,则说明生产过程中地层易出砂。

2)钻杆测试

如果钻杆测试(Drill stem Testing,DST)期间油气井出砂(甚至严重出砂),说明生产过程中地层易出砂;如果 DST 测试期间未见出砂,但仔细检查井下钻具和工具,在接箍台阶等处附有砂粒,或在 DST 测试完毕后,砂面上升,说明生产过程中地层易出砂。

3)邻井状态

同一油气藏中,邻井生产过程中出砂,本井出砂的可能性大。

2. 经验法

经验方法基本上都是基于测井资料并结合一些油气田的经验总结出来的判断地层是否出砂的方法。由于是地区经验的总结,这些方法本身判断的结果有时是互相矛盾的,不能完全采用这些方法判断是否出砂,但是作为参考是必需的。

1)声波时差法

该方法采用声波在地层中的传播时差 Δt_c 进行出砂判断。声波时差是声波纵波沿井剖面传播速度的倒数,记为 $\Delta t_c = 1/v_c$。地层声波时差越大,地层孔隙度越高,表明地层越疏松,生产中越易出砂。采用声波时差 Δt_c 判断油井出砂,声波时差 Δt_c 值因油田和区块的不同而有所变化。一般情况下,当 $\Delta t_c \geqslant 295 \mu s/m (89.9 \mu s/ft)$ 时,正常生产时油井易出砂。应当指出的是,砂岩油藏是由于胶结疏松、孔隙度大而表现为声波时差大,除此之外,泥岩、疏松黏土以及近井地带的泥浆、滤饼等都能表现出很高的声波时差,井径、厚层、薄层及薄交互层等对声波测井曲线也有很大的影响,因此单从声波时差来判断油层是否出砂是不够的。

2)孔隙度法

孔隙度是反映地层致密程度的一个参数,地层的孔隙结构与地层的胶结强度有关,因此可利用地层孔隙度变化情况进行出砂预测。利用测井和室内岩心试验可求得孔隙度在井段纵向上的分布。一般认为,地层的孔隙度大于 30%,地层出砂较为严重;地层的孔隙度在 20%~30%之间,地层出砂不是十分严重;地层的孔隙度小于 20%,地层出砂轻微或不出砂。

3)组合模量法

组合模量法(Mobil 法)是美孚石油公司(Mobil)的经验方法。该方法在声波时差法的基础上引入了砂岩油藏的敏感参数——密度,用声波时差和岩石密度所确定的岩石弹性组合模量 E_c 来判断油藏是否出砂。岩石的弹性组合模量 E_c 用式(5-5)计算:

$$E_c = \frac{9.94 \times 10^8 \rho_r}{\Delta t_c^2} \tag{5-5}$$

式中 E_c——岩石的组合弹性模量，MPa；

ρ_r——地层岩石密度，g/cm³；

Δt_c——岩石纵波声波时差，μs/m。

一般情况下，E_c 值越小，地层出砂的可能性越大。美国墨西哥湾地区的作业经验表明，当 E_c 值大于 2.068×10^4 MPa 时，油井不出砂，反之油井出砂；英国北海地区也采用了该判断依据。胜利油田防砂中心用该方法在一些油井中进行出砂预测，准确率在 80% 以上。研究人员在对现场大量出砂统计结果分析后认为：当 $E_c \geq 2.0 \times 10^4$ MPa 时，正常生产时油井不出砂；当 1.5×10^4 MPa $< E_c < 2.0 \times 10^4$ MPa 时，正常生产时油井轻微出砂；当 $E_c \leq 1.5 \times 10^4$ MPa 时，正常生产时油井严重出砂。

4）出砂指数法

出砂指数又称产砂指数或单向杨氏模量，根据出砂指数的大小可以确定不同层位地层的出砂程度。应用出砂指数法（阿科公司法）判断地层是否出砂时，首先对声波时差及密度测井等测井曲线进行数字化处理，然后求得不同部位的岩石强度参数，计算出油井不同生产井段的出砂指数，其计算公式为：

$$B_s = K_b + \frac{4}{3}G \tag{5-6}$$

其中

$$KK_b = \frac{E}{3(1-2\nu)} \tag{5-7}$$

$$G = \frac{\rho_r}{\Delta t_s^2} \tag{5-8}$$

式中 B_s——出砂指数，MPa；

K_b——岩石体积弹性模量，MPa；

G——岩石剪切模量，MPa；

E——岩石杨氏模量，10^4 MPa；

ν——岩石泊松比；

Δt_s——岩石横向声波时差，μs/ft。

由式（5-6）可知，B_s 值越大，岩石的体积弹性模量 K_b 和剪切模量 G 之和越大，即岩石强度越大，稳定性越好，不易出砂。

出砂指数 B_s 的经验判断值为：

(1) 当 $B_s \geq 2 \times 10^4$ MPa 时，正常生产中油层不会出砂；

(2) 当 1.4×10^4 MPa $< B_s < 2.0 \times 10^4$ MPa 时，油层轻微出砂；

(3) 当 $B_s \leq 1.4 \times 10^4$ MPa 时，油层易出砂。

5）G/C_b 法

G/C_b 法是斯伦贝谢公司提出来的，根据力学性质测井所求得的地层岩石剪切模量 G 和岩石体积压缩系数 C_b，可以计算 G/C_b 值。当 G/C_b 值大时，表示岩石强度大，稳定性好，不易

出砂;反之,则易出砂。G/C_b 计算公式如下:

$$\frac{G}{C_b} = (9.94 \times 10^8)^2 \times \frac{(1-2\nu)(1+\nu)\rho_r^2}{6(1-\nu)^2(\Delta t_c)^4} \tag{5-9}$$

式中　C_b——岩石体积压缩系数,MPa^{-1}。

斯伦贝谢公司的现场应用表明:当 $G/C_b \geqslant 3.8 \times 10^7 MPa$ 时,油井不出砂;当 $G/C_b < 3.3 \times 10^7 MPa$ 时,油井要出砂。

该方法已在美国加利福尼亚、阿拉斯加以及加拿大、特立尼达和印度等地井深 $1000 \sim 4000m$ 的油气井中使用。北海地区采用 $G/C_b = 5.9 \times 10^7 MPa (1.25 \times 10^{12} psi)$ 进行油气井出砂判断。石油勘探开发研究院应用此方法,将 $G/C_b = 5.9 \times 10^7 MPa$ 作为判断出砂的定量指标,对冀东油田 25 口出砂井的馆陶组、明化镇组和东营组地层进行验证,符合率达 90% 以上。

3. 力学计算法

根据西南石油大学熊友明的研究成果,垂直井井壁岩石所受的切向应力是最大张应力,最大切向应力由式(5-10)计算:

$$\sigma_t = 2\left[\frac{\nu}{1-\nu}(10^{-6}\rho g H - p_s) + (p_s - p_{wf})\right] \tag{5-10}$$

根据岩石破坏理论,当岩石的抗压强度小于最大切向应力 σ_t 时,井壁岩石不坚固,将会引起岩石结构的破坏而出砂。因此,垂直井的防砂判据为:

$$C \geqslant 2\left[\frac{\nu}{1-\nu}(10^{-6}\rho g H - p_s) + (p_s - p_{wf})\right] \tag{5-11}$$

式中　σ_t——井壁岩石的最大切向应力,MPa;
　　　ρ——上覆岩层的平均密度,kg/m^3;
　　　g——重力加速度,m/s^2;
　　　H——地层深度,m;
　　　p_s——地层流体压力,MPa;
　　　p_{wf}——油井生产时的井底流压,MPa;
　　　C——地层岩石的抗压强度,MPa。

如果式(5-11)成立(即 $C \geqslant \sigma_t$),则表明在上述生产压差($p_s - p_{wf}$)下,井壁岩石是坚固的,不会引起岩石结构的破坏,也就不会出骨架砂,可以选择不防砂的完井方法;反之,地层胶结强度低,井壁岩石的最大切向应力超过岩石的抗压强度而引起岩石结构的破坏,地层会出骨架砂,需要采取防砂完井方法。

而水平井井壁岩石所受的最大切向应力 σ_t 则可由式(5-12)计算:

$$\sigma_t = \frac{3-4\nu}{1-\nu}(10^{-6}\rho g H - p_s) + 2(p_s - p_{wf}) \tag{5-12}$$

对比式(5-10)和式(5-12)可以看出:由于岩石的泊松比 ν 一般在 $0.15 \sim 0.4$ 之间,故 $\frac{3-4\nu}{1-\nu} > \frac{2\nu}{1-\nu}$,因此,在相同埋深及生产压差($p_s - p_{wf}$)下,水平井井壁岩石所承受的切向应力要比垂直井的大。如果地层岩石的胶结程度较差,以至于地层岩石的抗压强度经受不住井壁岩石的切向应力时，产层的岩石结构就会遭到破坏而出骨架砂。所以在同样埋深处垂直井不出砂的地层，打水平井就不一定不出砂。

同理，水平井井壁岩石的坚固程度判别式为：

$$C \geqslant \frac{3-4\nu}{1-\nu}(10^{-6}\rho gH - p_s) + 2(p_s - p_{wf}) \tag{5-13}$$

对于其他角度的定向斜井，其井壁岩石的坚固程度判据为：

$$C \geqslant \frac{3-4\nu}{1-\nu}(10^{-6}\rho gH - p_s)\sin\alpha + \frac{2\nu}{1-\nu}(10^{-6}\rho gH - p_s)\cos\alpha + 2(p_s - p_{wf}) \tag{5-14}$$

很显然，当井斜角 α 为 0° 时，式(5-14)变为式(5-11)；而当井斜角 α 为 90° 时，式(5-14)变为式(5-13)；因此式(5-14)为通式。

由此可以看出：

(1)在地层岩石抗压强度 C 和地层压力 p_s 不变的情况下，当生产压差 $(p_s - p_{wf})$ 增大时，原来不出砂的井可能会开始出砂。也就是说，生产压差增大是出砂与否的一个重要外因。

(2)当地层出水后，特别是膨胀性黏土含量高的砂岩地层，其岩石的胶结强度将会大大下降，从而导致岩石的抗压强度 C 下降，使原来不出砂的井(不出水的井)可能会开始出砂。

(3)在地层岩石抗压强度 C 不变时，随着地层压力 p_s 的下降，即使生产压差保持常数，原来不出砂的井也可能会开始出砂。

以上第(2)和第(3)点可以解释许多油井在初产阶段不出砂，但生产一段时间后(地层出水，地层压力 p_s 下降)开始出砂的现象。

4. 抗拉强度预测法

如果生产压差接近抗拉强度或内聚强度，就会出砂。而在生产过程中，井筒附近会产生一个很大的压差，这个压差很有可能超过塑性区的抗拉强度和内聚强度。这些砂粒将受到产出烃类的拖拽作用而移动。如果此压差达到地层的抗拉强度，即 $\Delta p_s \geqslant T$，砂粒就会脱落，便会引起地层出砂。一般情况下可以取抗拉强度的 50% 作为临界生产压差，生产时，只要控制生产压差在临界生产压差之下，就可认为地层不会出砂，也就可以不采取防砂措施。

5. 地层出砂的综合判断

如前所述，判断地层出砂的方法很多，有些方法之间的判断结果可能还是互相矛盾的，因此，出砂与否不能只采用某一种或者几种方法判断。笔者经过 20 多年的研究，已形成了行之有效的综合判断方法，这个判断方法经长期的验证是可靠的和科学的，目前已经集成在笔者研制的《完井方法优选与完井工程优化设计》软件包中，并已在三大石油公司的 30 余个单位使用。

第四节　完井方法优选

完井方法的选择主要是针对单井而言。油(气)藏类型、油气层岩性不同，所选的完井方法就不同。即使在同一油(气)藏中，井所处的地理位置不同，所选完井方法也可能有差别。完井方法选择必须依据油气田地质和油气藏工程特点，同时要考虑到采油(采气)工程技术要求，要有预见性。完井方法优选需要考虑层间差异和地层砂的粒度大小以及分选性。

一、层间差异

不论对于哪种类型的油藏,在考虑完井方法时,都要考虑层间差异的大小。层间差异主要指渗透率差异和压力差异。油层与气层渗透率差异和压力差异的划分标准略有区别。

层间渗透率差异在层状油气藏中是常见的,我国层状油气藏层间渗透率差异有的可达几十倍。一般而言,对油藏来说,若各分层之间的渗透率变化范围不超过下面 6 个等级中的一个,则认为层间渗透率差异不大。

(1) 渗透率 $K>1000 \times 10^{-3} \mu m^2$;
(2) 渗透率 $K=(500 \sim 1000) \times 10^{-3} \mu m^2$;
(3) 渗透率 $K=(100 \sim 500) \times 10^{-3} \mu m^2$;
(4) 渗透率 $K=(50 \sim 100) \times 10^{-3} \mu m^2$;
(5) 渗透率 $K=(10 \sim 50) \times 10^{-3} \mu m^2$;
(6) 渗透率 $K<(10 \times 10)^{-3} \mu m^2$。

而对气藏来说,若各分层之间的渗透率变化范围不超过下面 6 个等级中的一个,则认为层间渗透率差异不大。

(1) 渗透率 $K>100 \times 10^{-3} \mu m^2$;
(2) 渗透率 $K=(50 \sim 100) \times 10^{-3} \mu m^2$;
(3) 渗透率 $K=(10 \sim 50) \times 10^{-3} \mu m^2$;
(4) 渗透率 $K=(5 \sim 10) \times 10^{-3} \mu m^2$;
(5) 渗透率 $K=(1 \sim 5) \times 10^{-3} \mu m^2$;
(6) 渗透率 $K<1 \times 10^{-3} \mu m^2$。

层间压力差异,在层状油气藏中也存在。一般而言,对油藏来说,若各分层之间的压力变化范围不超过下面 4 个等级中的一个,则认为层间压力差异不大。

(1) 压力系数 $\alpha>1.3 MPa/100m$;
(2) 压力系数 $\alpha=(1.1 \sim 1.3) MPa/100m$;
(3) 压力系数 $\alpha=(0.9 \sim 1.1) MPa/100m$;
(4) 压力系数 $\alpha<0.9 MPa/100m$。

而对气藏来说,若各分层之间的压力变化范围不超过下面 4 个等级中的一个,则认为层间压力差异不大。

(1) 压力系数 $\alpha>1.5 MPa/100m$;
(2) 压力系数 $\alpha=(1.3 \sim 1.5) MPa/100m$;
(3) 压力系数 $\alpha=(1.1 \sim 1.3) MPa/100m$;
(4) 压力系数 $\alpha<1.1 MPa/100m$。

凡是层间差异不大的多储层,在选择完井方式时,可按性质相同的一层来处理;否则,需按多层处理。

二、地层砂粒度大小及地层砂的均质性

对砂岩地层,要考虑地层砂粒度大小及地层砂的均质性。

按地层砂的粒度大小，国内外均按下述标准进行分级：
(1)粒径≤0.1mm——特细砂或粉砂；
(2)粒径介于0.1~0.25mm之间——细砂；
(3)粒径介于0.25~0.5mm之间——中砂；
(4)粒径介于0.5~1.0mm之间——粗砂；
(5)粒径≥1.0mm——特粗砂。

此外，地层砂均质性指的是砂粒分选的均匀性，一般用均匀性系数c来表示：

$$c = \frac{d_{40}}{d_{90}} \tag{5-15}$$

式中 d_{40}——地层砂筛析曲线上占累积质量40%的地层砂粒径，mm；
　　d_{90}——地层砂筛析曲线上占累积质量90%的地层砂粒径，mm；
　　c——地层砂均匀性系数。

国内外目前统一定义：$c<3$为均匀砂；$c>5$为不均匀砂（$3≤c≤5$暂无说法）；$c>10$为很不均匀砂。

对于出砂的砂岩地层来说，地层砂的粒度大小和均匀性系数是选择防砂方法的基本依据之一。

三、完井方法选择的总体思路

经过笔者20多年的研究，得出完井方法选择的总体思路为：

(1)根据油气藏类型和油气层的特性并考虑开发开采的技术要求选择完井方法，并将选择结果作为初选的完井方法。垂直井、定向斜井和水平井的完井方法初选流程图本书从略，可以参考《现代完井工程》第3版。

(2)针对上述初选的完井方法进行完井产能预测。

(3)根据上述完井产能预测进行单井动态分析。

(4)根据上述单井动态分析，进行经济效益评价。

(5)根据上述经济评价结果优选完井方法。

目前，西南石油大学熊友明教授研制的《油井完井方法优选与完井工程优化设计》软件包已经在三大石油公司的30余个单位使用，应用井数已经超过3000口井。该软件所考虑的地层类型包括各种类型的砂岩地层、碳酸盐岩地层、变质岩地层、火山喷发岩地层等。所考虑的井型包括垂直井、定向斜井和水平井。西南石油大学熊友明教授研制的《气井完井方法优选与完井工程优化设计》软件包也已经在三大石油公司的几个单位使用，应用井数已经超过200口井。该软件所考虑的地层类型包括各种类型的砂岩地层、碳酸盐岩地层等。所考虑的井型包括垂直井、定向斜井和水平井。

四、完井方法优选实例

1. 塔中奥陶系碳酸盐岩地层垂直井完井方法优选

油井基本资料见表5-3。

表 5-3　油井基本资料

油藏类型	碳酸盐岩地层	气顶情况/底水情况	无气顶、无底水
地层中部深度,m	5600.000	油层有效厚度,m	200.000
地层压力,MPa	65.000	地层孔隙度,%	5.000
水平向渗透率,$10^{-3}\mu m^2$	8.000	垂向渗透率,$10^{-3}\mu m^2$	5.050
原始含油饱和度,%	50.000	剩余油饱和度,%	20.000
原油黏度,mPa·s	1.500	原油密度,g/mL	0.910
原油体积系数	1.019	油井半径,m	0.0762

经软件计算,该地层生产过程中井眼稳定,完井方法优选结果见表 5-4。

表 5-4　软件优选可采用的完井方法

完井方式	开井产量,t/d	经济效益,万元	生产时间,d	备注
裸眼完井	206.281967	60263.187500	4892.0	—
贯眼套管完井	202.156326	59763.308594	5348.0	—
射孔完井	187.967163	58900.804688	9126.0	射开全井段

根据奥陶系地质特点优选的完井方法共 3 种,即裸眼完井、贯眼套管完井和射孔完井。按产量、经济效益优选的最佳完井方式为裸眼完井。

2. 南海西江 23-1 油田 H1B 砂岩油层水平井方法优选

油井基本资料见表 5-5。完井方法选择补充参数见表 5-6。

表 5-5　南海西江 23-1 油田油井基本资料

油田名称	西江 23-1	油藏类型	砂岩油藏
地层中部深度,m	1340.000	油层有效厚度,m	32.000
地层压力,MPa	14.000	地层孔隙度,%	29.700
水平向渗透率,$10^{-3}\mu m^2$	2271.000	垂向渗透率,$10^{-3}\mu m^2$	1000.000
原始含油饱和度,%	65.000	剩余油饱和度,%	25.000
原油黏度,mPa·s	5.200	原油密度,g/mL	0.845
原油体积系数	1.050	油井半径,mm	107.950
水平井段长度,m	500.000	水平井偏心距,m	14.000
砂粒度中值 d_{50},mm	0.406	底水情况	有底水

井壁稳定与出砂预测输入参数见表 5-7。井壁稳定与出砂预测结果见表 5-8。

表 5-6　西江 23-1 油田完井方法选择补充参数

油井套管尺寸,in	9.625	地层岩石密度,g/cm^3	2.300
地层岩石泊松比	0.200	岩石抗压强度,MPa	5.000
抗拉强度,MPa	1.000	设计生产压差,MPa	1.000
地层砂粒度值 d_{40},mm	0.600	地层砂粒度值 d_{90},mm	0.200

软件优选的最佳水平井完井方法为裸眼优质筛管完井。

表 5-7 西江 23-1 油田井壁稳定与出砂预测输入参数

水平向最大应力,MPa	18.205	水平向最小应力,MPa	15.205
垂向应力,MPa	30.820	岩心资料	胶结疏松
DST 测试结果	出砂	邻井状态	邻井出砂
纵波时差,μs/m	325.000	体积模量,MPa	—

表 5-8 西江 23-1 油田井壁稳定与出砂预测结果

岩心资料	疏松	DST 测试结果	出砂
邻井状态	出砂	力学计算法	出砂
声波时差法	可能出砂	出砂指数法	出砂
斯伦贝谢比法	出砂	判定结果	出砂
选择处理结果	出砂	井壁稳定判断结果	井壁不稳定

3. 涩 5-6-1 垂直气井完井方法优选

气井基本资料见表 5-9。出砂判定结果见表 5-10。软件优选的最佳垂直气井完井方法为管内井下压裂砾石充填完井。

表 5-9 涩 5-6-1 气井基本参数(第一层)

气田名称	涩北二号气田	井 号	涩 5-6-1
气藏类型	砂岩气藏	井眼直径,mm	311.2
地层厚度,m	6.3	地层压力,MPa	9.25
供给半径,m	400	天然气黏度,mPa·s	0.01518
偏差因子	0.8802	地层温度,℃	41.76
天然气相对密度	0.558	水平向渗透率,$10^{-3}\mu m^2$	16.2
地层压力系数,MPa/100m	1.1	垂直向渗透率,$10^{-3}\mu m^2$	11.5
地层岩石密度,g/cm³	2.05	地层岩石泊松比	0.3863
岩石抗压强度,MPa	5.96	地层孔隙压力,MPa	9.25
气层中部深度,m	812.1	声波时差,μs/m	410
岩心资料	无资料	DST 测试结果	无资料

表 5-10 涩 5-6-1 气井出砂判定结果(第一层)

生产压差	岩心资料	DST 测试结果	声波时差法	组合模量法	力学计算法	出砂指数法	斯伦贝谢比法	建议处理方式
1MPa	无资料	无资料	出砂	出砂	出砂	出砂	出砂	防砂
2MPa	无资料	无资料	出砂	出砂	出砂	出砂	出砂	防砂
3MPa	无资料	无资料	出砂	出砂	出砂	出砂	出砂	防砂
4MPa	无资料	无资料	出砂	出砂	出砂	出砂	出砂	防砂
5MPa	无资料	无资料	出砂	出砂	出砂	出砂	出砂	防砂
6MPa	无资料	无资料	出砂	出砂	出砂	出砂	出砂	防砂
7MPa	无资料	无资料	出砂	出砂	出砂	出砂	出砂	防砂
8MPa	无资料	无资料	出砂	出砂	出砂	出砂	出砂	防砂

4. 涩 H_2 气井水平井完井方法优选

气井基本参数见表 5-11。出砂判定结果见表 5-12。软件优选的最佳水平气井完井方法为裸眼精密微孔网布筛管防砂完井。

表 5-11 涩 H_2 气井基本参数

气田名称	涩北气田	井 号	涩 H_2
气藏类型	砂岩气藏	气层数目	1
地层厚度,m	8	井眼直径,mm	311.2
供给半径,m	400	地层压力,MPa	12.81
偏差因子	0.8802	天然气黏度,mPa·s	0.01518
天然气相对密度	0.558	地层温度,℃	44
地层压力系数,MPa/100m	1.1	水平井有效长度,m	406.9
水平向渗透率,$10^{-3}\mu m^2$	52	垂直向渗透率,$10^{-3}\mu m^2$	44
地层岩石密度,g/cm³	2.15	地层岩石泊松比	0.38
岩石抗压强度,MPa	5.43	地层孔隙压力,MPa	12.81
气层中部深度,m	1081	声波时差,μs/m	280

表 5-12 涩 H_2 气井出砂判定结果

生产压差 MPa	声波时差法	组合模量法	力学计算法	出砂指数法	斯伦贝谢比法	建议处理方式
1	不出砂	可能出砂—轻微出砂	出砂	可能出砂—轻微出砂	出砂	防砂
2	不出砂	可能出砂—轻微出砂	出砂	可能出砂—轻微出砂	出砂	防砂
3	不出砂	可能出砂—轻微出砂	出砂	可能出砂—轻微出砂	出砂	防砂
4	不出砂	可能出砂—轻微出砂	出砂	可能出砂—轻微出砂	出砂	防砂
5	不出砂	可能出砂—轻微出砂	出砂	可能出砂—轻微出砂	出砂	防砂
6	不出砂	可能出砂—轻微出砂	出砂	可能出砂—轻微出砂	出砂	防砂
7	不出砂	可能出砂—轻微出砂	出砂	可能出砂—轻微出砂	出砂	防砂
8	不出砂	可能出砂—轻微出砂	出砂	可能出砂—轻微出砂	出砂	防砂
9	不出砂	可能出砂—轻微出砂	出砂	可能出砂—轻微出砂	出砂	防砂
10	不出砂	可能出砂—轻微出砂	出砂	可能出砂—轻微出砂	出砂	防砂
12	不出砂	可能出砂—轻微出砂	出砂	可能出砂—轻微出砂	出砂	防砂

习　题

1. 简述完井方法选择的总体思路。
2. 在选择完井方法时,为何首先要判断产生过程中井眼的稳定性和生产过程中是否出砂?
3. 对于多层系的垂直井,如果层间差异大,如何处理?
4. 如果完井方法选择不当,会造成哪些后果?
5. 按照油气层段是否下套管固井,完井方法可以分成哪两类?
6. 按照是否具有防砂的功能,可将完井方法分成哪两类?

第六章 生产套管尺寸设计

生产套管尺寸的选定及井身结构设计是完井工程的重要环节。过去的传统做法是由钻井工程设计井身结构，确定生产套管的尺寸，完井后采油工程就在限定的生产套管内选择并确定油管尺寸以及采油方式。这种做法的后果是采油工程受生产套管尺寸的限制，许多油气井无法采用合适的工艺技术，一些增产措施也难以进行，许多油井在高含水期不能满足提高产液量（稳产）的要求。

随着科技的不断进步与发展，目前已经形成的做法是：根据开发开采的要求，在满足油井产能及人工举升设备和管柱、注水井注水量和测试工艺、油水井增产增注措施等几方面要求的前提下，由完井工程确定生产套管尺寸，钻井工程在生产套管尺寸的基础上，按照钻井工程的要求设计井身结构。本章主要介绍生产套管尺寸设计，井身结构设计详见海洋钻井工程。

第一节 影响生产套管尺寸的因素

一、采油方式

不论油井是否能自喷，今后总要转入人工举升开采。采用不同的举升方式（有杆泵抽油、电潜泵采油、水力活塞泵采油和气举采油），与之相配套的油管尺寸和生产套管尺寸肯定不一样。所以，油管、生产套管尺寸的优化必须以开发设计的采油方式为基础。目前，我国的海洋油田主要采取的是电潜泵采油。

二、开发设计的油井配产量

如果油井产能较高，也就是开发设计的油井配产量较高，在设计的人工举升方式下，其油管、生产套管尺寸肯定需要选得大一些，反之亦然。因此，高产井原则上选择大尺寸的套管，而低产井原则上选择小尺寸的套管。

三、稳产要求

我国大多数油田采用注水开发，在油井进入高含水阶段后，为了原油稳产的需要，往往要采用大泵高排液量生产。在设计的人工举升方式下，为了能在若干年后（也就是高含水率情况下）实现稳产（能提供采用大泵高排液量生产的条件），就必须要根据今后日产液量的大小来选定泵径，然后确定与之相配套的生产套管尺寸。

四、增产措施

增产措施是新井投产和老井改造的重要手段。对于某些深井、超深井或者油层破裂压力很高的井，如果油井需要压裂投产或今后采用压裂来解堵、增产，那么所设计的生产套管尺寸必须能够满足今后水力压裂的要求。也就是说,必须设计足够大的生产套管尺寸,以便能下入较大尺寸的油管以保证能把地层压开。因此,根据前3个要求设计的生产套管尺寸和油管尺寸还必须要通过增产措施的校验。

下面根据我国海洋油田的特点,分常规原油井和稠油开采井两种情况介绍套管尺寸设计方法。

第二节　常规原油井套管尺寸设计

生产套管尺寸的优化必须考虑第一节讲述的4个影响因素,也就是在所设计的采油方式下,根据开发设计的油井配产量和原油稳产要求,再考虑增产措施的影响,综合选择最合适的生产套管尺寸。

由于完井设计是在一口井钻井之前就要进行的,所以在选定生产套管尺寸时必须要具有超前性或预见性。要考虑到整个油田开发阶段,特别是油井进入高含水时期的日产液量水平以及对生产套管尺寸的要求。

一般说来,油井自喷期的日产液量相对较小,与之适应的套管尺寸也相对较小。而在转人工举升采油后,特别是进入高含水期后,为了配合大泵生产,必须要求较大的套管尺寸;否则,将使许多油井不能采用合理的工艺管柱生产,也可能限制产量。

一口井完井后,油管尺寸是可以更换的,但生产套管尺寸却不可能更换,所以生产套管尺寸的设计必须按照第一节讲述的4个方面的因素来考虑。

在建成井投产后的自喷和人工举升初期,可从生产优化(节点系统分析)的角度采用合理的油管尺寸(与高含水期大泵排液时相比可能较小),而在高含水期需要大泵排液时则可更换较大的油管尺寸。

一、根据人工举升方式确定生产套管尺寸

1. 预测油井高含水期的日产液量

油井高含水期日产液量主要根据开发设计的单井原油配产量来预测。在开发设计中,对每口井都依据其地下原油性质、地层参数、油田开发配产要求等制定了日产原油水平(配产量)。在注水开发的油田中,油井进入高含水期后,为了原油稳产的需要,就必须增大日产液量。因此,高含水期日产液量Q_L与配产量Q_{po}的关系为:

$$Q_L = \frac{Q_{po}}{1-f_w} \tag{6-1}$$

式中　Q_{po}——开发设计的油井(单井)日配产量,m^3/d;
　　　Q_L——某个含水率下预测的油井(单井)日产液量,m^3/d;
　　　f_w——含水率,%。

2. 选择泵的理论排量

泵的理论排量Q_{TL}与日产液量Q_L的关系为:

$$Q_{TL} = \frac{Q_L}{\eta} \qquad (6-2)$$

式中 Q_{TL}——泵的理论排量,m³/d;

Q_L——预测的日产液量,m³/d;

η——实际可达到的泵效,%。

3. 根据举升方式确定生产套管尺寸

据上述所预测的泵的理论排量,可以根据油田所设计的举升方式来选择泵的公称直径,再查相应的泵参数表,得出连接油管尺寸和泵的最大外径。再考虑油井是否采用砾石充填防砂来确定与各泵径相匹配的生产套管尺寸。由于海洋油田不采用有杆泵生产,所以主要针对电潜泵井和气举井进行介绍。

1)电潜泵井生产套管尺寸设计

电潜泵采油井套管尺寸的选择步骤如下:

(1)预测今后的日产液量 Q_L。

(2)选定泵的理论排量 Q_{TL}。

(3)将理论排量作为泵的额定排量,查电潜泵技术参数表,找出配套的油管尺寸、泵最大外径和生产套管尺寸。油管、套管尺寸配合关系见表6-1和表6-2。

表6-1 部分国产电潜泵与油管、套管的匹配关系

制造厂	型号	油管尺寸 mm	额定排量 t/d	外径 mm	推荐的套管尺寸,mm	
					常规井	砾石充填井
天津市电机厂	A10	60.3,73.0	100	95	139.7	177.8
	A15	60.3,73.0	150	95	139.7	177.8
	A20	60.3,73.0	200	95	139.7	177.8
	A42	60.3,73.0	425	95	139.7	177.8
	A53	60.3,73.0	500	95	139.7	177.8
淄博潜水电泵厂	5.5QD100	60.3,73.0	100	100,98	139.7	177.8
	5.5QD160	60.3,73.0	160	100,98	139.7	177.8
	5.5QD200	60.3,73.0	200	100,98	139.7	177.8
	5.5QD250	60.3,73.0	250	100,98	139.7	177.8
	5.5QD320	60.3,73.0	320	100,98	139.7	177.8
	5.5QD425	60.3,73.0	425	100,98	139.7	177.8
虎溪电机厂	QYB120-75	60.3,73.0	75	100,98	139.7	177.8
	QYB120-100	60.3,73.0	100	100,98	139.7	177.8
	QYB120-150	60.3,73.0	150	100,98	139.7	177.8
	QYB120-200	60.3,73.0	200	100,98	139.7	177.8
	QYB120-250	60.3,73.0	250	100,98	139.7	177.8
	QYB120-320	60.3,73.0	320	100,98	139.7	177.8
	QYB120-425	60.3,73.0	425	100,98	139.7	177.8
	QYB120-550	60.3,73.0	550	100,98	139.7	177.8

表6-2 TRW REDA PUMPS公司电潜泵与油管、套管的配合关系

型号	外径 mm	泵型	最大功率 kW	理论排量 t/d	推荐套管尺寸,mm 常规井	推荐套管尺寸,mm 砾石充填井
338	85.9	A-10	62	33～66	127	177.8
		A-14E	62	58～86		
		A-25E	62	90～140		
		A-30E	62	115～195		
		A-45E	79	160～240		
400	101.6	D-9	62	26～53	139.7	177.8
		D-12	62	33～66		
		D-13	62	53～80		
		D-20E	62	75～115		
		D-26	78	106～146		
		D-40	78	125～240		
		D-51	78	180～260		
		D-55E	78	190～320		
		D-82	161	280～480		
450	117.35	E-35E	99	135～200	139.7	177.8
		E-41E	99	140～235		
		E-100	161	380～560		
540	130.3	G-52E	161	210～310	177.8	244.5
		G-62E	161	240～360		
		G-90E	161	320～480		
		G-110	224	420～600		
		G-160	224	580～840		
		G-180	224	660～960		
		G-225	224	636～1140		

[**例6-1**] 某油井按开发设计的无水原油配产量为 $25m^3/d$。原油井下黏度为 $14.5mPa·s$，该油田采用注水开发，电潜泵开采，试选定生产套管尺寸。

解：(1)按式(6-1)预测高含水期日产液量 Q_L：

①$f_w = 80\%$，$Q_{L1} = 125m^3/d$；

②$f_w = 90\%$，$Q_{L2} = 250m^3/d$；

③$f_w = 95\%$，$Q_{L3} = 500m^3/d$。

(2)如果选择电潜泵开采，高含水期泵效假定为0.60，则以上3个含水率下所需泵的理论排量分别为：

①$f_w = 80\%$，$Q_{L1} = 125m^3/d$， $Q_{TL1} = 208.33m^3/d$；

②$f_w = 90\%$，$Q_{L2} = 250m^3/d$， $Q_{TL2} = 416.67m^3/d$；

③$f_w = 95\%$，$Q_{L3} = 500m^3/d$， $Q_{TL3} = 833.33m^3/d$。

(3)为了保证在高含水期也能达到稳产的要求，查表6-1可选理论排量425t/d以上的泵开采。

(4)常规井可以采用 $\phi139.7mm$ 套管，而砾石充填防砂井至少需要采用 $\phi177.8mm$ 套管。

[**例 6-2**] 某油井按开发设计的无水原油配产量为 100m³/d。原油井下黏度为 32.1mPa·s。该油田生产时出砂,采用砾石充填完井防砂,并采用注水开发,电潜泵开采,试选定生产套管尺寸。

解:(1)按式(6-1)预测高含水期日产液量 Q_L:

① $f_w = 80\%$,$Q_{L1} = 500$m³/d;
② $f_w = 85\%$,$Q_{L2} = 666.7$m³/d;
③ $f_w = 90\%$,$Q_{L3} = 1000$m³/d。

(2)如果选择电潜泵开采,高含水期泵效假定为 0.60,则以上 3 个含水率下所需泵的理论排量分别为:

① $f_w = 80\%$,$Q_{L1} = 500$m³/d,$Q_{TL1} = 833.3$m³/d;
② $f_w = 85\%$,$Q_{L2} = 666.7$m³/d,$Q_{TL2} = 1111.2$m³/d;
③ $f_w = 90\%$,$Q_{L3} = 1000$m³/d,$Q_{TL3} = 1666.7$m³/d。

(3)为了保证在高含水期也能达到稳产的要求,查表 6-2,可选相近的 G-225 型的泵开采。

(4)砾石充填防砂井至少需要采用 ϕ244.5mm 套管。

2)气举采油井生产套管尺寸设计

气举采油分单管气举、双管气举或者从油管、套管环形空间气举。气举井套管尺寸的选择步骤为:

(1)按式(6-1)预测日产液量水平 Q_L。

(2)考虑单管气举、双管气举或者从油管、套管环形空间气举,查表 6-3、表 6-4 和表 6-5,选择套管尺寸。

表 6-3 单管气举井油管、套管匹配关系

最低产液量 t/d	最高产液量 t/d	油管尺寸 mm	推荐的套管尺寸,mm	
			常规井	砾石充填井
4~8	55	25.4	139.7	177.8
8~12	96	35.2	139.7	177.8
12~20	159	40.3	139.7	177.8
31~40	397	50.8	139.7	177.8
50~80	476	60.0	139.7	177.8
80~120	636	75.9	139.7	177.8
159~240	1590	101.6	177.8	244.5

表 6-4 双管气举井油管、套管匹配关系

气举油管 1 尺寸,mm	气举油管 2 尺寸,mm	推荐的最小套管尺寸,mm
25.4	25.4~63.5	139.7
35.2	25.4~63.5	139.7
40.3	25.4~63.5	139.7
50.8	25.4~63.5	139.7~177.8*
63.5	25.4~63.5	139.7~177.8*

续表

气举油管1尺寸,mm	气举油管2尺寸,mm	推荐的最小套管尺寸,mm
76.2	25.4~63.5	177.8~244.5*
101.6	25.4~63.5	177.8~244.5*
139.7	25.4~63.5	244.5~298.5*
76.2	76.2	244.5
101.6	76.2	273.05

* 如果油管2取大值,则套管也取较大一级。例如,油管1为2in,油管2为2¼in,则套管取7in,其余相同。

表6-5 从油管、套管环形空间气举井油管、套管匹配关系

最低产液量,t/d	最高产液量,t/d	油管尺寸,mm	套管尺寸,mm
476	1270	60.3	139.7
795	2380	60.3	177.8
636	1900	73	177.8
500	1590	88.9	177.8

[例6-3] 某油井有上、下两层油层。设计采用双管气举方式同井分层开采。经预测上油层的日产液量水平 $Q_{L1}=450\text{m}^3/\text{d}$,下油层的日产液量水平 $Q_{L2}=1000\text{m}^3/\text{d}$。试选择生产套管尺寸。

解: 从表6-3中可知,上油层宜选用尺寸为60.0mm的油管,下油层可选尺寸为101.6mm的油管。两油管直径之和已达到161.6mm,考虑油管之间、油管与套管之间的间隙要密封,最低限度要选择244.5mm(9⅝in)的生产套管(表6-5)。

二、从增产措施目的出发校核油管尺寸和生产套管尺寸

按照上述做法选定了油管和生产套管后,还应该校核该油管和生产套管尺寸是否满足增产措施的需要。因为对于深井和高破裂压力井,为了方便压裂施工,也需要大尺寸的油管和生产套管。当然,如果不考虑增产措施,则不进行校核。

从满足增产措施需要出发所确定的油管和生产套管尺寸,是指对某些高破裂压力井(深井、超深井或高破裂压力梯度井)在今后实施水力压裂作业时进行油管尺寸的校核。根据流体力学公式,可以推导出水力压裂施工时所需的井口泵压计算公式为:

$$p_p = \alpha H + 2.3 \times 10^{-7} f \frac{HQ^2}{D^5} - \frac{\gamma H}{100} \tag{6-3}$$

式中 p_p——压裂施工时所需的井口泵压,MPa;
α——破裂压力梯度,MPa/m;
H——油层中部深度(井深),m;
f——摩擦阻力系数,可根据流体力学公式计算;
Q——泵排量,m^3/min;
D——油管内径,m;
γ——压裂液相对密度。

分析式(6-3)可知,当破裂压力梯度 α 很大、井很深(H 很大)或油管内径 D 很小时,井口泵压将会很高。由于压裂车在规定排量下的泵压是一定的,由此可以求出现有压裂设备条件

所许可的最小油管内径 D：

$$D = \left(\frac{2.3 \times 10^{-7} fHQ^2}{p_p - \alpha H + \gamma H/100}\right)^{0.2} \tag{6-4}$$

摩擦阻力系数 f 的计算公式为：

$$f = f_f \cdot K \tag{6-5}$$

式中 f_f——清水的摩擦阻力系数；

K——修正系数，表示压裂液摩擦阻力系数与清水摩擦阻力系数的比值，不同的压裂液体系有不同的降阻系数，一般在40%～80%的范围。

清水的摩擦阻力系数 f_f 可根据有关水力学公式计算。

由此，根据表6-6得出满足增产措施需要的油管尺寸和生产套管尺寸。

表6-6 油井油管尺寸和生产套管尺寸匹配

油管尺寸，mm	≤60.3	63.5	73.0	88.9	101.6	114.3
生产套管尺寸，mm	127	139.7	139.7	168.3～177.8	177.8	177.8

三、综合选择油管尺寸和生产套管尺寸

上述根据人工举升方式确定了生产套管尺寸 D_{C1}，又根据增产措施的需要确定了生产套管尺寸 D_{C2}，所要求的生产套管尺寸 D_C 为：

$$D_C = \max\{D_{C1}, D_{C2}\}$$

上述 D_C 即为所选定的生产套管尺寸。

[例6-4] 某油井按照开发设计的原油配产量为 $25m^3/d$。原油井下黏度为 14.5mPa·s。油井不出砂。该油田采用注水开发。考虑压裂增产。假设压裂车最高井口泵压为 80MPa，排量为 $3m^3/min$，该井井深 6000m，压裂液密度为 $1.05g/cm^3$，破裂压力梯度为 0.023MPa/m，压裂液摩擦阻力系数与清水摩擦阻力系数的比值为 60%，试选定生产套管尺寸。

解：接[例6-1]，根据人工举升方式确定的生产套管 $D_{C1}=139.7mm$。根据增产措施的需要由式(6-4)计算出油管内径为 112.13mm，查表6-6，可以选择接近尺寸为 114.3mm 的油管，相应的生产套管尺寸 $D_{C2}=177.8mm$。

综合考虑，确定该井生产套管尺寸为 177.8mm。

第三节 稠油开采井套管尺寸优选

稠油是沥青基原油，由于胶质沥青质含量高，黏度大，所以流动性差，有的甚至根本不能流动。但稠油黏度对温度的变化敏感，随着温度的升高或降低，原油黏度会急剧降低或增大。由于稠油这种固有的特性，使得开采与常规轻质油大不相同，也使开采过程复杂化。目前，我国主要采用两种开采方式：常规注水开发和注蒸汽热采。而在国外，除了采用这两种开采方式外，还有采用火烧油层技术以及稠油出砂冷采技术开采的。

一、稠油注水开发

对于原油黏度较小（地层条件下黏度小于 150mPa·s）的稠油，一般采用常规注水开发方

式,因为这种稠油在油藏内一般都含有较高的溶解气,虽然地面原油黏度可达几千厘泊,但在地层内仍具有一定的流动能力。注水开发技术成熟、工艺简单,相比之下投资少,经济效益较好,因此是首选的开采方式。例如,我国胜利油区的孤岛、孤东、埕东及胜坨等油田;辽河油区的锦 99 块、牛心坨及海外河等油田均采用常规注水开发,经过不断调整,都取得了较好的开发效果。

由于胶质和沥青质分子之间的摩擦阻力大,所以稠油的流动性差。流体在油管中流动时摩擦水头损失由下列水力学公式计算:

$$H_f = f \frac{L}{D} \cdot \frac{v^2}{2g} \tag{6-6}$$

式中 H_f——摩擦水头损失,m;
　　　f——摩擦阻力系数;
　　　L——油管下入深度,m;
　　　D——油管内径,m;
　　　v——流体流速,m/s。

从式(6-6)可以看出,原油黏度越高,摩擦水头损失越大;对于相同的原油黏度,摩擦水头损失随着管中流体流速的增加而增大,随油管内径的增大而降低。因此,对于原油黏度高的稠油,要维持好的开采效果,必须采用较大内径的油管。而为了下入大直径的油管,必须采用大直径的生产套管。

二、稠油注蒸汽开发

1. 蒸汽吞吐采油

蒸汽吞吐是稠油开发中最普遍采用的方法,我国大部分稠油都是靠蒸汽吞吐采出的。在注汽阶段,注入的蒸汽将油层加热,原油黏度降低,使原来不能流动或流动性差的原油变得可流动或容易流动。当开井生产时,这些被加热降黏的原油在地层弹性能量及重力作用下流到井底。在生产井筒内,随着原油向井口流动,由于热传导作用,流体温度逐渐降低,黏度又逐渐升高。因此,在设计蒸汽吞吐油井管柱时,既要考虑生产时的抽油状况,又要考虑注汽时的井筒热损失情况。

在注汽阶段,为了减少井筒热损失,提高井底蒸汽干度,通常要下入隔热油管,这样井筒管柱就由油管、套管及隔热管组成。不同管柱尺寸的总传热不同,隔热管的隔热层厚度及环空大小将起着重要作用。不同井筒结构尺寸的总传热系数(表 6-7)说明,总体管柱尺寸越小,传热系数越大,井筒热损失越大。

表 6-7 不同井筒结构尺寸的总传热系数

序号	井筒结构尺寸 in	隔热层厚 mm	环空间隙 mm	不同注汽温度下的总传热系数,W/(m²·K)		
				250℃	300℃	350℃
1	7×2⅜×4	17	28.7	1.91	2.52	2.67
2	7×2⅞×4	10.5	28.7	4.13	4.48	4.78
3	7×2⅞×4½	16	22.5	3.58	3.79	4.02
4	5½×2⅜×3½	10.4	17.7	4.18	4.85	5.41
5	5½×2⅜×4	16.8	11.1	3.99	4.01	4.33

在7in套管中使用2⅜in×4in隔热管,由于隔热层厚度较大而隔热效果比2⅞in×4in隔热管要好,但在深井中机械强度要比2⅞in油管小,注汽管柱安全载荷较小,而且由于小直径油管中流速高、摩阻大,蒸汽沿井筒压降增大,造成井底蒸汽压力降低。因此,在保证良好隔热效果的前提下,应尽量采用大直径管柱进行注汽,并为转抽创造条件。

在采油阶段,由于蒸汽吞吐是一种依靠天然能量进行强化开采的,产液量很高,因此,所采取的一切工艺措施应以延长高峰期采油时间为目标,提高吞吐开采效果。这样就对油管尺寸提出了要求,也就是说,油管的大小应能满足油层排液的要求,使注入的水尽可能排出来。对于小直径油管,由于流量大,抽油杆所受液体的摩擦力很大。为了减小摩擦,只能使用大直径的油管。因此,对于蒸汽吞吐采油,无论是注蒸汽阶段,还是生产阶段,都要采用大直径管柱,提高吞吐开采效果。

2. 蒸汽驱采油

蒸汽驱是稠油油藏注蒸汽开采的一种主要方式,当蒸汽吞吐开采到一定程度时,随着地层压力的下降及含水饱和度的增大,其效果逐渐变差,若想进一步提高原油采收率,必须转入蒸汽驱。室内研究及矿场实践表明,生产井的排液能力是影响蒸汽驱开发效果的一个重要因素,生产井的排液速度必须大于注汽速度;采注比必须达到1.2~2,蒸汽驱才能取得良好的开采效果。例如,辽河曙光油田杜66块蒸汽驱先导试验区优选的最优注汽速度为135t/d,在这个注汽速度下,生产井不同排液能力下的蒸汽驱生产效果(表6-8)表明,当生产井的排液速度小于或等于注汽速度(即采注比≤1)时,蒸汽驱的开发效果均很差,油汽比低,采收率低;当生产井的排液速度大于注汽速度(即采注比>1.2)时,蒸汽驱生产效果逐渐变好。

综合上述可以看出,任何一种稠油开采方法,都需要采用大直径的生产套管。对海洋油气田,推荐的做法是:不防砂的或者采用筛管类防砂的稠油井,一般采用尺寸为177.8~244.5mm套管;而砾石充填防砂井,采用尺寸为244.5mm以上的套管。

表6-8 生产井排液速度对蒸汽驱效果影响

排液速度 t/d	生产时间 d	累积注汽 t	累积采油 t	平均产油 t/d	油汽比	采收率 %	采注比	净增产油量 t
80	126	17010	2410	19.1	0.142	4.1	0.59	992
100	147	19845	2860	19.5	0.144	4.8	0.74	1206
120	218	29430	3870	17.8	0.132	6.5	0.89	1417
140	304	41040	5190	17.1	0.126	8.7	1.04	1770
160	1341	181035	23050	17.2	0.127	38.8	1.18	7963
180	788	106380	16390	20.8	0.154	27.6	1.33	7525
200	751	101385	16010	21.3	0.158	26.8	1.48	7561
220	706	95310	15150	21.5	0.159	25.5	1.63	7207

习 题

1. 某油井按开发设计的无水原油配产量为$80m^3/d$。原油井下黏度为122.6mPa·s。该油田生产时出砂,采用砾石充填完井防砂,并采用注水开发,电潜泵开采。试设计生产套管尺寸。

2. 某油井按开发设计的无水原油配产量为$60m^3/d$。原油井下黏度为12.7mPa·s,该油田生产时不出砂,不采用防砂完井,并采用注水开发,电潜泵开采。试设计生产套管尺寸。

第七章 油气层保护

如前所述，从钻开油气层开始一直到投产都属于完井工程的内容，因此，在钻开油气层以及在针对油气层进行完井的过程中，必须重视油气层保护，以便投产后获得较高的产能。

本章主要讲述油气层伤害的敏感性评价与室内评价以及钻井过程和完井过程中的油气层保护要点。

通常来说，在油气钻井、完井(也包括修井、增产改造及开发生产全过程)过程中，造成流体产出或注入能力显著下降的现象称为油气层伤害。狭义的油气层伤害，特指油气层渗透率下降，其实质包括绝对渗透率下降和相对渗透率下降。

油气层伤害的室内评价是借助于各种仪器设备测定油气层岩石与外来工作液作用前、后渗透率的变化，或者测定油气层物化环境发生变化前、后渗透率的改变，来认识和评价油气层伤害的一种重要手段。其目的是弄清油气层潜在的伤害因素和伤害程度，并为伤害机理分析提供依据。或者在施工之前比较准确地评价工作液对油气层的伤害，这对于优化后继的各类作业措施和设计以及保护油气层系统工程技术方案，具有非常重要的意义。油气层伤害的室内评价主要包括油气层敏感性评价以及工作液对油气层的伤害评价。

为了正确地评价油气层伤害，不能简单地任选岩心来做实验。用于实验的岩心性质必须能代表所要评价的油气层性质。实验岩心的正确选择要经过以下两个环节：

(1)岩样的准备。

从井场取回的岩心须先进行如下几步准备工作：

①对井场或库房中保存的岩心进行选取；
②实验室岩样的交接；
③岩心检测；
④岩样钻取；
⑤岩样的清洗(洗油，洗盐)；
⑥岩样烘干；
⑦用 CMS-300 岩心渗透率仪或其他孔渗测定仪测定各个岩样的孔隙度 ϕ 和气体渗透率 K，并求出每块岩心的克氏渗透率 K_∞。

(2)岩样的选取。

对已测 K、ϕ 的各个岩样作 K—ϕ 关系图，画出回归曲线，在曲线上找出要用的岩心样品号码。再根据测井和试井求出的 K、ϕ 值，选出具有代表性的岩心备用，登记好每块岩心的出处(油田、区块、层位、井深)、号码、长度、直径、干重及 K、ϕ 值。

油气层伤害的室内评价实验流程如图 7-1 所示。

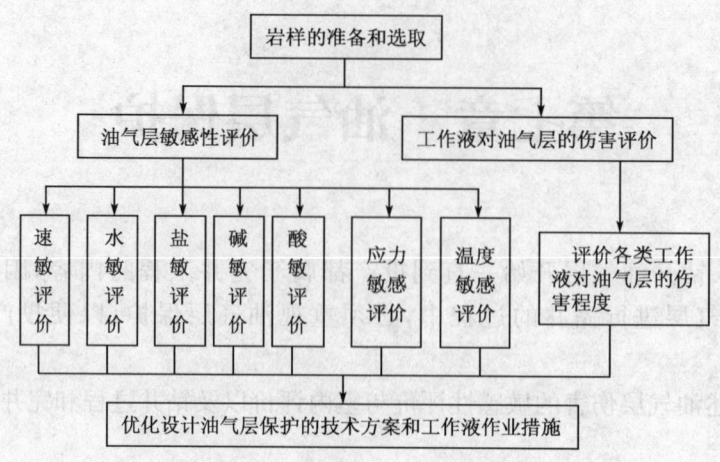

图 7-1 油气层伤害的室内评价实验流程框图

第一节 油气层敏感性评价

油气层敏感性评价通常包括速敏、水敏、盐敏、碱敏、酸敏、应力敏感和温度敏感实验等"七敏"实验,具体实验方法基本按《储层敏感性流动实验评价方法》(SY/T 5358—2010)执行。敏感性评价的目的在于找出油气层发生敏感的条件以及由敏感引起的油气层伤害程度,为各类工作液的设计、油气层伤害机理分析以及制订系统的油气层保护技术方案提供科学依据。敏感实验是评价和诊断油气层伤害的最重要手段之一。一般说来,对每一个区块,都应做"七敏"实验。

一、速敏评价实验

1. 速敏概念以及速敏实验目的

油气层的速敏性是指在钻井、测试、试油、采油、增产措施、注水等作业或生产过程中,当流体在油气层中流动时,引起油气层中微粒运移并堵塞喉道造成油气层渗透率下降的现象。对于特定的油气层,由于油气层中微粒运移造成的伤害主要与油气层中流体的流动速度有关,因此速敏评价实验的目的在于:

(1)找出由于流速作用导致微粒运移从而发生伤害的临界流速,以及找出由速度敏感引起的油气层伤害程度。

(2)为以下的水敏、盐敏、碱敏、酸敏 4 种实验及其他的各种伤害评价实验确定合理的实验流速提供依据。一般来说,由速敏实验求出临界流速后,可将其他各类评价实验的实验流速定为 0.8 倍临界流速,因此速敏评价实验必须要先于其他实验。

(3)为确定合理的注采速度提供科学依据。

2. 原理及做法

以不同的注入速度向岩心中注入实验流体,水速敏用地层水,油速敏用煤油或实际地层原油,测定各个注入速度下岩心的渗透率,从注入速度与渗透率的变化关系上判断岩心对流速的敏感性,并找出渗透率明显下降的临界流速。如果流量 Q_{i-1} 对应的渗透率 K_{i-1},与流量 Q_i 对

应的渗透率 K_i 满足式：

$$\frac{K_{i-1} - K_i}{K_{i-1}} \times 100\% \geqslant 5\% \tag{7-1}$$

则说明已发生敏感,流量 Q_{i-1} 即为临界流量。

伤害程度的计算见式(7-2)：

$$D_{K1} = \frac{\overline{K}_{w1} - K_{min}}{\overline{K}_{w1}} \times 100\% \tag{7-2}$$

式中 D_{K1}——速敏引起的渗透率伤害率；

$\overline{K}_{w1}$——临界流速前岩样渗透率的算术平均值, $10^{-3}\mu m^2$；

K_{min}——临界流速后岩样渗透率的最小值, $10^{-3}\mu m^2$。

因速敏性引起的渗透率伤害程度评价标准见表 7-1。

表 7-1 速敏伤害程度评价指标

渗透率伤害率 D_{K1},%	≤5	5～30	30～50	50～70	>70
伤害程度	无	弱	中等偏弱	中等偏强	强

3. 实例

某油田岩心速敏实验结果与分析评价见表 7-2。

表 7-2 某油田岩心速敏实验结果与分析评价

岩心号	$\overline{K}_{w1}$, $10^{-3}\mu m^2$	K_{min}, $10^{-3}\mu m^2$	D_{K1},%	伤害程度
1	13.91	9.91	28.76	弱
2	24.54	11.87	51.63	中等偏弱
3	37.12	10.89	70.66	强

4. 实验结果的应用

敏感实验结果的应用见表 7-3。

表 7-3 敏感实验结果的应用

项 目	在保护油气层技术方向上的应用
速敏实验 (包括油速敏和水速敏)	1. 确定其他几种敏感性实验(水敏、盐敏、酸敏、碱敏)的实验流速； 2. 确定油气井不发生速敏伤害的临界流量； 3. 确定注水井不发生速敏伤害的临界注入速率,如果临界注入速率太小,不能满足配注要求,应考虑增注措施
水敏实验	1. 如无水敏,进入地层工作液的矿化度只要小于地层水矿化度即可,不作严格要求； 2. 如果有水敏,则必须控制工作液的矿化度大于临界矿化度 C_{c1}； 3. 如果水敏性较强,在工作液中要考虑使用黏土稳定剂
盐敏实验(升高矿化度和降低矿化度的实验)	1. 对于进入地层的各类工作液都必须控制其矿化度在两个临界矿化度之间,即 C_{c1}<工作液矿化度<C_{c2}； 2. 如果是注水开发的油田,当注入小的矿化度比 C_{c1} 要小时,为了避免发生水敏伤害,一定要在注入水中加入合适的黏土稳定剂,或对注水井进行周期性的黏土稳定剂处理

续表

项 目	在保护油气层技术方向上的应用
碱敏实验	1. 对于进入地层的各类工作液都必须控制其 pH 值在临界 pH 值以下； 2. 如果是强碱敏地层，由于无法控制水泥浆的 pH 值在临界 pH 值之下，为了防止油气层伤害，建议采用屏蔽式暂堵技术； 3. 对于存在碱敏性的地层，在今后的三次采油作业中要避免使用强碱性的驱油流体（如碱水驱油）
酸敏实验	1. 为基质酸化设计提供科学依据； 2. 为确定合理的解堵方法和增产措施提供依据

二、水敏评价实验

1. 水敏概念以及水敏实验目的

油气层中的黏土矿物在原始地层条件下处在一定矿化度的环境中，当淡水进入地层时，某些黏土矿物就会发生膨胀、分散、运移，从而减小或堵塞地层孔隙和喉道，造成渗透率的降低。油气层的这种遇淡水后渗透率降低的现象，称为水敏。水敏实验的目的是了解黏土矿物遇淡水后的膨胀、分散、运移过程，找出发生水敏的条件以及水敏引起的油气层伤害程度，为各类工作液的设计提供依据。

2. 原理及评价指标

首先用地层水测定岩心的渗透率 K_{w2}，然后再用不同浓度的盐水（不得少于 5 种浓度）测定岩心的渗透率，根据盐度曲线形态确定临界盐度点 S_c，最后用淡水测定岩心的渗透率 K_w，从而确定淡水引起岩心中黏土矿物的水化膨胀及造成的伤害程度。水敏指数计算见式(7-3)：

$$I_w = \frac{\overline{K}_{w2} - K_w}{\overline{K}_{w2}} \times 100\% \tag{7-3}$$

式中 I_w ——水敏指数；

$\overline{K}_{w2}$ ——临界盐度点 S_c 前各点渗透率的算术平均值，$10^{-3} \mu m^2$；

K_w ——用蒸馏水测定的岩样渗透率，$10^{-3} \mu m^2$。

水敏性评价指标见表 7-4。

表 7-4 水敏性评价指标

水敏指数 I_w,%	≤5	5~30	30~50	50~70	70~90	>90
水敏性程度	无水敏	弱水敏	中等偏弱水敏	中等偏强水敏	强水敏	极强水敏

3. 实例

某油田岩心水敏实验结果与分析评价见表 7-5。

表 7-5 某油田岩心水敏实验结果与分析评价

岩心号	$\overline{K}_{w2}$,$10^{-3} \mu m^2$	K_w,$10^{-3} \mu m^2$	I_w,%	伤害程度
4	14.98	9.32	37.78	中等偏弱水敏
5	24.78	11.22	54.72	中等偏强水敏
6	33.19	8.02	75.84	强水敏

4. 实验结果的应用

水敏实验结果的应用见表7-3。

三、盐敏评价实验

1. 盐敏概念以及盐敏实验目的

在钻井、完井及其他作业中,各种工作液具有不同的矿化度,有的低于地层水矿化度,有的高于地层水矿化度。当高于地层水矿化度的工作液滤液进入油气层后,将可能引起黏土的收缩、失稳、脱落;当低于地层水矿化度的工作液滤液进入油气层后,则可能引起黏土的膨胀和分散。这些都将导致油气层孔隙空间和喉道的缩小及堵塞,引起渗透率的下降,从而伤害油气层。因此,盐敏评价实验的目的是找出盐敏发生的条件以及由盐敏引起的油气层伤害程度,为各类工作液的设计提供依据。

2. 原理及评价指标

通过向岩心注入不同矿化度等级的盐水(按地层水的化学组成配制)并测定各矿化度下岩心对盐水的渗透率,根据渗透率随矿化度的变化来评价盐敏伤害程度,找出盐敏伤害发生的条件。根据实际情况,一般要作升高矿化度和降低矿化度两种盐敏评价实验。对于升高矿化度的盐敏评价实验,第一级盐水为地层水,将盐水按一定的浓度差逐级升高矿化度,直至找出临界矿化度 C_{c2} 或达到工作液的最高矿化度为止。对于降低矿化度的盐敏评价实验,第一级盐水仍为地层水,将盐水按一定的浓度差逐级降低矿化度,直至注入液的矿化度接近零为止,求出临界矿化度为 C_{c1}。

如果矿化度 C_{i-1} 对应的渗透率 K_{i-1} 与矿化度 C_i 对应的渗透率 K_i 之间满足下述关系:

$$\frac{K_{i-1}-K_i}{K_{i-1}}\times 100\% \geqslant 5\% \tag{7-4}$$

则说明已发生盐敏,并且矿化度 C_{i-1} 即为临界矿化度 C_c。按此标准,在升高矿化度实验时可以确定临界矿化度 C_{c2},而在降低矿化度实验时可以确定临界矿化度 C_{c1}。伤害程度的计算方法同式(7-2),评价指标见表7-1。

该评价方法增加了升高矿化度的盐敏评价过程,但对地层水矿化度较高的油气层,由于工作液的矿化度一般不会超过地层水的矿化度,因此最高矿化度可以设计为地层水矿化度的120%。

3. 实例

某油田岩心盐敏实验结果与分析评价见表7-6。

表7-6 某油田岩心盐敏实验结果与分析评价

岩心号	矿化度,10^4mg/L	0.4	0.5	0.7	1.0	2.0
7	K,$10^{-3}\mu m^2$	2.1	1.92	1.50	1.48	1.43
	伤害程度,%	—	8.57	28.57	29.52	31.90
8	K,$10^{-3}\mu m^2$	3.52	2.49	2.04	1.89	1.84
	伤害程度,%	—	29.26	42.05	46.31	47.73
9	K,$10^{-3}\mu m^2$	2.07	0.62	0.58	0.54	0.51
	伤害程度,%	—	70.05	71.98	73.91	75.36

从表7-6来看,参考表7-1的标准,岩心号为7的升高矿化度盐敏伤害程度为中等偏弱,岩心号为8的盐敏伤害程度为中等偏弱,岩心号为9的盐敏伤害程度为强。

4. 实验结果的应用

盐敏实验结果的应用见表7-3。

四、碱敏评价实验

1. 碱敏概念以及碱敏实验目的

地层水pH值一般呈中性或弱碱性,而大多数钻井液的pH值在8~12之间,二次采油中的碱水驱也有较高的pH值。当高pH值流体进入油气层后,将造成油气层中黏土矿物和硅质胶结的结构被破坏(主要是黏土矿物解理和胶结物溶解后释放微粒),从而造成油气层的堵塞伤害。此外,大量的氢氧根与某些二价阳离子结合会生成不溶物,造成油气层的堵塞伤害。因此,碱敏评价实验的目的是找出碱敏发生的条件,主要是临界pH值,以及由碱敏引起的油气层伤害程度,为各类工作液的设计提供依据。

2. 原理及评价指标

通过注入不同pH值的地层水并测定其渗透率,根据渗透率的变化来评价碱敏伤害程度,找出碱敏伤害发生的条件。

以pH值为横坐标,不同pH值碱液测定的岩样渗透率为纵标,作出碱度曲线。在碱度曲线上,岩心渗透率开始下降时,相应点的前一个pH值为临界pH值。pH值变化产生的碱敏指数计算见式(7-5):

$$I_b = \frac{K_{w0} - K''_{min}}{K_{w0}} \times 100\% \tag{7-5}$$

式中 I_b——碱敏指数;
  K_{w0}——初始地层水测定的岩样渗透率,$10^{-3}\mu m^2$;
  K''_{min}——系列碱液测定的岩样渗透率最小值,$10^{-3}\mu m^2$。

碱敏实验评价指标见表7-7。

表7-7 碱敏伤害程度评价指标

碱敏指数 I_b,%	≤5	5~30	30~50	50~70	>70
伤害程度	无	弱	中等偏弱	中等偏强	强

3. 实例

某油田岩心碱敏实验结果与分析评价见表7-8。

表7-8 某油田岩心碱敏实验结果与分析评价

岩心号	K_{w0},$10^{-3}\mu m^2$	K''_{min},$10^{-3}\mu m^2$	I_b,%	伤害程度
10	16.98	9.67	43.05	中等偏弱碱敏
11	25.12	11.56	53.98	中等偏强碱敏
12	33.67	8.03	76.15	强碱敏

4. 实验结果的应用

碱敏实验结果的应用见表7-3。

五、酸敏评价实验

1. 酸敏概念以及酸敏实验目的

酸化是油田广泛采用的解堵和增产措施,酸液进入油气层后,一方面可改善油气层的渗透率,另一方面又与油气层中的矿物及地层流体反应产生沉淀并堵塞油气层的孔喉。油气层的酸敏性是指油气层与酸作用后引起渗透率降低的现象。因此,酸敏实验的目的是研究各种酸液的酸敏程度,其本质是研究酸液与油气层的配伍性,为油气层基质酸化和酸化解堵设计提供依据。

2. 原理及评价指标

酸敏实验包括鲜酸(一定浓度的盐酸、土酸)和残酸(可用鲜酸与另一块岩心反应后制备)的敏感实验。现行行业标准的具体做法是:

(1) 用地层水测基础渗透率 K_1(正向);
(2) 反向注入 0.5～1.0 倍孔隙体积的酸液,关闭阀门反应 1～3h;
(3) 用地层水正向测出恢复渗透率 K_2。

经过几年的工作后,建议将这种做法改为:

(1) 用地层水测基础渗透率,再用煤油测出酸作用前的渗透率 K_f(正向);
(2) 反向注入 0.5～1.0 倍孔隙体积的酸液;
(3) 用煤油正向测出恢复渗透率 K_{ad}。

酸敏指数计算见式(7-6),评价指标见表 7-9。

$$I_a = \frac{K_f - K_{ad}}{K_f} \times 100\% \tag{7-6}$$

式中 I_a——酸敏指数;
K_f——初始煤油测定的岩样渗透率,$10^{-3}\mu m^2$;
K_{ad}——注酸后煤油测定的岩样渗透率,$10^{-3}\mu m^2$。

表 7-9 酸敏伤害程度评价指标

酸敏指数 I_a,%	≈0	0～15	15～30	30～50	>50
伤害程度	弱酸敏	中等偏弱酸敏	中等偏强酸敏	强酸敏	极强酸敏

3. 实例 5

某油田岩心酸敏实验结果与分析评价见表 7-10。

表 7-10 某油田岩心酸敏实验结果与分析评价

岩心号	K_f,$10^{-3}\mu m^2$	K_{ad},$10^{-3}\mu m^2$	I_a,%	伤害程度
13	15.12	13.89	8.13	中等偏弱酸敏
14	22.23	18.12	18.48	中等偏强酸敏
15	28.56	16.67	41.63	强酸敏

4. 实验结果的应用

酸敏实验结果的应用见表 7-3。

需要注意的是,酸敏评价不同于酸化,酸化时采用的实际酸液的伤害评价与本章第二节工作液对油气层的伤害评价相同。

六、应力敏感性评价实验

1. 应力敏感概念以及应力敏感实验目的

前述的速敏、水敏、盐敏、碱敏、酸敏"五敏"实验主要研究储层矿物与流体作用的结果。而应力敏感性则考察在施加一定的有效应力时,岩样的物性参数随应力变化而改变的性质。它反映了岩石孔隙几何学及裂缝壁面形态对应力变化的响应。因此,应力敏感性评价的目的在于:

(1)准确评价储层,通过模拟围压条件测定孔隙度,可以将常规孔隙度值转换成原地条件,有助于储量评价。

(2)求出岩心在原地条件下的渗透率,便于建立岩心渗透率 K_c 与测试渗透率 K_e 的关系,对认识 K_e 和地层电阻率也有帮助。

(3)为确定合理的生产压差提供依据。

2. 原理及评价指标

应力敏感性评价的具体方法如下:

(1)选择实验岩心,测量长度、直径等。

(2)选择有效应力实验点 σ_i 分别为 800psi(1psi=6894.76Pa)、1000psi、2000psi、3000psi、4000psi、5000psi、6000psi 以及 7000psi。

(3)在 CMS-300 全自动岩心测试装置上进行,用氮气测出各实验应力值 σ_i 下的渗透率 K_i 和孔隙度。

为了清晰地反映应力敏感性的不同,用无量纲渗透率(K_i/K_{1000})的立方根与应力的对数作图,可得 $(K_i/K_{1000})^{1/3}$ 与 $\lg\sigma_i$ 的线性关系,具体如下:

$$K_i = K_{1000}\left(1 - S_s \lg \frac{\sigma_i}{1000}\right)^3 \qquad (7-7)$$

$$S_s = \frac{1 - \left(\frac{K_i}{K_{1000}}\right)^{1/3}}{\lg \frac{\sigma_i}{1000}} \qquad (7-8)$$

式中 K_{1000}——应力 1000psi 所对应的渗透率,$10^{-3}\mu m^2$;
S_s——斜率。

S_s 值的增加,意味着有效应力的影响增大,即岩心的应力敏感性变强。通过 S_s 值可以较直观地说明岩心的应力敏感性强弱。应力敏感程度评价指标见表 7-11。

表 7-11 应力敏感程度评价指标

S_s	≤0.3	0.3~0.7	0.7~1.0	≥1.0
应力敏感程度	弱	中等	强	极强

3. 实例

某油田岩心应力敏感实验结果与分析评价见表 7-12。

表 7-12　某油田应力敏感性实验结果与分析评价

岩心号	应力为 6.9MPa 下渗透率 $10^{-3}\mu m^2$	应力为 127.6MPa 下渗透率 $10^{-3}\mu m^2$	S_s	应力敏感程度
16	5.11×10^{-2}	5.84×10^{-3}	0.85	强
17	6.42×10^{-2}	1.23×10^{-2}	0.70	强
18	8.09×10^{-2}	1.47×10^{-2}	0.72	强

七、温度敏感性评价实验

1. 温度敏感概念以及温度敏感实验目的

在钻井、完井过程中,由于外来流体进入油气层,可使近井筒附近的地层温度下降,从而对地层产生一定的影响,主要体现在以下几个方面:

(1)由于地层温度下降,导致有机结垢。

(2)由于地层温度下降,导致无机结垢。

(3)由于地层温度下降,导致地层中的某些矿物发生变化。

因此,温度敏感就是指由于外来流体进入地层引起温度下降,从而导致地层渗透率发生变化的现象,而实验的目的就在于研究这种温度敏感引起的地层伤害程度。

2. 原理及评价指标

温度敏感性评价比较复杂,整个实验装置都必须在恒温箱内完成。实验流体有两类,一类是用地层水来进行实验,另一类是用地层原油来进行实验。当实验流体为地层水时,其具体方法如下:

(1)选择实验岩心,测量长度、直径等。

(2)选择实验温度点分别为 T_1、T_2、T_3、T_4、T_5、T_6,其中,T_1 为地层温度,T_6 为地面温度,每点之间的温差为 $\Delta T=(T_6-T_1)/5$。

(3)在实验温度点 T_1 时,在低于临界流速的条件下,用地层水测出岩心稳定渗透率 K_1。

(4)改变实验温度(必须保持恒温 2h 以上),重复第(3)步,直至测出最后一个实验温度点 T_6 所对应的岩心稳定渗透率 K_6。

如果 T_{i-1} 对应的渗透率 K_{i-1} 与 T_i 对应的渗透率 K_i 之间满足式(7-1)的条件,说明已发生温度敏感,则 T_{i-1} 即为临界温度值。伤害程度的计算方法与式(7-2)相同,评价指标目前尚无统一的标准,可以用表 7-1 的标准来评定。

当实验流体为地层原油时,其具体方法如下:

(1)选择实验岩心,测量长度、直径等。

(2)选择实验温度点分别为 T_1、T_2、T_3、T_4、T_5、T_6,其中,T_1 为地层温度,T_6 为地面温度,每点之间的温差为 $\Delta T=(T_6-T_1)/5$。

(3)岩心抽真空饱和地层水。

(4)在实验温度点 T_1 时,在低于临界流速的条件下,用地层原油驱替岩心,建立束缚水饱和度,然后测出原油稳定有效渗透率 K_1。

(5)改变实验温度(必须保持恒温 2h 以上),重复第(4)步,直至测出最后一个实验温度点 T_6 所对应的原油稳定有效渗透率 K_6。

如果 T_{i-1} 对应的渗透率 K_{i-1} 与 T_i 对应的渗透率 K_i 之间满足式(7-1)的条件,说明已发生温度敏感,则 T_{i-1} 即为临界温度值。伤害程度的计算方法与式(7-2)相同,评价指标也可以用表 7-1 的标准来评定。本项实验主要研究外来流体对地层的"冷却效应"。

第二节 工作液对油气层的伤害评价

本节所述的工作液包括钻井液、水泥浆、完井液、压井液、洗井液、修井液、射孔液、酸液、压裂液等。主要是借助于各种仪器设备,预先在室内评价工作液对油气层的伤害程度,达到优选工作液配方和施工工艺参数的目的。

一、工作液的静态伤害评价

工作液的静态伤害评价主要利用各种静滤失实验装置测定工作液滤入岩心前、后渗透率的变化,用以评价工作液对油气层的伤害程度并优选工作液配方。实验时,要尽可能模拟地层的温度和压力条件。用式(7-9)来计算工作液的伤害程度。

$$R_s = \left(1 - \frac{K_{op}}{K_o}\right) \times 100\% \tag{7-9}$$

式中 R_s——伤害程度,%;

K_{op}——伤害后岩心的油相有效渗透率,$10^{-3}\mu m^2$;

K_o——伤害前岩心的油相有效渗透率,$10^{-3}\mu m^2$。

R_s 值越大,伤害越严重,评价指标同表 7-1。

二、工作液的动态伤害评价

在尽量模拟地层实际工况条件下,评价工作液对油气层的综合伤害(包括液相和固相及添加剂对油气层的伤害),为优选伤害最小的工作液和最优施工工艺参数提供科学的依据。动态伤害评价与静态伤害评价相比能更真实地模拟井下实际工况条件下工作液对油气层的伤害过程,两者的最大差别在于工作液伤害岩心时状态不同。静态评价时工作液为静止的,而动态评价时工作液处于循环或搅动的运动状态,显然后者的伤害过程更接近现场实际,其实验结果对现场更具有指导意义。动态情况下,计算伤害程度 R_s 仍然利用式(7-9),评价指标也同样利用表 7-1。

国内已形成商品的动态伤害评价仪,有西南石油大学研制的 SW-Ⅰ型和 SW-Ⅱ型动态伤害评价仪。

三、用多点渗透率仪测量伤害深度和伤害程度

上述两种仪器得出的结果反映了沿整个岩心长度上的平均伤害程度,但渗透率的降低并不一定在整个岩心长度上,也许只在前面某一段。因此,准确地测出工作液侵入岩心的真实伤害深度,对于指导今后的生产具有非常重要的意义。目前,国外广泛采用多点渗透率仪来测量工作液侵入岩心的伤害深度和伤害程度,它的工作原理如图 7-2 所示。

将数块岩心装入多点渗透率仪的夹持器内组成长岩心,测量伤害前的基线渗透率曲线,然后用工作液伤害岩心,再测伤害后的恢复渗透率曲线,利用伤害前、后渗透率曲线对比求伤害深度和伤害程度,如图 7-3 所示。

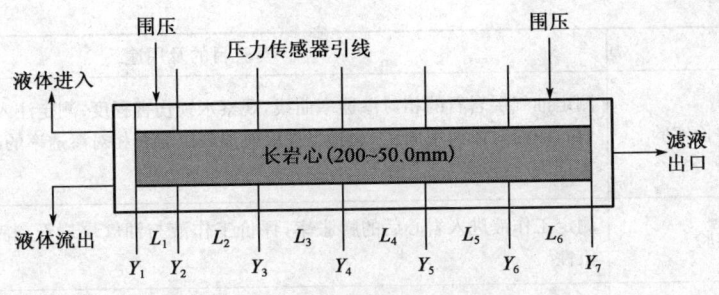

图7-2　多点渗透率仪工作原理示意图

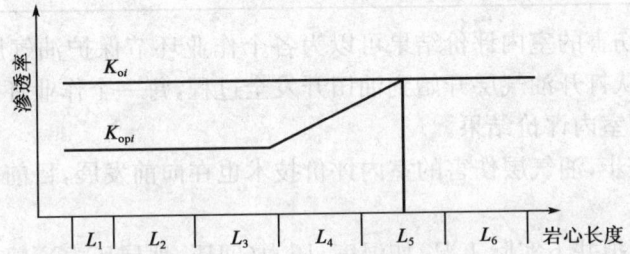

图7-3　利用伤害前、后渗透率曲线对比求伤害深度

K_{oi}—伤害前基线渗透率曲线；
K_{opi}—伤害后恢复渗透率曲线

$$伤害深度 = L_1 + L_2 + L_3 + L_4 + 0.5L_5$$

$$分段污染程度\ R_{si} = \left(1 - \frac{K_{opi}}{K_{oi}}\right) \times 100\%$$

式中，$i = 1, 2, \cdots, 6$。

利用此实验结果与试井数据对比，可以更准确地确定油气层伤害深度和伤害程度。

四、其他评价实验简介

以下将简单介绍正反向流动实验、体积流量评价实验、系列流体评价实验、酸液评价实验、润湿性评价实验、相对渗透率曲线评价、膨胀率评价实验、离心法测毛管压力快速工作液评价实验等。各实验的目的及用途见表7-13。

表7-13　油气层伤害的其他评价实验

实验项目	实验目的及用途
正反向流动实验	观察岩心中微粒受流体流动方向的影响及运移产生的渗透率伤害情况
体积流量评价实验	在低于临界流速的情况下，用大量的工作液流过岩心，考察岩心胶结的稳定性；用注入水作实验可评价油气层岩心对注入水量的敏感性
系列流体评价实验	了解油气层岩心按实际工程施工顺序与各种外来工作液接触后所造成的总的伤害及其程度
酸液评价实验	按酸化施工注液工序向岩心注入酸液，在室内预先评价和筛选保护油气层的酸液配方
润湿性评价实验	通过测定注入工作液前、后油气层岩石的润湿性，观察工作液对油气层岩石润湿性的改变情况

续表

实验项目	实验目的及用途
相对渗透率曲线评价实验	测定油气层岩石的相对渗透率曲线,观察水锁伤害程度;测定注入工作液前、后油气层岩石的相对渗透率曲线,观察工作液对油气层岩石相对渗透率的改变及由此发生的伤害程度
膨胀率评价实验	测定工作液进入岩心后的膨胀率,评价工作液与油气层岩石(特别是黏土矿物)的配伍性
离心法测毛管压力快速评价工作液实验	用离心法测定工作液进入油气层岩心前、后毛管压力的变化情况,快速评价油气层的伤害

综上所述,油气层伤害的室内评价结果可以为各个作业环节保护油气层技术方案的制定提供依据。也就是说,从打开油气层开始到油田开发全过程,每一个作业环节的油气层保护技术方案的确定都要利用室内评价结果。

随着技术的不断进步,油气层伤害的室内评价技术也在向前发展,目前已形成了如下几个发展方向:

(1)全模拟实验,模拟井下实际工况,如温度、压力(回压、地层压力),剪切条件下的油气层伤害评价。

(2)多点渗透率仪的应用,由短岩心向长岩心发展。

(3)小尺寸岩心向大尺寸岩心发展。

(4)实验的自动化,广泛引入计算机数据采集。

(5)计算机数学模拟与室内物理模拟相结合。

(6)利用地层实际流体(地层水、地层原油)。例如,速敏实验中的油速敏,在模拟实际地层温度下用实际地层原油来进行实验。

(7)完全模拟地层温度、压力条件下的敏感性评价,同时增加回压。

第三节 钻开油气层过程中的油气层保护

如前所述,从钻开油气层开始到投产都属于完井工程的范畴。钻开油气层过程中降低油气层伤害是保护油气层系统工程的第一个工程环节,其目的是交给试油或采油部门一口无伤害或低伤害、固井质量优良的油气井。油气层伤害具有累加性,钻开油气层过程中对油气层的伤害不仅影响油气层的及时发现以及油气井的初期产量,还会对后续完井作业的效果带来不利影响。因此搞好钻开油气层过程以及完井过程中的油气层保护工作,对提高勘探开发效益至关重要,必须把好这第一关。

一、钻开油气层过程中油气层伤害原因

钻开油气层时所使用的钻井液,因其具有特殊的功能而称为钻井完井液,有时也称为钻开液(Drill-in Fluid)。当在油气层中钻进时,在正压差和毛管力的作用下,钻井完井液的固相进入油气层造成孔喉堵塞,液相进入油气层与油气层岩石和流体作用,破坏油气层原有的平衡,从而诱发油气层潜在伤害,造成渗透率下降。

钻井过程中油气层伤害原因可以归纳为以下5个方面。

1. 钻井完井液中分散相颗粒堵塞油气层

1)固相颗粒堵塞油气层

钻井完井液中存在多种固相颗粒,如膨润土、加重剂、堵漏剂、暂堵剂、钻屑和处理剂的不溶物及高聚物鱼眼等。钻井完井液中小于油气层孔喉直径或裂缝宽度的固相颗粒,在钻井完井液有效液柱压力与地层孔隙压力之间形成的压差作用下进入油气层孔喉和裂缝中形成堵塞,造成油气层伤害。伤害的严重程度随钻井液中固相含量的增加而加剧,特别是分散得十分细小的膨润土的含量影响最大,其伤害程度与固相颗粒尺寸大小、级配及固相类型有关。固相颗粒侵入油气层的深度随压差增大而加深。

2)乳化液滴堵塞油气层

对于水包油或油包水钻井完井液,不互溶的油水两相在有效液柱压力与孔隙流体压力之间形成的压差作用下,可进入油气层的孔隙空间形成油—水段塞;连续相中的各种表面活性剂还会导致储层岩心表面的润湿反转,造成油气层伤害。

2. 钻井完井液滤液与油气层岩石不配伍引起的伤害

钻井完井液滤液与油气层岩石不配伍将诱发下列伤害:

(1)水敏伤害。低抑制性钻井完井液滤液进入水敏油气层,引起黏土矿物水化膨胀、分散,导致储层渗透率显著下降。

(2)盐敏伤害。当滤液矿化度低于盐敏的临界矿化度下限时,可引起黏土矿物水化、膨胀、分散和运移。当滤液矿化度高于盐敏的临界矿化度上限时,亦有可能引起黏土矿物去水化、收缩破裂,微粒分散运移,造成堵塞。

(3)碱敏伤害。高 pH 值滤液进入油气层,引起碱敏矿物分散、运移,或溶蚀而结垢,堵塞渗流通道。

(4)润湿反转。当滤液含有亲油表面活性剂时,这些表面活性剂在矿物上的吸附就有可能将亲水岩石表面改变为亲油表面,引起储层孔喉表面润湿反转,造成储层油相渗透率降低。

(5)表面吸附。滤液中所含的部分高分子处理剂被油气层孔喉或裂缝表面吸附,缩小孔喉或裂缝尺寸。

3. 钻井完井液滤液与油气层流体不配伍引起的伤害

钻井完井液滤液与油气层流体不配伍可诱发油气层潜在伤害:

(1)无机垢。滤液中所含无机离子与地层水中无机离子相互作用形成不溶于水的盐类,如含有大量碳酸根、碳酸氢根的滤液遇到高含钙离子的地层水时,可以形成碳酸钙沉淀。

(2)形成处理剂不溶物。当地层水的矿化度和钙、镁离子浓度超过滤液中处理剂的抗盐和抗钙、抗镁能力时,处理剂就会盐析而产生沉淀。例如,腐殖酸钠遇到地层水中钙离子,就会形成腐殖酸钙沉淀。

(3)相圈闭伤害。这种伤害特别是在低孔低渗油层、致密气层中最为严重。

(4)乳化堵塞。使用油基钻井完井液、油包水钻井完井液、水包油钻井完井液时,含有多种乳化剂的滤液与地层中原油或水发生乳化反应,可造成乳化堵塞。

(5)细菌堵塞。滤液中所含的细菌进入油气层,如油气层环境适合其繁殖生长,就有可能堵塞喉道。

4. 相渗透率变化引起的伤害

钻井完井液滤液进入油气层,改变了井壁附近地带的油气水分布,导致油相渗透率下降,增加油流阻力。对于气层，液相侵入（油或水）能在储层渗流通道的表面吸附而减小气体渗流截面积，甚至使气体的渗流完全丧失。

5. 负压差急剧变化造成的油气层伤害

中途测试或负压差钻进时，如选用的负压差过大，可诱发油气层速敏，引起油气层出砂。对于裂缝性储层，过大的负压差还可能引起井壁附近的裂缝闭合，产生应力敏感伤害。此外，还会诱发有机垢、无机垢沉积。

二、影响油气层伤害程度的工程因素

在钻开油气层的过程中，油气层伤害程度不仅与钻井完井液类型和组分有关，而且随钻井完井液固相和液相与岩石、地层流体的作用时间和侵入深度的增加而加剧。而作用时间和侵入深度主要受工程控制因素影响，这些因素可归纳为以下4个方面。

1. 压差

压差是造成油气层伤害的主要因素之一。通常钻井完井液的滤失量随压差的增大而增加，因而钻井液进入油气层的深度与伤害油气层的严重程度均随正压差的增加而增大。此外，当钻井完井液有效液柱压力超过地层破裂压力或钻井完井液在油气层裂缝中的流动阻力时，钻井完井液就有可能漏失至油气层深部，加剧对油气层的伤害。负压差可以阻止钻井完井液进入油气层，减少对油气层伤害，但不适当的、过高的负压差会引起油气层出砂、裂缝性地层的应力敏感以及有机垢的形成，反而会对油气层产生伤害。

压差过高对油气层的伤害已被国内外许多实例所证实。美国阿拉斯加普鲁德霍湾油田针对油井产量进行过调研，其结论是：在钻井完井过程中，由于超平衡压力条件下钻进促使固相或液相侵入油气层，渗透率下降10%～75%。

2. 浸泡时间

当油气层被钻开时，钻井完井液固相或滤液在压差作用下进入油气层，其进入数量和深度及对油气层伤害的程度均随钻井液浸泡时间的增长而增加，浸泡时间对油气层伤害程度的影响不可忽视。

3. 环空返速

环空返速越大，钻井完井液对井壁滤饼的冲蚀越严重，因此，钻井完井液的动滤失量随环空返速的增大而增加，钻井完井液固相和滤液侵入深度及伤害程度亦随之增加。此外，钻井完井液当量密度随环空返速升高而增大，因而钻井完井液对油气层的压差亦随之增大，伤害加剧。

4. 钻井完井液性能

钻井完井液性能与油气层伤害程度紧密相关。因为钻井完井液固相和液相进入油气层的深度及伤害程度均随钻井完井液毛细管自吸作用、静滤失量、动滤失量、高温高压（HTHP）滤失量的增大和滤饼质量变差而增加。钻井完井过程中起下钻、开泵等所产生的激动压力随钻井完井液的塑性黏度和动切力增大、最终凝胶强度的增大而增大。此外，井壁坍塌压力随钻井完井液抑制能力的减弱而增加，维持井壁稳定所需钻井完井液密度就要随之升高；若坍塌层与油气层在同一个裸眼井段，且坍塌压力又高于油气层压力，则钻井完井液液柱压力与油气层压力之差随之升高，就有可能使伤害加重。

在各种特殊轨迹井眼(定向井、丛式井、水平井、大位移井、多目标井等)的钻井完井作业中,钻井完井液性能的优劣对油气层伤害的间接影响更加显著。除了上述已经阐述的钻井完井液的流变性、滤失性和抑制性外,钻井完井液的携带能力和润滑性能直接影响着进入油气层段后作业时间的长短,不合理的钻井完井液携带能力和润滑性能将使钻井完井液对油气层的浸泡时间延长,使油气层伤害加剧。

三、钻开油气层过程中保护油气层技术要点

钻进油气层时,针对影响油气层伤害因素,可以采取降低压差,实现近平衡压力钻进,减少浸泡时间,优选环空返速,防止井喷井漏等措施来减少对油气层的伤害。

1. 建立 4 个压力剖面

地层孔隙压力、地层破裂压力、漏失压力和坍塌压力是钻井、完井工程设计与施工的基础参数,依据上述 4 个压力才有可能进行合理的井身结构设计,确定出合理的钻井完井液密度,实现近平衡压力钻进,从而减少压差对油气层所产生的伤害。

目前,我国已经建立起运用地震层速度法、声波时差法、d_c 指数法、RFT 测井等方法求取地层孔隙压力。采用 Eaton 法、Staphen 法、Anderson 法、声波法、液压试验法等来预测或实测地层破裂压力。运用测井资料和实测地层岩石力学参数和破裂压力来计算地应力。再运用以上综合资料预测地层坍塌压力与控制盐膏层或含盐膏泥岩塑性变形所需的压力。

2. 确定合理井身结构

井身结构设计原则有许多条,其中最重要的一条是满足保护油气层实现近平衡压力钻进的需要,因为我国大部分油气田均属于多压力层系地层,只有将油气层上部的不同孔隙压力、坍塌压力、漏失压力或破裂压力地层用套管封隔,才有可能采用近平衡压力钻进油气层。如果不采用技术套管封隔,裸眼井段仍处于多压力层系,当下部油气层压力大大低于上部地层孔隙压力或坍塌压力时,如果用依据下部油气层压力系数确定的钻井完井液密度来钻进上部地层,则钻进中可能会出现井喷、坍塌、井漏、卡钻等井下复杂情况,使钻进作业无法继续进行;如果依据上部裸眼段最高孔隙压力或坍塌压力来确定钻井完井液密度,尽管上部地层钻进作业顺利,但钻至下部低压油气层时,就可能因压差过高而发生卡钻、井漏等事故,并且因高压差而给油气层造成严重伤害。综上所述,选用合理的井身结构是实现近平衡钻进油气层的前提。

但实际钻井、完井工程施工中,井身结构设计因经济效益或套管程序限制,或井下压力系统不清楚等多种原因,难以确保裸眼井段仅处于一套压力系统之中。因而钻进多套压力层系地层,如何搞好保护油气层工作仍是一个技术难题。

3. 近平衡压力钻进并控制油气层压差处于安全的最低值

为了尽可能将压差降至安全的最低限,对一般井来说,钻进时应努力改善钻井完井液流变性并优选环空返速,降低环空流动阻力和钻屑的浓度。起下钻时,调整钻井液触变性,控制起钻速度,降低抽吸压力。对于地层孔隙压力系数小于 0.8 的低压油气层,可依据实际的地层孔隙压力,分别选用充气钻进、泡沫流体钻进、雾流体或空气钻进,降低压差,甚至可采用负压差钻进,减小对油气层的伤害。

4. 降低浸泡时间

钻井、完井过程中,油气层浸泡时间从钻开油气层开始直到固井结束,包括纯钻进时间、起

下钻接单根时间、处理事故与井下复杂情况时间、辅助工作与非生产时间、完井电测、下套管及固井时间,为了缩短浸泡时间,减少对油气层的伤害,可从以下几方面着手:

(1)采用优选参数钻进,并依据地层岩石可钻性选用合适类型的牙轮钻头或 PDC 钻头及喷嘴,提高机械钻速。

(2)采用与地层特性相匹配的钻井完井液,加强钻井完井工艺技术措施及井控工作,防止井喷、井漏、卡钻、坍塌等井下复杂情况或事故的发生。

(3)提高测井一次成功率,缩短完井时间。

(4)加强管理,降低机修、组停、辅助工作和其他非生产时间。

5. 搞好中途测试

为了早期及时发现油气层,准确认识油气层的特性,正确评价油气层产能,中途测试是一项最有效打开新区勘探局面、指导下一步勘探工作部署的技术手段。大量事实表明,只要在钻井完井中采用与油气层特性相匹配的优质钻井完井液,中途测试就有可能获得油气层真实的自然产能。表 7-14 列举某油田部分探井中途测试结果,除 26 井因钻井完井液选配不妥,油层受到伤害外,其他各井油气层基本上没有受到伤害。1988—1994 年,塔里木盆地 29 口重大油气发现井中,有 20 口井是中途测试发现的。

表 7-14 某油田部分探井中途测试结果

井号	层位	产量 油 t/d	产量 水 m^3/d	有效渗透率 $10^{-3}\mu m^2$	表皮系数	钻井完井液 类型	钻井完井液 密度 g/cm^3	钻井完井液 滤失量 mL	钻井完井液 浸泡时间 d
1	b_1	6.0	7.2	16.5	−1.9	聚磺完井液	1.18~1.23	5	8
23	b_1	1.9	—	529.2	−0.59	XC 完井液	1.02~1.03	3.3~4.6	5.4
33	b_1	153.9	—	78.4	−0.3	XC 完井液	1.02~1.03	3.3~4.6	29
36	b_1	36.1	—	4.2	−1.9	聚合物完井液	1.03	4~4.5	
55	b_1	10.8	65.9	—	—	聚合物完井液	1.03		
5	b_1	20.13	—	6.9	0.02	钾盐聚合物完井液	1.03	4	11
26	b_1	—	—	—	8.62	分散体系完井液	1.25~1.31	—	30
9	b_1	0.42	82.8	0.14	−1.1	聚合物完井液	1.23	4	16
62	b_1	16.18	14.97	1.18	1.2	聚合物完井液	1.05	5	
24	b_1	28.44	4.7	3.98	−1.2	聚合物完井液	1.04~1.05	—	

中途测试时,需依据地层特性选用负压差,但负压差不宜过大,以防止油气层微粒运移或泥岩夹层坍塌。

6. 搞好井控,防止井喷、井漏对油气层的伤害

钻井、完井过程中一旦发生井喷,就会诱发出大量油气层潜在伤害,如因微粒运移产生速敏伤害,有机垢或无机垢堵塞,应力敏感伤害,油气水分布发生变化而引起相渗透率下降等,使油气层遭受严重伤害。如压井措施不当,将加剧伤害程度。因而钻井、完井过程应严格执行相关石油与天然气钻井井控技术规定,搞好井控工作。

钻进油气层过程中,一旦发生井漏,大量钻井完井液进入油气层,造成固相堵塞,其液相与岩石或流体作用,诱发潜在伤害因素。因而对钻进易发生漏失的油气层,应尽可能采用较低密度的钻井完井液保持近平衡压力钻进。也可以预先在钻井完井液中加入能解堵的各种暂堵剂

和堵漏剂来防漏。一旦发生漏失,应尽量采用在完井投产时能用物理或化学解堵的堵漏剂进行堵漏。

7. 欠平衡钻进保护油气层技术

对于漏层即储层的油气藏,无论是钻开储层前实施预防性堵漏或抢钻漏失层段后堵漏,堵漏浆不可避免地会对储层造成伤害,采用欠平衡钻进可有效地保护这类油气藏。

欠平衡钻进也称负压(差)钻进,即钻井完井液的有效液柱压力低于地层孔隙流体的压力,这样钻井完井液就不会在压差作用下进入地层,进而消除了钻完井井液中的固相和液相侵入所引起的储层伤害。此外,据统计资料显示:欠平衡钻进比近平衡钻进和过平衡钻进的钻速高,由此带来的储层浸泡时间缩短也有利于保护储层。

近几年,随着油气层保护意识的不断增强以及一些困扰欠平衡钻进技术发展的难点逐渐被突破,欠平衡钻进将成为今后钻井完井保护储层、提高钻速、解决某些复杂钻井问题的重要手段。

四、保护油气层的固井技术要点

固井的主要目的是在套管与井壁之间形成均匀、完整封固良好的水泥环。油气层套管固井是为了封隔各油、气、水层及夹层,防止油、气、水上窜,为各层组油气层分别投产或进行各项井下作业创造条件。固井是钻井、完井工程各项作业之中最为重要的作业之一,此项作业中的各项技术措施与油气层是否受到伤害及伤害严重程度紧密相关。固井作业对油气层的伤害主要反映在固井质量和水泥浆对油气层伤害程度两个方面。

1. 固井质量与保护油气层之间的关系

固井质量的主要技术指标是环空封固质量,而环空的封固质量直接影响油气层在今后各项作业中是否会受到伤害,其原因有以下几点:

(1)环空封固质量不好,不同压力系统的油、气、水层相互干扰和窜流,易诱发油气层中潜在伤害因素,如形成有机垢、无机垢、水相圈闭伤害、乳化堵塞、细菌堵塞、微粒运移等,从而影响投产的油气层产量。

(2)环空封固质量不好,当进行增产、注水、热采等作业时,各种工作液就会在井下各层中窜流,对油气层产生伤害。如酸液、压裂液窜入未投产油气层,而没能及时返排,就会对该油气层产生伤害。注入水窜入未投产的水敏油气层,就会使该层岩石水饱和度增大,或发生水化膨胀、分散运移,从而影响油相的渗透率。

(3)环空封固质量不合格,会使油气上窜至非产层,引起油气资源损失。

(4)固井质量不好易发生套管损坏和腐蚀,引起油、气、水互窜,造成对油气层的伤害。

综上所述,固井质量不好是对油气层的最大伤害,而且还会影响到油气井生产全过程。

2. 固井水泥浆对油气层伤害分析

固井作业中,在钻井完井液和水泥浆有效液柱压力与油气层孔隙压力之间产生的压差作用下,水泥浆通过井壁被破坏的滤饼而进入油气层,对油气层产生伤害。水泥浆对油气层产生伤害的原因可归纳为以下3个方面。

1)水泥浆中固相颗粒堵塞油气层

水泥浆中固相颗粒直径较大,但粒径为 $5\sim30\mu m$ 的仍占 15% 左右,多数中高渗透砂岩孔喉直径大于此值,因此,在压差作用下,这些颗粒仍能进入油气层孔喉中,堵塞油气渗流通道。

根据资料报导,水泥浆固相颗粒侵入深度约为2cm。但如果固井中发生井漏,则水泥浆中固相颗粒就有可能进入油气层深部,造成严重伤害。这在裂缝性、缝洞性储层段固井中经常发生。

2)水泥浆滤液与油气层岩石和流体作用而引起的伤害

水泥浆失水量通常均高于钻井完井液滤失量,没有加入降失水剂的水泥浆 API 失水量可高达 1500mL 以上。尽管在实际渗透性地层中,水泥浆失水量比按 API 标准测得的失水量小 $1/60\sim1/150$(表 7-15),但室内实验结果表明,水泥浆滤液仍对油气层产生伤害,因为水泥与水发生水化反应时在滤液中形成大量 Ca^{2+}、Fe^{2+}、Mg^{2+}、OH^-、CO_3^{2-} 和 SO_4^{2-} 等多种离子,OH^- 会诱发碱敏矿物分散运移。上述离子还可能与地层流体作用形成无机垢,滤液还会发生水相圈闭伤害与乳化堵塞,滤液中所含表面活性物质可能使岩石发生润湿反转等。这些作用都会使油气层受到伤害。

表 7-15 水泥浆 API 标准滤失量与实际岩心测得滤失量对比

序号	岩心渗透率 $10^{-3}\mu m^2$	钻井完井液与水泥浆作用岩心后水泥浆的失水量,mL		水泥浆失水量(API 标准)mL
		有滤饼	无滤饼	
1	2.23	0.9	2.25	
2	17.13	31.50	38.25	1682
3	47.00	54	63	
4	6.01	6.8	6.8	268
5	13.80	4.5	—	509
6	13.80	6.76	—	988
7	278.15	—	4.57	88
	304.06	—	5.87	300
	366.06	—	6.80	900
8	792.65	—	9.05	90
	793.92	—	11.3	295
	644.37	—	13.6	890

3)水泥浆滤液无机垢对油气层的伤害

水泥浆在水化过程中游离和溶解出大量无机离子,在静止状态下,由于水泥浆液相 pH 值高,这些离子以过饱和状态存在于液相中。但在固井过程中,液相中无机离子随滤液进入油气层,由于条件的变化,这些无机离子将以结晶析出或沉淀出 $Ca(OH)_2$、$CaSO_4$、$CaCO_3$ 等,堵塞孔喉,降低油气层渗透率。

水泥浆对油气层伤害程度与水泥浆组分、失水量大小、钻井完井液滤饼质量及外滤饼消除情况、压差大小和固井过程在油气层是否发生过漏失等因素有关。西南石油大学所进行的室内实验结果表明,在有滤饼存在的情况下,水泥浆可能使油气层渗透率下降 10%~20%。水泥浆对油气层的伤害程度随钻井完井液滤饼质量变差而加剧,随井漏的发生而趋于恶化。

3. 固井作业中保护油气层的措施

1)提高固井质量

固井作业施工时间短,工序内容多,材料消耗大,技术性强,未知影响因素复杂。因此,要优质地固好一口井，必须精心设计、精心施工，严密组织，严格质量控制，在施工后形成一个完整的水泥环，使水泥与套管、水泥与井壁固结好，水泥胶结强度高，油、气、水层封隔好，不窜、不漏。为满足上述要求，确保固井质量，可采取以下主要技术措施：

(1) 改善水泥浆性能。推广使用 API 标准水泥和各种优质外加剂。根据油气层特性和施工井况，采用减阻、降失水、调凝、增强、抗腐蚀、防止强度衰退等外加剂，合理调配水泥浆各项性能指标，以满足安全泵注、替净、早强、防伤害、耐腐蚀及稳定性的要求。

(2) 合理压差固井。严格按照地层压力和破裂压力设计水泥浆密度及井筒浆柱结构，并采用密度调节材料满足设计要求，保证注水泥过程中不发生水泥浆漏失。对漏失严重的井，必须先堵漏，后固井。

(3) 提高顶替效率。注水泥前，必须处理好钻井完井液性能，使其具备流动性好、触变性合理、失水造壁性好的优点。并采用优质冲洗液和隔离液，合理安放旋流扶正器位置，主封固段紊流接触时间不低于 7~10min 等方法，让滞留在井壁处的"死钻井完井液区"尽量顶替干净。

(4) 防止水泥浆失重引起环空窜流。水泥浆候凝过程中，地层油、气、水窜入环空是水泥浆失重引起浆柱有效压力与地层压力不平衡的结果。如果高压盐水窜入水泥浆柱，还可导致水泥浆长期不凝。防止环空窜流，除确保良好顶替效率外，主要措施是采用特殊外加剂通过改变水泥浆自身物理化学特性以弥补失重造成的压力降低。目前，最有效的方法是采用可压缩水泥、不渗透水泥、触变性水泥、直角稠化水泥以及多凝水泥等。此外，还可采用分级注水泥、缩短封固段长度及井口加回压等工艺措施。

2) 降低水泥浆失水量

为了减小水泥浆固相颗粒及滤液对油气层的伤害，需在水泥浆中加入降失水剂，控制失水量小于 250mL（尾管固井时，控制失水量小于 50mL）。控制水泥浆失水量不仅有利于保护油气层，还是保证安全固井、提高环空层间封隔质量及顶替效率的关键因素。

3) 采用强封堵钻井完井液技术

钻开油气层时采用强封堵钻井完井液技术，在井壁附近形成致密、高强度内外滤饼封堵带。此封堵带可在固井作业中阻止水泥浆固相颗粒和滤液进入油气层，从而发挥保护油气层的作用。

当前，深井、超深井、小井眼窄间隙条件下，高温高压气层、缝洞性碳酸盐岩油气层的固井储层保护技术问题尚未得到很好的解决，固井作业中如何有效地控制漏失性伤害是一项重要课题。随着油气勘探开发的目标越来越多地投向盆地深层，深井、超深井伤害问题会更加突出，将是今后一段时期重要的研究方向。

第四节 完井过程中的油气层保护

钻开油气层后，就要根据所优选的完井方法进行完井作业与实施。本节主要讲述完井过程中的油气层保护，按照不同的完井方法进行讲述。

一、射孔对油气层的伤害及射孔完井过程中油气层保护技术要点

射孔一方面是为油气流建立若干沟通油气层和井筒的流动通道，另一方面又对油气层造成一定的伤害。因此，射孔完井工艺对油气井产能的高低有很大影响。如果射孔完井工艺和

射孔参数选择恰当,可以使射孔对油气层的伤害程度减到最小,而且还可以在一定程度上缓解钻井对油气层的伤害,从而使油气井产能恢复甚至达到天然生产能力。如果射孔工艺和射孔参数选择不当,射孔本身就会对油气层造成极大的伤害,甚至超过钻井伤害,从而使油气井产能很低。

1. 射孔对油气层的伤害分析

射孔对油气层的伤害可以归纳为以下几个主要方面。

1)成孔过程对油气层的伤害

聚能射孔弹的成型药柱爆炸后,产生出高温(2000~5000℃)、高压(几千到几万个兆帕)的冲击波,使凹槽内的紫铜金属罩受到来自四面八方的向药柱轴心的挤压作用。在高温、高压下,金属罩的一部分可以形成速度达到1000m/s的微粒金属流。这股高速的金属流遇到障碍物时,产生约 3×10^4 MPa 的压力,击穿套管、水泥环及油气层岩石,形成一个孔眼。但金属射流所遇到的障碍物并不会白白消失,套管、水泥环及岩石受到高压的聚能射流冲击后,将变形、崩溃而破碎,有一部分成为碎片。

研究表明,在最靠近孔眼约 2.54mm(0.1in)厚的严重破碎带处,产生大量裂缝,有较高的渗透率;向外 2.54~5.08mm(0.1~0.2in)厚为破碎压实带,渗透率降低;再向外 5.08~10.16mm(0.2~0.4in)厚为压实带,此处渗透率大大降低。在孔眼周围大约 12.70mm(0.5in)厚的破碎压实带处,其渗透率 K_{cz} 约为原始渗透率 K_e 的 1/7~1/10。这个渗透率极低的压实带将极大地降低射孔井的产能,如图 7-4 所示。

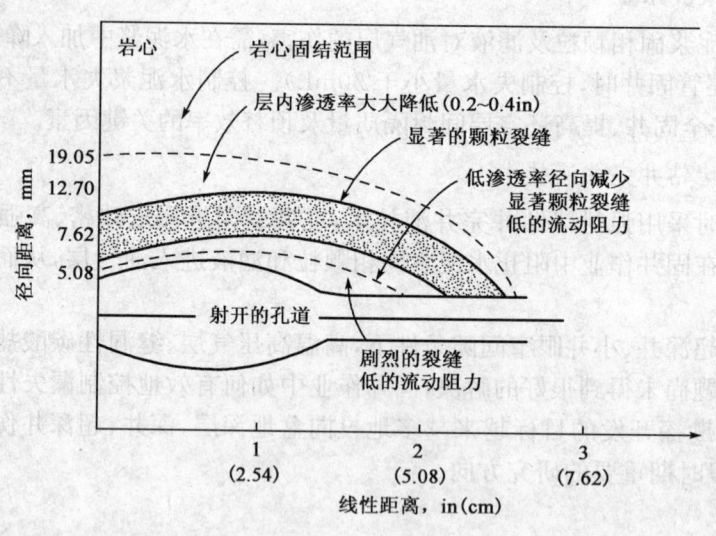

图 7-4 射孔孔眼的压实伤害

2)射孔参数不合理或油气层打开程度不完善对油气层的伤害

射孔参数是指孔密、孔深、孔径、布孔相位角、布孔格式等。若射孔参数选择不当,将引起射孔效率的严重降低。图 7-5 是 0°相位角布孔所形成的井底流线分布示意图。

从图 7-5 中可见,在离井筒较远处是径向流。从水平面内观察,流体是径向流入井筒;从垂直面内观察,流线是平行于油气层的顶部和底部。但从井筒附近的某处开始,出现流线的汇集而变为非径向流。此时,尽管在水平面内已不再是径向的,但在垂直面内流线仍然还平行于油气层的顶部与底部，这称为非径向流1相，此时已产生了部分附加压降。再靠近井筒的某一位置，流线开始汇集流向孔眼，因套管、水泥环的封闭成为流动障碍，故在垂直面内的流线也不再平行于油气层顶部和底部，这称为非径向流2相，在水平面和垂直面内流线都汇集于孔眼，附加压降急剧增加。

图7-6是某气井不同穿深下相位角对产能的影响结果。从图7-6可以看出，在同样的射孔弹穿深下，45°相位角下的产能比0°(360°)相位角下的产能高出10%~20%以上。

图7-7是某气井不同穿深下孔密对产能的影响结果。从图7-7可知，如果孔眼穿透深度太浅，产能比极低。如果孔眼穿透深度超过污染深度150mm以上，其产能将接近理想无污染裸眼井产能。此外，如果孔眼穿透深度超过污染深度150mm以上，不同孔密对产能的影响差异并不大（图7-7中，36孔/m比16孔/m的产能高出不到10%），所以保证足够的穿深是最为重要的。

因此，射孔参数越不合理（孔密过低，孔眼穿透浅，布孔相位角不当等），产生的附加压降就越大，油气井的产能也就越低。上述情况称为打开性质不完善井。

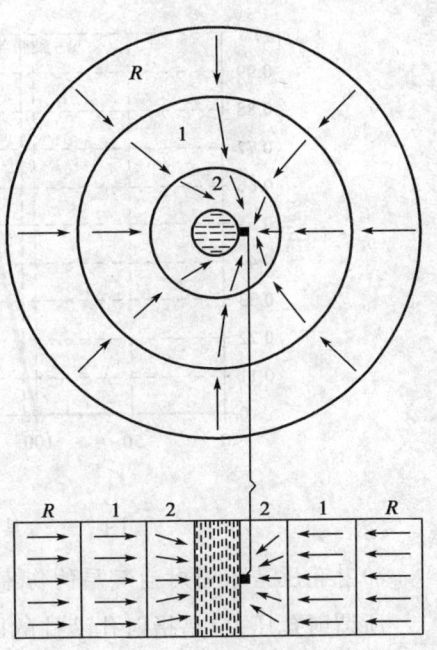

图7-5　0°相位角井底流线分布示意图
R—径向流；1、2—非径向流1相、2相

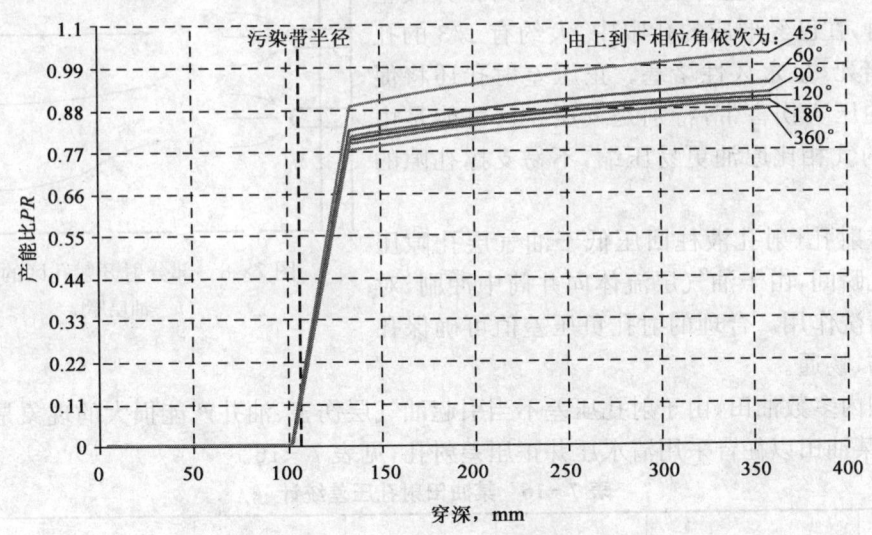

图7-6　某气井不同穿深下相位角对产能的影响

由于种种原因，油气层有可能不宜完全射开，如图7-8所示。

油层有气顶和底水，油层段仅射开中间1/3。如果仅有气顶，一般油层段仅射开下部1/2~2/3；如果仅有底水，则射开上部1/3。

由于可供流通的孔眼集中在1/3的油层段内，从而使得井底附近的流通更高，附加阻力更大，这种情况称为打开程度和打开性质双重不完善井。

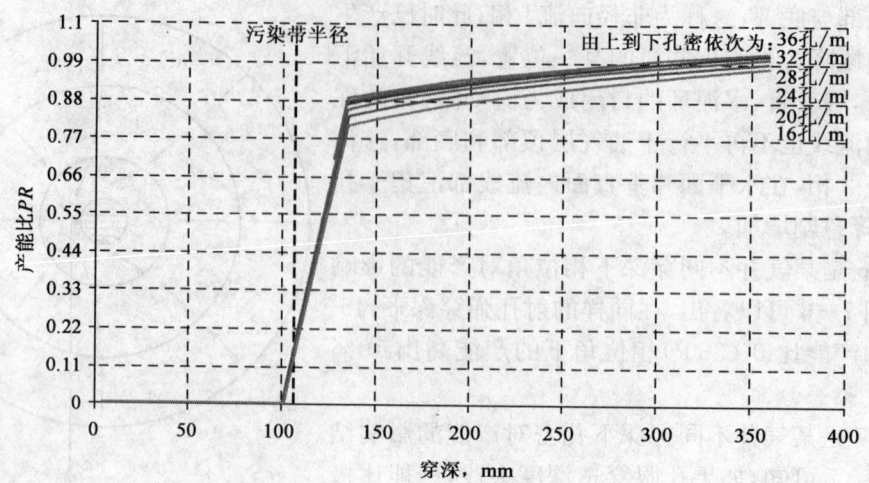

图 7-7 某气井不同穿深下孔密对产能的影响

3) 射孔压差不当对油气层的伤害

所谓射孔压差,是指射孔液柱的回压与油气层孔隙压力之差。若采用正压差射孔(射孔液柱回压高于油气层孔隙压力),在射开油气层的瞬间,井筒中的射孔液就会进入射孔孔道,并经孔眼壁面侵入油气层。与此同时,由于正压差射孔的"压持效应"将促使已被射开的孔眼被射孔液中的固相颗粒、破碎岩屑、子弹残渣所堵塞。有人认为钻井液正压差射孔时,在已经形成的孔眼中,大约有1/3的孔眼被完全堵死,呈永久性堵塞。正压差射孔还将促使更严重的压实伤害带,特别是气层。这可能是由于孔隙中的气相比原油更易压缩,不易支撑孔隙的缘故。

负压差射孔(射孔液柱回压低于油气层孔隙压力),在成孔瞬间,由于油气层流体向井筒中冲刷,对孔眼具有清洗作用。合理的射孔负压差值可确保孔眼完全清洁、畅通。

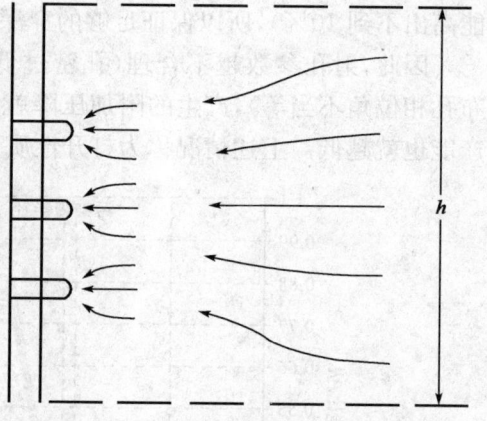

图 7-8 部分射开射孔区的汇流
h—油层厚度

以往国内多数油田,由于射孔压差不当引起油气层伤害、油井产能损失大的现象是比较普通的。例如,某油田以往皆采用清水压井正压差射孔,见表 7-16。

表 7-16 某油田射孔压差统计

井 号	部分射孔井段 m	产层压力 MPa	射孔液类型	射孔压差 MPa	产层渗透率 $10^{-3}\mu m^2$	确保孔眼清洁所需最小负压差 MPa
浅 7	978.4~956.6	8.98	清水	+0.695	1748	−1.835
5—704	1930.4~1928.0	18.42	清水	−0.73	4125	−1.418
5—123	1156.2~1152.2	11.23	清水	+0.31	4995	−1.339

续表

井 号	部分射孔井段 m	产层压力 MPa	射孔液类型	射孔压差 MPa	产层渗透率 $10^{-3}\mu m^2$	确保孔眼清洁所需最小负压差 MPa
5—93	2199.6~2184.4	20.62	清水	+1.30	34	-5.985
4—802	2200.0~2197.2	21.44	清水	+0.546	162	-3.746
5—53	2132.8~2128.6	19.11	清水	+2.197	301	-3.111
4—72	2192.4~2186.6	21.76	清水	+0.132	1937	-1.779
4—704	1687.0~1684.4	16.13	清水	+0.727	1134	-2.090
5—510	1539.0~1536.6	12.76	清水	+2.618	344	-2.989
5—801	2138.9~2134.6	20.62	清水	+0.747	10	-8.640

该油田以往射孔时清水基本都灌满至井口,射孔液柱的回压皆大于油层孔隙压力,其正压差值最高达 2.6MPa(5—510 井),比确保孔眼完全清洁所需最小负压差值高出 9.3MPa(5—801 井)。

目前国内外基本都已改用负压差射孔工艺,但其负压差值的大小必须科学合理地制定,否则同样不能充分发挥负压差射孔的优越性。

4) 射孔液对油气层的伤害

正压差射孔必然会造成射孔液对油气层的伤害。即使是负压差射孔,射孔作业后,有时由于种种原因需要起下更换管柱,射孔液也就成为压井液了。

射孔液对油气层的伤害包括固相颗粒侵入和液相侵入两个方面。侵入的结果将降低油气层的绝对渗透率和油气相对渗透率。如果射孔弹已经穿透钻井伤害区,此时射孔液的伤害不但将使井底附近的地层在受到钻井液伤害以后再进一步受到射孔液的伤害,还将使钻井伤害区以外未受钻井液伤害的地层也受到射孔液的伤害。因此,射孔液的不利影响有时要比钻井液更为严重。

采用有固相的射孔液或将钻井液作为射孔液时,固相颗粒将进入射孔孔眼,从而将孔眼堵塞。较小的颗粒还会穿过孔眼壁面而进入油气层引起孔隙喉道的堵塞。射孔液液相进入油气层将产生多种伤害,这点在前面的油气层伤害机理章节中已讨论过。

因此,应根据油气层物性,通过室内筛选,选择既能与油气层配伍又能满足射孔施工要求的射孔液。

2. 保护油气层的射孔完井技术要点

射孔完井的产能大小取决于射孔工艺和射孔参数的优化配合。射孔工艺包括射孔方法、射孔压差和射孔液。

1) 正压差射孔的保护油气层技术

虽然负压差射孔具有显著的优越性,应尽量采用负压差射孔,但并不是说在任何油气井条件下都可以实施负压差射孔。在某些油气井条件下,仍然需要采用正压差射孔工艺。

正压差射孔的保护油气层技术主要有以下两个方面:一是应通过筛选实验,采用与油气层相配伍的无固相射孔液；二是应控制正压差值不超过 2MPa。

2）负压差射孔的保护油气层技术

负压差射孔可以使射孔孔眼得到"瞬时"冲洗，形成完全清洁畅通的孔道；可以避免射孔液对油气层的伤害。负压差射孔可以免去诱导油流工序，甚至也可以免去解堵酸化投产工序。因此，负压差射孔是一种保护油气层、提高产能、降低成本的完井方式。

负压差射孔的保护油气层技术也可分为两个方面：一是和正压差射孔一样，也应通过筛选实验，采用与油气层相配伍的无固相射孔液；二是应科学合理地制定负压差值。合理负压差值的确定方法参见本书第三章。

3）采用保护油气层的射孔液

射孔液是射孔作业过程中使用的井筒工作液，有时它也用作射孔作业结束后的生产测试、下泵等压井液。对射孔液的基本要求是：保证与油气层岩石和流体相配伍，防止射孔作业过程和射孔后的后继作业过程中对油气层造成伤害。同时应满足射孔及后继作业的要求，即应具有一定的密度，具备压井的条件，并应具有适当的流变性以满足循环清洗炮眼的需要。

目前国内外使用得比较多的射孔液有如下几种体系。

(1) 无固相清洁盐水。这类射孔液一般由无机盐类、清洁淡水、缓蚀剂、pH 值调节剂和表面活性剂等配制而成。其中，盐类的作用是调节射孔液的密度以及暂时性地防止油气层中的黏土矿物水化膨胀分散造成水敏伤害；缓蚀剂的作用是降低盐水的腐蚀性；pH 值调节剂的作用是调节清洁盐水的 pH 值在一定合适范围，以免造成碱敏伤害；表面活性剂的作用是降低滤液的界面张力，利于进入油气层的滤液反排以及清洗岩石孔隙中析出的有机垢。为减小造成乳化堵塞和润湿反转伤害的可能性，最好使用非离子表面活性剂。此类射孔液的优点是：无人为加入的固相侵入伤害；进入油气层的液相不会造成水敏伤害；滤液黏度低，易返排。缺点是：要通过精细过滤，对罐车、管线、井筒等循环线路的清洗要求很高；滤失量大，不宜用于严重漏失的油气层；无机盐稳定黏土的时间短，不能防止后继施工过程中的水敏伤害；清洁盐水黏度低，携屑能力差，清洗炮眼的效果不好。

(2) 阳离子聚合物黏土稳定剂射孔液。这类射孔液可以是用清洁淡水或低矿化度盐水加阳离子聚合物黏土稳定剂配制而成，也可以在清洁盐水射孔液的基础上加入阳离子聚合物黏土稳定剂配制而成。一般说来，对不需加重的地方用前一种方法较好，这类射孔液除具有清洁盐水的优点外，还克服了清洁盐水稳定黏土时间短的缺点，对防止后续生产作业过程的水敏伤害具有很好的作用。

(3) 无固相聚合物盐水射孔液。这类射孔液是在无固相清洁盐水的基础上添加高分子聚合物配制而成。其保护油气层机理是：利用聚合物提高射孔液的黏度，以降低滤失速率和滤失量，提高清洗炮眼的效果，其余与无固相清洁盐水基本相同。使用该类射孔液时，长链高分子聚合物进入油气层会被岩石表面吸附，从而减小孔喉有效直径，造成油气层的伤害。故应权衡增黏降滤失量与聚合物伤害的利弊。一般不宜在低渗透油气层中使用，仅宜于在裂缝性或渗透率较高的孔隙性油气层中使用。

(4) 暂堵性聚合物射孔液。该类射孔液主要由基液、增黏剂和桥堵剂组成，基液一般为清水或盐水，增黏剂为对油气层伤害小的聚合物，桥堵剂为颗粒尺寸与油气层孔喉大小和分布相匹配的固相粉末。常用的有酸溶性、水溶性和油溶性 3 种。对于必须酸化压裂才能投产的油气层可用酸溶性桥堵剂；对含水饱和度较大、产水量较高的油气层可用水溶性桥堵剂；其他情况下最好用油溶性暂堵剂。这类射孔液保护油气层的机理是:通过暂堵减少滤液和固相侵入油气层的量,从而达到保护油气层的目的。其最大优点是对循环线路的清洗要求低,这对取水较难的陆地油田,特别是缺水的西部油田更为适用。

(5)油基射孔液。油基射孔液可以是油包水型乳状液,或直接采用原油,也或柴油与添加剂配制。油基射孔液可避免油气层的水敏、盐敏伤害,但应注意防止油气层润湿反转、乳状液与沥青、石蜡的堵塞以及防火安全等问题。这类射孔液由于比较昂贵,一般很少使用。

(6)酸基射孔液。这类射孔液是由醋酸或稀盐酸与缓蚀剂等添加剂配制而成。其保护油气层机理是:利用盐酸、醋酸本身溶解岩石与杂质的能力,使孔眼中的堵塞物以及孔眼周围的压实带得到一定的溶解,并且酸中的阳离子也有防止水敏伤害的作用。使用该类射孔液应注意酸与岩石或地层流体反应生成物的沉淀和堵塞,设备、管线和井下管柱的防腐等问题,一般不宜在酸敏性油气层及 H_2S 含量高的油气层中使用。

(7)隐型酸完井液。隐型酸完井液利用酸解除由于各种滤液不配伍在储层深部产生的无机垢、有机垢沉淀;利用酸性介质防止无机垢、有机垢的形成;利用酸解除酸溶性暂堵剂、有机处理剂对储层的堵塞和伤害;利用螯合剂防止高价金属离子二次沉淀或结垢堵塞和伤害储层。例如,海上油气田常采用的隐型酸完井液的基本组成为:过滤海水或过滤盐水+黏土稳定剂(如 PF－HCS)+隐型酸螯合剂(如 PF－HTA)+防腐杀菌剂(如 CA－101)+密度调节剂(如 $NaCl$,$CaCl_2$,$CaCl_2/CaBr_2$,$CaCl_2/ZnBr_2$ 等)。表 7－17 为某海上油田隐型酸完井液的配方。

表 7－17 某海上油田隐型酸完井液配方

项 目	配方加量,kg					
	封隔液	射孔液	堵漏液	清洗液	水填充液	稠塞
过滤海水	$1m^3$	$1m^3$	$1m^3$	$1m^3$	$1m^3$	$1m^3$
烧碱	2~3			10		10~15
氧化镁	1					
PF－HCS		20	15		15	
PF－BPA			20			
CA－101	20					
CMHEC			6			12
PF－JWY				30		
破胶剂			0.2			
PF－HTA		4	3		3	
PF－OSY	2					

实际选择射孔液时,首先应根据油气层的特性和现场所能提供的条件确定最适宜的射孔液体系。然后根据油气层的岩心矿物成分资料、孔隙特征资料、油水组成资料及"五敏"实验资料进行射孔液的配伍性实验。通过上述工作才能确定出对本地区油气层无伤害或基本无伤害的优质射孔液、压井液。

4)科学地做好射孔参数优化设计

要想获得理想的射孔效果,使油气井的产能最高,除了需要合理选择射孔方法、射孔压差和射孔液以外,还需要进行射孔参数的优化设计,详见本书第三章。

二、裸眼完井过程中油气层保护技术要点

裸眼完井过程中,对地层最主要的污染就在于采用正压完钻裸眼时钻井液对地层的污染,具体的保护措施可参见本章第三节第三段"钻开油气层过程中保护油气层技术要点"。

采用裸眼完井时,由于适合于裸眼完井的产层都不会出现出砂以及井眼不稳定的问题,所以应尽量采用近平衡或者欠平衡(负压)钻开产层。

三、裸眼下入各种筛管完井过程中油气层保护技术要点

裸眼完井过程中,对地层的第一个污染来源就在于采用正压完钻裸眼时钻井液对地层的污染,具体的保护措施可参见本章第三节第三段"钻开油气层过程中保护油气层技术要点"。其次,就是在下入筛管过程中,压井液对地层的污染。所以最好采用无固相清洁盐水体系作为压井液。如果采用的是钻开裸眼时的钻井液作为压井液,则在下完筛管后,需要采用无固相清洁盐水体系作为洗井液,认真、彻底地清洗整个筛管和井筒。很多油田不经过洗井就直接投产,实践证明,对产量的伤害很大。

四、裸眼砾石充填完井过程中油气层保护技术要点

裸眼砾石充填完井过程中,对地层的第一个污染来源就在于采用正压完钻裸眼时钻井液对地层的污染,具体的保护措施可参见本章第三节第三段"钻开油气层过程中保护油气层技术要点"。其次,就是在砾石充填过程中,砾石充填液对地层的污染。所以需要采用优质、无伤害或者低伤害的砾石充填液。再次,需要控制砾石充填液的滤失量,防止水锁。最后,建议砾石充填液的前置液采用缓速酸液,以帮助清除由于钻井液的污染形成的堵塞。

五、射孔套管内下入各种筛管完井过程中油气层保护技术要点

射孔套管内下入各种筛管完井过程中,对地层的第一个污染来源就在于采用正压完钻裸眼时钻井液对地层的污染,具体的保护措施可参见本章第三节第三段"钻开油气层过程中保护油气层技术要点"。其次,就是在下入筛管过程中,压井液对地层的污染。所以最好采用无固相清洁盐水体系作为压井液。如果采用的是钻开裸眼时的钻井液作为压井液,则在下完筛管后,需要采用无固相清洁盐水体系作为洗井液,认真、彻底地清洗整个筛管和井筒。很多油田不经过洗井就直接投产,实践证明,对产量的伤害很大。再次,就是采用保护油气层的射孔完井技术,参见本节第一段"射孔完井过程中油气层保护技术要点"。

六、管内砾石充填完井过程中油气层保护技术要点

管内砾石充填完井过程中,对地层的第一个污染来源就在于采用正压完钻裸眼时钻井液对地层的污染,具体的保护措施可参见本章第三节第三段"钻开油气层过程中保护油气层技术要点"。其次,就是在砾石充填过程中,砾石充填液对地层的污染。所以需要采用优

质、无伤害或者低伤害的砾石充填液。同时，需要控制砾石充填液的滤失量，防止水锁。再次，建议砾石充填液的前置液采用缓速酸液，以帮助清除由于钻井液的污染形成的堵塞。最后，就是采用保护油气层的射孔完井技术，参见本节第一段"射孔完井过程中油气层保护技术要点"。

习 题

1. 什么叫做油气层伤害？
2. 敏感性评价的目的是什么？
3. 简述速敏概念和速敏评价实验的目的。
4. 简述水敏概念和水敏评价实验的目的。
5. 简述碱敏概念和碱敏评价实验的目的。
6. 简述酸敏概念和酸敏评价实验的目的。
7. 钻井完井过程中影响油气层伤害程度的工程因素有哪些？
8. 保护油气层的射孔完井技术要点有哪些？
9. 简述裸眼砾石充填完井过程中油气层保护技术要点。
10. 某油田岩心水敏实验结果见表7－18，试计算并给出伤害程度的等级。

表7－18 某油田岩心水敏实验结果

岩心号	$\overline{K}_{w2}, 10^{-3} \mu m^2$	$K_w, 10^{-3} \mu m^2$	$I_w, \%$	水敏伤害程度
A	19.98	9.12		
B	34.78	18.22		
C	43.19	28.02		

11. 某油田岩心碱敏实验结果见表7－19，试计算并给出伤害程度的等级。
12. 某油田岩心酸敏实验结果见表7－20，试计算并给出伤害程度的等级。

表7－19 某油田岩心碱敏实验结果

岩心号	$K_{w0}, 10^{-3} \mu m^2$	$K''_{min}, 10^{-3} \mu m^2$	$I_b, \%$	碱敏伤害程度
D	26.98	19.67		
E	35.12	21.11		
F	53.67	38.03		

表7－20 某油田岩心酸敏实验结果

岩心号	$K_f, 10^{-3} \mu m^2$	$K_{ad}, 10^{-3} \mu m^2$	$I_a, \%$	酸敏伤害程度
G	35.12	18.89		
H	42.23	28.98		
I	18.56	6.67		

第八章 海洋完井测试、评价与投产

第一节 海洋测试技术

一、测试概述

1. 测试发展历程

我国的地层测试技术研究工作是从 20 世纪 60 年代开始的,首先由四川石油管理局比较系统地翻译了美国关于地层测试理论、工艺等技术资料。1970 年,在江汉油田成立了第一个专门从事地层测试研究的机构,自行研制了支柱式裸眼地层测试器。1976 年,南海的一个单位从新加坡引进了一艘罗布雷-300 自升式钻井平台,随船带有一套 MFE 地层测试器。同时期川局也从莱因斯(Lynes)公司引进了膨胀式测试器,随后研究人员在四川、南海对引进的液压膨胀式地层测试器、MFE 地层测试器等进行了详细的研究和现场试验。石油工业部根据当时各油田试油速度低、积压井越来越多的情况,认识到必须大力引进国外的地层测试技术。从 1978 年开始,我国陆续引进美国江斯顿、莱因斯和哈里伯顿等公司各种类型的地层测试器,在华北油田建立了第一个从事地层测试技术引进、科研、推广、培训和技术服务的专业性油气井测试公司,形成了发展我国地层测试技术的中心。目前,国内已有各类测试队伍约 150 支,年工作能力达 2600 余测试层,装备水平基本包括了多流测试器 MFE、HST,压力控制测试器 PCT、APR 以及膨胀式测试器等国内外各大测试设备厂家的产品。井下记录仪器也从机械压力计发展到了电子压力计。由于井下记录仪器精度的不断提高、井下连续工作时间的延长,油藏评价的准确程度也相应提高。

随着测试技术的引进和发展,地层测试资料处理解释方法也在不断发展。由单一的常规解释方法,发展为以现代试井解释为代表的各种资料解释方法。

地层测试资料和试井信息特征在国内各油田油气勘探开发中的作用已经越来越大。单纯的静态信息如岩心分析和常规电测资料只能代表近井地带极为有限范围的地层,作为动态信息的试井资料则在较大程度上克服了这一缺点。不稳定试井的原理是通过关井或开井改变了地层内部的油气动态,从井底向四面八方发出一个压力变化的信号,这一压力波动向外传播时,对全部和井流通的地层起到扫描作用,它把向外扩散时所遇到的阻力状况随时间的变化不断反馈到井底。通过对井底压力随时间的连续变化测试,测试人员能获得在所测试时间内的重要信息,如地层的流动系数、井壁附近受到钻井液污染的程度、地层中可能存在的裂缝和边界状况。这种信息是一种比较全面的动态信息。

2. 测试概念和目的

在石油勘探过程中通过钻井地质的录井工作,取得了每口井的录井资料,再通过地球物理测井解释,能够进一步确定可能的油、气、水层。但为了更进一步地认识和评价油、气、水层,为油气田的开发提供可靠的科学依据,对油气田必须进行测试作业。

测试是指钻井和建井之后,沟通地层与井底的通道,将地层流体诱导到地面,按一定的程序进行测试,搞清地层流体的产能、性质、地层压力、温度及动态特征的整个工艺过程。其目的在于为油气层评价和科学地制定油气田开发方案提供可靠的资料和参数,以进一步加快勘探开发速度,提高成功率,降低成本,增加效益,具体内容有以下几点:

(1)探明新区、新构造是否有工业性油气流。

(2)查明油气田的含油气面积以及油水或气水边界。

(3)验证储层的含油气情况与测井解释的可靠性。

(4)通过分层试油、试气取得各分层的测试资料及流体的性质,确定单井(层)的合理工作制度,为计算油气田储量与编制开发方案提供依据,为新区勘探指明方向。

(5)观察边界显示,计算不渗透边界距离,搞清地层受损坏程度,计算理想产能。

(6)评价油气藏,对油、气、水层作出正确评价。

3. 测试层位选择

测试层位的选择是以不漏掉一个油气层为原则,自下而上进行分层试油,这是一件严肃、认真、细致的工作,同时还要有严格的审批制度。对各类探井的试油要求如下:

(1)参数井(区域探井):主要钻探目的是了解地层层序、厚度、岩性以及生油层、储油层情况。如遇有油气,则进行测试。

(2)预探井:主要钻探目的是探明构造的含油气性,查明油气层及其工业价值。试油层位主要选择有利于对油气层进行重点测试,系统了解整个剖面、油、气水分布状况及产能,弄清岩性、物性及电性关系,为计算三级储量提供依据。

(3)详探井:主要钻探目的是探明含油气边界、固定含油气面积,弄清油、气、水的分布规律,产能变化特征以及压力系统。应按油层自下而上分层测试,对于可凝层认识不清的油水界面及水层均要分层测试,为计算二级储量提供依据。

(4)资料井:试油的主要目的是搞清岩性、含油性、油层物性及电性关系,落实油水层电性参数,对取心层位要细分层试油,不允许油、气、水层混合测试。

4. 常用测试方法

常用测试方法有替喷法、抽吸法、提捞法、气举法、混气水排液法、电潜泵及螺杆泵人工举升等,各种方法都有各自的特点及适应条件,必须根据油气层性质、钻穿油气层的方法以及油气层的压力而定。实际作业时,应按具体情况进行选择,但选择应遵循以下基本原则:

(1)缓慢降低井底压力,不破坏地层结构,以防止井底出砂,甚至地层坍塌的情况出现。

(2)井底与地面间压差适当。

(3)能带出井底及井底周围的脏物,把油层孔隙疏通,有助于油气从地层中流出。

替喷法是用密度较轻的液体将井内密度较大的液体替出,从而降低井中液体的压力,以逐步达到井内液柱压力小于地层压力的目的,如轻钻井液替重钻井液,清水替轻钻井液,柴油替清水。

抽吸法是以通井机为动力,利用钢丝绳连接抽子和加重杆,依靠抽子上的胶皮与油管间的间隙密封把井内液体抽到地面,以达到降低液面,即减小液柱对油层回压的一种排液措施。其优点包括:设备简单,只需一台通井机工作;整套工艺中配置的工具比较简单,主要由钢丝绳、抽子总成、加重杆和井口防喷盒组成;操作方便,需要人员少;对地层无伤害。其缺点包括:工作效率低;排液深度较浅,一般抽吸深度小于1200m;缺乏对抽子磨损、漏失状况的监测手段;缺乏对抽吸深度和动液面深度的监测手段;对地面环境污染严重。适用范围包括:抽吸深度小于1800m;油井产出液的流体性质为水、稀油,原油黏度小于150mPa·s。

提捞法是对于低渗低压油层,不能自喷的油层,提捞求得油井产量为以后机采选泵作准备。

气举法用于非自喷井。气举法试油是利用压风机及配套设备向油管或套管内注入压缩气体,或者利用附近油气田的天然气压力向套管内注气,降低井内流体密度,使井内油气从油管中排出,可以大大加快试油速度。其他还有混气水排液方式,逐渐降低井内液柱压力使地层流体进入井筒。

电潜泵及螺杆泵人工举升工艺是通过在井下适当位置下入电潜泵或螺杆泵,通过将电能转换为动能,将不能自喷流至地面的原油举升出来,降低管柱液柱压力,增大井底流动压差,地层流体能够更容易地流入井筒。

5. 测试一般工序及相关要求

1)电测套管固井质量

电测套管固井质量,要求测试层段上、下10m有良好的水泥封固。下试压塞对防喷器组、立管阀门和阻流管汇阀门按试压要求试压。

2)通井、实探人工井底、洗井、试压

新井试油首先必须通井,在射孔段和封隔器坐封位置清刮3次。常见的刮管钻具组合:牙轮钻头+套管刮管器+钻铤或加重钻杆+普通钻杆。

在刮管完成后要进行探人工井底,之后上提管柱至人工井底以上2~3m,用满足设计要求的完井液洗井。洗井必须大排量连续循环两周以上,完井液用量不得少于井筒容积的2倍,将井内的泥浆、污物及沉砂冲洗干净,达到进出口完井液近似一致。

根据设计要求对套管试压,一般9⅝in套管及7in尾管试验压力分别为300psi/5min、4000psi/15min。

3)射孔

为了提高油气井的完善程度,如需要采用负压射孔技术,即在井内液柱压力小于油层压力的状况下射孔,必须严格按设计将井内的液面降至规定的深度。这种方式一般采用投棒点火或者环空加压点火。另外一种负压射孔方式是采用管柱内灌满密度较低的柴油作为负压射孔的液垫。该方式可以满足管柱内正加压点火。

射孔通常采用TCP射孔及电缆射孔,如果需要负压射孔,一般采用射孔与下测试管柱联作。

对深井、低压低渗透地层可选用常规负压射孔;对产量较高,渗透率较好的油气层,应尽量选用负压无电缆射孔。对于电缆射孔的井,射孔结束后要迅速下入试油测试管柱,中途不得无故停工。无电缆射孔井必须装好全套地面测试树,才能投棒或加压引爆射孔枪射孔,并注意听起爆声,观察井口油气显示和压力波动。

(1)射孔液和射孔工艺的选择。

不同类型的油气层采用不同的射孔液和射孔方式,除高压气层外,原则上不得采用泥浆或对地层有严重伤害的液体作射孔液,条件许可的情况下,应优先选用对地层无伤害的优质射孔液。对于气井和产能较高的油井,应优先选用负压(在套管允许强度内)无电缆射孔,射孔液宜采用干净海水,再加一定量的防膨剂,以防止油层污染。对于低压低产层,可选用负压常规射孔工艺,尤其是对那些电测解释为干层、油干层,在套管强度允许的情况下,应尽量增加射孔负压,这样有利于疏通地层。选用常规射孔,而负压很小的井,应优选合适射孔液,以抑制黏土膨胀,防止油层污染。

(2)射孔取资料要求。

无电缆射孔和油管射孔要录取管柱结构,准确计算各工具的下深,画出射孔管柱示意图。射孔数据包括:井内射孔液性质、井内液面深、射孔方式、射孔枪弹型号、射孔层位、射孔井段等,如少射或扩射要详细注明。

无电缆射孔要记录投棒时间、地面听到起爆声时间,引爆后及时记录井口的油气显示和压力变化,射孔管柱起出后要详细检查发射率。过油管射孔要记录射孔后的油压、套压,如开井过油管射孔,要每小时记录一次液量。常规射孔井,射孔后如自喷,必须每30min测量一次出液量。

(3)射孔校深要求。

自升式及导管架平台校深误差小于0.3m,半潜式平台要求小于0.5m。

4)下测试管柱

如果采用负压射孔,一般是将射孔与下测试管柱联作。入井管柱必须刺洗干净,无弯曲、无裂痕、无腐蚀,接箍紧固,螺纹无油泥、无损坏、无毛刺,逐根用油管规通过。下井油管和工具必须排放整齐,由技术员准确丈量,做到三丈量三对口,记录要详细完整,计算准确。下井的顺序及管柱结构应符合设计要求。记录油管通径、根数以及油管规直径、长度。按照下井的先后顺序依次记录各工具及油管的规范、数量和长度,并列式计算各工具的下深。下RTTS封隔器时,还要记录坐封压力、坐封卡点与验封数据。同时应绘制管串示意图,示意图上标出射孔井段、射开层号、层位、厚度、各工具的名称及下深、人工井底等数据。

导管架平台或自升式平台射孔与下测试管柱联作一般程序如下:

(1)测试管柱前召开一次专门的安全会议。
(2)按设计下入测试管柱。
(3)射孔枪、井下工具及其接头的上扣扭矩由现场服务工程师确认。
(4)下完所有射孔、测试工具后,灌满液垫,对DST工具串试压。
(5)下入钻铤及钻杆等钻具。下入前要通径检查,用目测的方法判断螺纹是否完好,外螺纹上涂上适量、均匀的螺纹脂。按要求灌测试液垫,满足地质设计要求的负压值,液垫高度由现场地质监督确定。
(6)电测校对管柱长度。
(7)坐封RTTS封隔器,电测校深复核,要求误差满足要求。
(8)安装井口流动头,连接井口管线,包括测试流动管线及压井管线。

对于半潜式平台以及深水平台测试,测试的工具、工艺等要相对复杂得多(测试的一般流程都类似),这里不做介绍。

5)初开井并返排

如果是射孔与下测试管柱联作,根据设计要求正加压、环空加压或者投棒均可引爆射孔枪。如果已经射孔,则按程序开井返排。开井前要做好开井测试前的准备工作,如召开一次安全会议，就有关测试的注意事项、危险性向全体作业人员阐明，并就可能出现的紧急情况的处理及分工做详细安排，明确岗位职责，运转相应设备，值班拖轮起锚到上风处巡航。

引爆射孔枪时，需要关闭防喷器、环空加压打开 N_2 阀，确保管柱内是畅通的。

6）求产

自喷井求产应尽量采用分离器测油量，气体流量计测气量，准确计算日产油、气、水量。自喷油层求产时，必须根据油井的自喷能力和气油比大小选择合适油嘴进行求产。按设计如需要进行系统试井，则油嘴应由小到大使用 3~4 级工作制度进行求产，每种工作制度稳定时间不少于 4~8h。求产必须连续进行，若中途停止，则前次求产无效。

对于非自喷井求产，不论采用何种方法，如气举、抽吸、下泵等，出口均需准确计量，取得日产油量、水量、综合含水率等资料。求产必须连续进行，如中途停止，则前面求产无效。气举求产，必须定时间、定气举深度，或定气举压力。气举管柱要按设计配带气举孔，气举深度要达到规定的要求。必要时要测得气举前、后的井内液面深度。选用下泵求产工艺时，要求泵工作正常，工作制度合适且稳定不变。采用测液面上升速度求产时，下仪器前必须将井内液面降到设计深度，测液面上升期间油管、套管阀门要全部打开，正常情况下所测时间不得少于 36h。

气层求产：气层射孔后，油管、套管分别控制放喷，将井内污物和井筒水放净后即可测气求产。若气水、气油同出时，应装高压分离器进行油气分离，并要求选合适的油嘴进行系统试井，油嘴由小到大，至少求得 4 个工作制度的试井资料。求产时要连续测得井底流动压力。

7）取油、气、水样

所有试油层见到工业油流后，要先取一个油样送化验室作原油全分析。求产过程中取 2~3 个全分析油样，取一个含蜡分析油样，每两个样品间隔 8h 以上。均从喷口处取样，不准捞样。对于含油水层，要千方百计取得合格的原油样品，如喷口取不到油样，可以捞样，油样取好后要盖严，防止风吹雨淋日晒。贴好取样标签，送交化验室分析。

气层见到工业气流后，要先取一个气样送化验室作全分析，以便计算日产气量。测气求产过程中再取 2~3 个气样。自喷油层、自喷油水同层、自喷水层求产要间隔取 2~3 个气样。非自喷试油层若套管有压力或关井油管有压力，要取 1~2 个气全分析样品，海上平台常用专用取样气袋取气体样品。

出水层在求产过程中要取 4~6 个全分析水样。如气举求产，气举时要分段取若干水样，挑选其中 3 个氯根含量最高的送化验室。所有干层或低产层若洗井，同样分段要取若干水样，挑选其中 2 个氯根含量最高的水样送化验室。干层或低产层采用测液面上升速度求产时，求产后要用抽捞或气举方法取得全分析油样或水样。

凡自喷油层或自喷含水油层要选用合适的油嘴求产，在求产阶段取 3 支以上高压物性样品，保证有 2 支分析合格样，同时测得流压和流温，填写好原始取样报表，一同送化验室。

(1)油样全分析：每个样品取 2000mL（若含水率高，则应多取）。

(2)气样全分析：每个样品取 400~500mL。

(3)水样全分析：每个样品取 500mL。

(4)特殊需要样品另行通知。

取样时需要按照以下标准执行：
(1)原油性质稳定标准：两个油样密度误差小于 0.005 为合格；
(2)气体性质稳定标准：两个样品在含氧小于 2% 的情况下，密度误差小于 0.02 为合格；
(3)地层水性质稳定标准：连续两个水性一致，氯根和总矿误差小于 10% 为合格；
(4)高压物性稳定标准：2 支样品分析结果相符，饱和压力值误差小于 1.5% 为合格。

8)测油层压力和温度

油层压力包括静压、流压、压降曲线、恢复曲线等。测油层静压和压力恢复曲线一定要保证井口不渗不漏；测油层的流动压力一定要保证油井生产正常，油管、油嘴、地面管线畅通无阻。测油层压力时，压力计应尽量下到油层中部，以测得准确的油层压力。如受到仪器或设备限制，压力计下不到油层中部时，压力计应尽量下深并测出压力梯度，然后推算油层中部压力。测静压，自喷油层及气层射孔排液后，要先测得合格的原始静压，求产之后再测压力恢复曲线；非自喷油层和油水同层在降液面射孔后或求产之后关井测得合格静压，注水层排液达到要求后关井测得合格静压，水层及含油水层、干层是否测静压，按设计要求执行。测流压，自喷层求产阶段针对所有油嘴要分别测得合格的流压，求产阶段既可测流压又可测流压曲线；气层求产时要连续测流压曲线。自喷层求产合格后都要关井测得压力恢复曲线，关井前先将压力计下入井内，待求得压力梯度后，方能关井测压力恢复曲线。在测油层静压、流压、压力恢复曲线的同时，还要测得油层温度，气层要按设计测得井筒内的温度梯度。关井测压时，油压、套压表的使用量程必须在表面量程的 1/3~2/3 范围内，压力表指针落零，准确并保证使用中压力表不冻、不堵、不漏。压力表直立安装，读数时两眼正视压力表，以保证读数准确。非自喷井关井测压时，每 2~4h 记录一次油压、套压。自喷油水井关井测静压时，每小时记录一次油压、套压。关井测压力恢复曲线时，起初每 30min 记录一次油压、套压，待 30min 之内压力变化小于 0.1MPa，可延长每小时记录一次油压、套压。气井关井测压时，起初每 5min 记录一次油压、套压，待 5min 内压力变化小于 0.1MPa，可延长到 10min 记录一次油压、套压，以此类推逐步延长到 30min、每 1h 记录一次油压、套压，并要取得最高井口关井压力。起下压力计时要录取下压力计时间、下压力计深度、停点深度、起压力计时间、起压力计下深温度等。

9)压井、起测试管柱

(1)正挤管柱内流体。

(2)用压井液替出测试液，拆井口流动头及地面管线。

(3)接顶驱，打开防喷器(BOP)，上提管柱解封。确认解封之后，将管柱坐回转盘，关防喷器，正挤压井液，打开防喷器，正循环压井。如果含气高，用泥浆分离器除气。循环至气测值小于 3%。停泵后观察 30min 井筒是否稳定。

(4)起钻，起至最后一柱钻杆时，观察环空液面是否稳定。起出井下压力计后立即检查。如果是联作，出井需要检查射孔枪的发射率。

二、界面与测试界面划分

1. 与钻井的界面

1)钻井作业结束界面

如果是裸眼完成井，完钻结束后，下钻通井并清刮套管，循环调整压井液，起钻完，该井钻井作业结束；如果是套管完成井，下钻探水泥塞面并按测试口袋长度要求钻水泥塞，确认固井质量及套管试压合格后，下钻清刮测试井段（对此步骤有些作业公司放在测试阶段），并按测试要求循环调整射孔测试液性能，起钻完，该井钻井作业结束。

2）工作交接

测试作业总监上船后，应将该井测试设计、第一测试层口袋长度要求、套管清刮井段以及射孔测试液性能要求提交钻井总监。钻井总监应将井口装置、在船人员及设备状况以书面形式与测试作业总监交接并签字，并将井口装置、井身结构图、套管记录表、钻具记录表、固井质量测井图及井斜数据交一份给测试作业总监。

2.与测井的界面

最后一层套管固井质量测井后，测井监督在平台的工作即告结束。测试期的射孔及下桥塞校深工作由测试作业总监完成，测试期的测井合同由测试作业总监执行。测井监督应向测试作业总监移交全井油、气、水层解释数据表。

3.油气井现场测试作业测试监督工作界面

油气井测试作业期间，派往平台作业的监督组由钻井部门的钻井总监（监督）、测试工程总监（监督）和地质油藏部门测试地质总监（监督）组成。由于测试作业包括工程与地质两个方面，也就涉及地质油藏部门与钻井部门之间的工作协调。由于工作存在交叉，如果责权划分不清，就会影响作业时效及地质资料的取全取准。鉴于目前存在的界面不太清晰的情况，双方都认识到了理清测试工作界面的重要性与紧迫性，其目的是在海上测试作业过程中，两个部门能够既有分工，又有协作，精诚团结，共同圆满完成海上油气井的测试作业任务。以下是测试作业期间地质油藏部门和钻井部门分别负责的工作：总原则是测试设备的组装、功能试验、正常运转，测试安全与环保、后勤保障由钻井部门测试工程监督管理；地质油藏部门地质监督负责录取各项测试资料并协助测试工程监督做好测试安全和环保工作。

三、测试程序

1. 第一阶段：测试作业准备阶段

（1）测试层位的选择。技术人员根据钻井过程中录井显示、电测解释结果和 MDT 电缆测试资料及勘探目的等因素通过讨论，并报上级部门批准确定测试层位。

（2）套管上放射源的位置。由地质油藏部门根据测试层位的位置确定放射源的放置深度，并在固井前以邮件或书面形式通知钻井部门。

（3）诱喷压差的确定。地质油藏部门测试地质监督根据拟测试层的电测渗透率、声波时差及出砂分析结果，并同时考虑钻井部门和测试作业承包商告知的工程作业风险确定诱喷压差。

（4）液垫类型的确定。液垫类型由地质油藏部门地质监督根据地层物性及油气显示情况确定。

（5）射孔。

2. 第二阶段：下测试管柱阶段

（1）装射孔枪。由测试地质监督下达装枪指令，负责确认装枪的长度、射孔弹的数量及排弹方式。装枪时的安全控制主要由测试工程监督负责。

（2）压力计地面功能试验。由测试地质监督负责监督压力计地面功能试验，并对试验结果负责;确定压力数据的取点密度以及下入压力计的类型、数量和下入深度。

(3)液垫高度的确定。测试工程监督负责提供正式管柱图,测试地质监督负责根据设计的诱喷压差计算液垫高度并提供给测试工程监督,由测试工程监督最终确定液垫具体应灌满至哪柱钻杆(油管)。测试地质监督最终确认灌液垫高度合格。

(4)测井校深。测试地质监督根据实际情况确定选用何种仪器及仪器上提、下放的速度等,测得的管柱上放射源位置及套管上放射源位置由测试地质监督负责读值,确认校深是否合格。测试工程监督负责组织协调测井设备的安装及其安装过程中的安全事项。

3. 第三阶段:开井测试阶段

(1)初开井。

①由测试地质监督、测试工程监督共同检查确认开井的准备工作是否就绪,测试工程监督确认已经具备开井的安全条件,然后由测试地质监督决定射孔枪点火时间。

②测试地质监督根据井的流动动态确定油嘴尺寸和变更时间。

③测试地质监督根据燃烧臂火焰的燃烧情况与井口压力的变化决定初开井结束时间。

(2)初关井。

①初关井持续时间由测试地质监督根据测试地质设计的初关井时间确定。

②测试地质监督根据初流动动态如要改变初关井持续时间,必须向地质油藏部门主管领导汇报并通知测试工程监督。

(3)产能测试。

①产能测试的油嘴系列由测试地质监督确定。

②每个油嘴的流动时间由测试地质监督根据流动情况确定。

③测试工程监督负责所有测试设备的正常运转。

④测试工程监督负责测试过程中的安全与环境保护,测试地质监督协助其做好这方面工作。

⑤产能测试结束时间由地质油藏部门决定,如遇特殊情况如防台风、防 H_2S 等,由地质油藏部门与钻井部门协商决定。

(4)测压力恢复的关井持续时间。这由测试地质监督根据测试地质设计、井的流动动态或地面直读压力计的实时分析确定。

(5)流体样品采集。

①地层流体样品采集。

a. 钢丝作业井下取 PVT 样:取样时间、取样深度、取样数量、取样器出井后流体样品检验和转样由测试地质监督负责;取样过程中设备组装、就位、安全控制由测试工程监督负责组织与协调。

b. 井下取样:取样器是否取样、取样时间以及取样后流体样品的处理方式由测试地质监督负责;取样操作由测试工程监督负责监督。

c. 分离器取 PVT 样:取样要求、取样数量、取样时间、取样时分离器条件和向实验室提供的油气产量数据等由测试地质监督负责;取样时的安全工作由测试工程监督负责。

②地面常规分析样品采集。测试地质监督根据测试监督手册规定,在适当时间采集地面常规样品,取样位置、方式及数量由测试地质监督决定;取样时的安全工作由测试工程监督负责。

(6)测试现场流体样品分析。分析项目、采样位置、分析采样时间间隔由测试地质监督负责。

(7)测压力梯度。如果需要测压力梯度,测压取点密度、每个测压点的取值时间以及测压结果由测试地质监督负责;测压过程中的设备组装、安全控制由测试工程监督负责组织与协调。

(8)数据采集系统采集到的地面测试数据、由测试地质监督负责验收;数据采集传输系统等设备的正常运转由测试工程监督负责。

(9)地面直读压力计系统:压力资料的录取、资料的实时处理和分析判断由测试地质监督负责,直读压力计接收器入井前的准备工作如防喷管安装、绞车就位等由测试工程监督负责。

(10)测试成果汇报:油气井测试过程中,所有的测试成果数据都统一由测试地质监督向地质油藏部门和钻井部门主管领导汇报,包括油、气、水产量,井底压力和温度、井口压力和温度、测试现场的流体分析数据等。

4. 第四阶段:压井

(1)如果测试层需要重复测试,则本次测试结束后的压井方案由钻井部门与地质油藏部门讨论、协商决定,包括压井液的性能、泵压、排量等。重复射孔方案、测试液、诱喷压差和液垫性质由地质油藏部门决定。

(2)探井或评价井需保留井口当做生产井利用时,压井方案由钻井部门和地质油藏部门讨论、协商决定,包括防腐完井液的性能、泵压、排量等。

(3)当井的测试作业结束后,要永久弃井,压井方案由钻井部门决定。

四、井下压力采集装置

在测试作业中,为了获得精确的地层温度压力资料,以及在测试过程中获得井下温度、压力的变化信息,在测试作业时下入井下温度/压力计,记录整个测试作业过程中井下温度/压力情况。通过测试地层的压力恢复资料以及对压力恢复资料进行处理与解释,可以确定影响半径(泄油半径)范围内的地层系数、平均有效渗透率、流动系数等地层特性参数;如果井周围出现边界反应,则要确定边界的性质并计算边界位置。同时取得测试油藏的地层温度数据,为实验室地层流体分析提供温度控制条件。

井下压力采集装置主要设备有压力计托筒和存储式压力计,现在测试作业中有时也使用直读井下压力/温度计,即在关井压力恢复期间,下入电缆与井下直读压力计托筒对接,地面能够直接读取井下压力/温度资料,便于确定关井时间,既能够取准资料,也可以节约成本。

压力计托筒是井下压力/温度计的载体,携带井下压力/温度计入井并保护井下压力/温度计不受损坏,有外置式和内置式两种结构的压力计托筒。井下存储式压力计主要规格型号见表8-1。

表8-1 井下存储式压力计主要规格型号

序号	压力计型号	传感器类型	压力/温度等级	外径,mm	采集数据量
1	常规记忆电子压力计	应变式传感器	70MPa/150℃	31.75	20万套数据以上
2	MHT记忆电子压力计	石英晶体传感器	70MPa/175℃	31.75	20万套数据以上
3	VHT记忆电子压力计	石英晶体传感器	70MPa/175℃	31.75	20万套数据以上
4	HPHT记忆电子压力计	石英晶体传感器	70MPa/200℃	31.75	20万套数据以上

第二节 海洋完井评价

当某油气田钻井、完井作业完成后,应对该油气田所有井完井情况进行评价,评价这口井完井作业是否满足总体开发方案中对各个作业的要求。完井作业作为整个油气田开发过程中的重要环节,对完井完成情况的评价也显得尤为重要。对海洋油气田来说,目前的完井评价主要包括防砂方式、完井管柱、储层保护、井口装置、产量要求等方面。对完井伤害的评价请参考有关书籍,本书略。

一、主要评价内容

针对不同作业区块(深水或浅水)、不同油藏形式、不同地层、不同完井方式、不同完井作业装置等,完井评价内容、评价参数及评价标准不一样,侧重点也不同。在海洋完井作业中,主要有以下评价内容。

1. 洗井质量

洗井即完井作业中的刮管洗井,指下入刮管器在套管射孔段、封隔器坐封段上下清刮,并循环替入完井液,清洗井筒至返出完井液达到要求,包括过滤盐水精度、洗井液的 NTU 值(浊度)满足设计要求。

固相颗粒直径应小于以下计算结果:

$$D_s = \frac{\sqrt{K}}{7} \tag{8-1}$$

式中 D_s——固相颗粒直径,μm;
K——目的层平均渗透率,$10^{-3}\mu m^2$。

2. 完井液质量

完井液指完井作业中使用的各种工作液总称,包括钻开液、清洗液、射孔液、破胶液、防腐液、封隔液等与完井作业有关的液体。完井液质量评价指完井液密度、pH 值是否满足设计要求。一般情况下,油井完井液密度附加当量密度为 $0.05\sim0.10g/cm^3$,气井完井液密度附加当量密度为 $0.07\sim0.15g/cm^3$。

3. 射孔质量

针对套管射孔完井,需要评价射孔质量,主要评价射孔段深度误差、射孔枪发射率、射孔负压值、射孔弹穿深(API 水泥靶)、孔径等是否满足设计要求。

海洋完井作业中,油管输送射孔进行两次管柱校深,固定式或自升式平台射孔误差应在 0.2m 以内,浮式钻井装置作业射孔误差小于或等于 0.5m,全井段射孔发射率应大于 95%。另外,针对不同完井工艺,对射孔弹的穿深和孔径要求也不同。

对于非防砂井,宜选用深穿透射孔弹,穿深和孔径要求见表 8-2;对于防砂井,高速水充填或循环充填射孔弹穿深和孔径要求见表 8-3,压裂充填射孔弹穿深和孔径要求见表 8-4。

表8-2 非防砂井射孔弹穿深和孔径要求

套管直径,mm	穿深,mm	孔径,mm
114.3	≥400	≥7
177.8	≥450	≥9
244.5	≥600	≥10

表8-3 高速水充填或循环充填射孔弹穿深和孔径要求

套管直径,mm	穿深,mm	孔径,mm
177.8	≥350	≥10
244.5	≥450	≥18

表8-4 压裂充填射孔弹穿深和孔径要求

套管直径,mm	穿深,mm	孔径,mm
177.8	≥300	≥12
244.5	≥400	≥20

射孔负压应能满足如下要求:能有效解除射孔造成的压实带;射孔后返排物不应造成射孔管柱卡钻。

4.防砂质量

针对不同的防砂方式,防砂质量评价依据和方法不同。

(1)筛管完井:防砂质量评价指标主要包括射孔段的覆盖率、筛管挡(防)砂精度、顶部封隔器坐封后环空试压等满足设计要求。

(2)砾石充填完井:防砂质量评价指标主要包括陶粒球度、圆度以及陶粒强度、酸溶蚀率、充填系数、盲管外砂高等满足设计要求。

一般情况,在海洋完井砾石充填作业中,177.8mm套管井循环高速水充填系数应大于或等于10lb/ft,压裂充填系数应大于或等于50lb/ft;244.5mm套管井循环高速水充填系数应大于或等于20lb/ft,压裂充填系数应大于或等于100lb/ft。裸眼井充填主要以充填效率大小来进行评价,具体要求见表8-5。在完井充填作业中,盲管外砾石覆盖高度评价要求见表8-6。

表8-5 裸眼井充填要求

套管直径,mm	套管外径,mm	充填效率,%
152.4	101.6	≥95
215.9	139.7	≥90

表8-6 盲管外砾石覆盖高度要求

单层充填防砂段长度L,m	盲管外砾石覆盖高度h,m
≤10	≥0.6
10~24	≥0.8
>24	≥1.8

5.井口装置

这里主要指井口套管四通、油管四通、油管挂及采油树等部件的材质、压力等级、连接密封试压、采油树整体试压、过电缆封隔器验封等满足设计要求。

6. 生产管柱

生产管柱是油气由井底流向井口的流通通道，管柱上连接压力监控装置、人工举升系统、滑套、安全阀等工具。对生产管柱的评价内容主要包括管柱通径要求、螺纹连接扭矩监测、管柱下入过程中或到位后正压试验以及井下工具试压和功能试验等。

7. 机采系统

在海洋完井作业中，机采系统主要指电潜泵井下设备及地面控制系统，主要包括井下电动机、保护器、泵、地面接线盒、变频器、变压器、控制柜等设备。对机采系统的评价主要指评价电缆绝缘是否满足要求，电动机、电泵运转是否正常，地面操作系统运行是否正常等。在海洋完井作业中，完井后井下机组对地绝缘在使用 2500V 兆欧表测量下应大于 $100M\Omega$，机组运行电流三相不平衡度小于或等于 2%。

8. 井下压力监控系统

在气井完井作业中，通常使用电子压力计监测生产过程中井下压力与温度；对油井来说，一般使用电潜泵泵工况监控仪，在监测泵工况的同时，监控井下压力和温度。对井下压力监控系统的评价主要评价井下压力计精度是否满足油藏要求，地面读取压力和温度数据是否正常。

9. 油（气）井产能

当井完井投产后，需要对井进行产能测试，对比总体开发方案中对该井的产能要求，看该井测试产能是否达到设计要求。主要参数包括油嘴大小，井口压力、温度，日产油（气）量等。通常情况下受平台处理能力、海管输送能等方面的影响，正常生产时井的产能低于测试产能。

二、常见完井评价实例

针对不同油气藏、不同完井工艺及完井作业装置等，完井评价参数的侧重点不一样，相同评价参数的评价标准也存在一定差异。下面列举目前海洋石油常用的几种完井工艺，分别对不同完井工艺进行评价，以此诠释海洋完井评价标准，分别见表 8-7 至表 8-10。

表 8-7 某油井 $9\frac{5}{8}$ in 套管完井（不防砂）评价

序号	项目	评审内容	质量标准	满分	实际质量	得分
1	洗井质量	过滤海水，μm	≤2	6	2	6
		洗井 NTU 值	≤30	6	6	6
2	完井液质量	密度，g/cm^3	1.03～1.10	6	1.03	6
		渗透率恢复值，%	≥85	8	95	8
		完井液 pH 值	<6	6	5	6
3	射孔质量	发射率，%	≥98	7	100	7
		射孔深度误差，m	≤0.2	7	0.1	7
		穿深（API 水泥靶），mm	≥400	6	563.6	6
		孔径（API 水泥靶），mm	≥20	6	20.6	6
4	井口装置	采油树连接密封试压	≥14MPa×10min	6	14MPa×10min	6
		采油树整体试压	≥21MPa×10min	6	21MPa×10min	6

续表

序号	项目	评审内容		质量标准	满分	实际质量	得分
5	生产管柱	生产封隔器验封		≥3.5MPa×10min	5	3.5MPa×10min	5
		套管试压		21MPa×10min	4	21MPa×10min	4
		生产管柱通径,mm	3½in油管	72.82	4	72.82	4
		控制管线、井下安全阀、排气阀安装后整体试压		≥35MPa×10min	5	≥35MPa×10min	5
		井下压力计		信号正常	4	信号正常	4
6	机采系统	机采地面设备及井下设备仪器和工具		运转正常	8	运转正常	8
		单井综合得分			100	合计	100

注:综合得分95分以上,完井工程质量为优;90~95为良;80~90为合格。

表 8-8 某油井 8½in 裸眼优质筛管防砂完井评价

序号	项目	评价内容		评价标准	满分	实际数据	得分
1	洗井质量	过滤海水,μm		≤2	6	2	6
		洗井NTU值		≤30	6	26	6
2	完井液	密度,g/cm³		1.06~1.09	8	1.1	7
		完井液pH值		<6	6	5	6
		渗透率恢复值,%		≥85	6	90	5
3	防砂质量	防砂精度,μm		100	8	100	8
		顶部封隔器坐封后环空试压		≥6.9MPa×10min	8	6.9MPa×10min	8
4	井口装置	采油树连接密封试压		≥35MPa×10min	6	35MPa×10min	6
		采油树整体试压		≥35MPa×10min	8	35MPa×10min	8
5	生产管柱	生产封隔器验封		≥3.5MPa×10min	8	3.5MPa×10min	8
		井下工具试压,功能试验		合格	8		8
		通径,mm	4½in油管	97.36	5	97.36	5
		控制管线、井下安全阀、排气阀安装后整体试压		≥35MPa×10min	5	≥35MPa×10min	5
		井下压力计		信号正常	5	信号正常	5
6	机采系统	机采地面设备及井下设备仪器和工具		运转正常	8	运转正常	8
		单井综合得分			100	合计	99

注:综合得分95分以上,完井工程质量为优;90~95为良;80~90为合格。

表 8-9 某气井 8½in 裸眼优质筛管防砂完井评价

序号	项目	评价内容	评价标准	满分	实际数据	得分
1	洗井质量	过滤海水,μm	≤2	6	2	6
		洗井NTU值	≤30	6	26	6

续表

序号	项目	评价内容	评价标准	满分	实际数据	得分
2	完井液	密度,g/cm³	1.06~1.09	8	1.1	7
		完井液 pH 值	<6	6	5	6
		渗透率恢复值,%	≥85	5	93	5
3	防砂质量	防砂精度,μm	100	8	100	8
		顶部封隔器坐封后环空试压	≥6.9MPa×10min	8	6.9MPa×10min	8
4	井口装置	采油树连接密封试压	≥35MPa×10min	6	35MPa×10min	6
		采油树整体试压	≥35MPa×10min	8	35MPa×10min	8
5	生产管柱	生产封隔器验封	≥6.9MPa×10min	8	6.9MPa×10min	8
		井下工具试压,功能试验	合格	8	合格	8
		通径,mm 5½in 油管	115.44	5	115.44	5
		控制管线、井下安全阀、排气阀安装后整体试压	≥35MPa×10min	5	≥35MPa×10min	5
		井下压力计	信号正常	8	信号正常	5
	单井综合得分			100	合计	100

注:综合得分 95 分以上,完井工程质量为优;90~95 为良;80~90 为合格。

表 8-10 某油井 9⅝in 套管内高速水循环充填防砂完井评价

序号	项目	评审内容	质量标准	满分	实际质量	得分
1	洗井质量	过滤海水,μm	≤2	5	2	5
		洗井 NTU 值	≤30	5	29	5
2	完井液质量	密度(油井),g/cm³	1.03~1.10	5	1.03	5
		完井液 pH 值	4~6	5	5	5
		渗透率恢复值,%	≥85	6	≥92	6
3	射孔质量	发射率,%	≥98	5	100	5
		负压值,MPa	≥6	5	3.74	5
		射孔深度误差,m	≤0.2	3	0.08	3
		穿深,mm	>400mm	4	664.972	4
		孔径,mm	≥18mm	4	21.08	4
4	防砂质量	陶粒 陶粒球度、圆度	≥0.6	3	≥0.6	3
		陶粒 陶粒强度 lb	≥10000	3	≥10000	3
		陶粒 酸溶蚀率,%	≤2.0	3	≤2.0	3
		充填系数,lb/ft	≥20	5	129/31.8	5
		盲管外的砂高,ft	≥6	5	13.1/6.5	5

— 179 —

续表

序号	项目	评审内容	质量标准	满分	实际质量	得分
5	井口装置	采油树连接密封试压	≥14MPa×10min	5	14MPa×10min	5
		采油树整体试压	≥21MPa×10min	5	21MPa×10min	5
6	生产管柱	生产封隔器验封	≥3.5MPa×10min	4	3.5MPa×10min	4
		井下工具试压,功能试验	合格	4	合格	4
		生产管柱通径,mm 3½in 油管	72.82	3	72.82	3
		控制管线、井下安全阀、排气阀安装后整体试压	≥35MPa×10min	2	35MPa×10min	2
7	机采系统	机采地面设备及井下设备仪器和工具	运转正常	8	运转正常	8
		单井综合得分		100	合计	100

注:综合得分95分以上,完井工程质量为优;90~95为良;80~90为合格。

第三节 完井清井放喷投产

当一口井完井作业完成后,随即下入生产管柱并安装完井井口采油(气)树,坐封、验封生产封隔器合格后,需要对井进行清井放喷。通过清井放喷将井筒内的完井液返排出来,同时将钻完井过程中侵入地层的泥浆滤液等返排出井口,疏通地层,解除污染,使地层流体流入井筒,流至地面采油流程,以实现油(气)井的投产。

油气井在正压差完井后,由于液柱压力高于油层压力,油气井不能自喷。在海洋完井工程中,油井的清井放喷主要是依靠人工举升设备来实现的。气井完井结束后,清井放喷是通过一系列措施来逐步降低井筒的静液柱压力,当静液柱压力小于地层压力时,地层流体进入井筒推动管柱内完井液流至地面,达到清井放喷及投产的目的。

一、油井清井放喷技术

以电潜泵井清井放喷为例说明油井清井放喷技术。对于已经下入电潜泵设备的井,当完井作业结束后,地面生产流程和管线连接完成并且试压合格,满足返排清井要求时,可以直接通过启动电潜泵进行清井放喷,清井初期油井产出的油、气、水进生产流程进行处理。

1. 开井程序

1)井下电气性能检查

检查井下机组对地绝缘电阻和三相间直流电阻,并做好记录,要求相间电阻不平衡度小于2%。

2)地面设备调试

生产人员做好供电准备后,平台电气师与电潜泵公司工程师检查变压器挡位和变频器参数设置是否正确。

3)流程检查

开机启动电潜泵以前,应仔细检查生产流程,确保生产流程畅通,确认火炬燃烧系统正常;确认好分配管汇至进开排流程之间的管线,确认平台开排流程及储液罐可用;检查井下安全阀是否动作灵活、功能可靠,处于开启状态,根据要求调节油嘴的开度。

4)试泵

对于正式投产之前完井的油井,采取启泵憋压的方式试泵。关闭翼阀,开主阀和清蜡阀,启动电泵,如果油压很快升高到电潜泵额定扬程,说明一切正常,可以投入正常生产;如果油压无反应,应认为井下安全阀未打开或其他故障,可通过作业或其他方式打开或确认。如果油压升不到泵额定扬程,则说明电动机反向,应调整电源相序。

5)开井清井

如果一切正常,可以开井清井放喷。确认地面流程正确,打开采油树地面液动安全阀;打开采油树手动主阀、手动翼阀和油嘴;加压打开井下安全阀,通过井口压力变化情况判断井下安全阀开关情况;进行低频启泵,运转正常后,调节至合适频率,清井放喷。根据作业需要,可以对油嘴开度进行调节。

6)开井后观察

电潜泵井开井以后,应严密观察,注意油压、套压变化以及含水率、温度与电流变化,油嘴是否堵塞。如果油嘴发生堵塞,应打开油嘴解堵,特别是新投产油田井、酸化作业后的井。如果电流远低于额定电流,应重新设定欠载设定值。

2. 产出液处理

产出液见油花及含油率较低时,产出液经采油树油嘴进平台测试分离器分离,分离出的油相进平台生产分离器,水相进开排沉箱处理。随着含水率的下降,含水率降至一定程度后,产出液直接进入平台生产流程。

二、气井和自喷油井清井放喷技术

在海上平台,气井和自喷油井清井放喷主要措施有替喷排液和气举排液两种方式。

1. 替喷排液

替喷排液法的实质就是减小管柱内液体的相对密度,使生产管柱内液柱的静液柱压力低于油层压力而达到诱喷的目的。具体施工是先用低密度液体将管柱中的完井液挤入地层,当生产管柱中充满低密度液体后,开井放喷以实现清井的目的。

替喷排液法清井主要适合中高孔渗性质、地层能量充足的油气藏,同时地层和地层流体对完井液没有敏感性伤害的井。替喷排液法清井放喷的优点在于生产压差的形成均匀缓慢,不致引起由于井壁坍塌而使油层出砂;它的缺点在于向地层挤入低密度液体过程中可能导致地层受到伤害。

2. 气举排液

气举排液法就是采用高压气体压缩机把气体压入井中使井中压井液排出的诱导油流的方法。气举只准许采用氮气、天然气以及二氧化碳。气举不允许使用空气,因为在油井里,氧气在与可燃气体混合体积含量达到 $13.4\% \sim 13.7\%$ 时,遇到明火将会发生爆炸;空气与天然气混合,当天然气占混合气总体积的 5%～15% 时,遇明火就会发生爆炸。因此,绝对禁止使用空气进行气举。气举排液最突出的特点是井内液体回压能急速下降,所以它只能适用于油层岩石胶结牢固的砂岩或碳酸盐岩油井的排液,对于一些胶结疏松的砂岩,要控制好捞空深度与气举排液速度,以免压力激动破坏油层结构而出砂。气举排液有以下几种方式。

1) 常规气举排液

常规气举排液又有正举、反举之分。正举是把气体从油管中压入,气液混合物从油管、套管环形空间中上升喷至地面;反举是把气体从油管、套管环形空间压入,油气混合物从油管喷至地面。

2) 多级气举阀气举排液

多级气举阀气举排液是根据排液的需要设计好多级气举阀管柱。主要是选择好气举阀的类型并计算好各级阀的下入深度。

这种气举排液方法的特点是油井液柱回压下降是逐级降低的,比常规气举的急速下降要缓和一些。

3) 连续油管气举排液

连续油管是指管内通径和管外直径在整根连续柔性长管上处处等同的小直径油管。常规油管是刚性的,通过螺纹一节一节地连接起来下入井内。而连续油管却是柔性的,像钢丝绳一样盘绕在油管滚筒上装载到连续油管车上,根据作业要求下入井中,完成作业后又由滚筒起出并排放好,待下次作业时再下井使用。连续油管的主要设备有操作间、动力源、滚筒、注入器、井口防喷器等。

连续油管是近些年在国外发展起来的有多种用途的作业设备,气举排液是它的一种主要作业。采用连续油管进行气举排液,首先就是用连续油管滚筒绞车、注入器把连续油管下入生产管柱中,然后把连续油管再与液氮泵车(或制氮车)连通。液氮泵车把低压液氮升至高压,再使高压液氮蒸发,从连续油管注入生产管柱中。蒸发了的高压氮气就把油管柱中的液体从连续油管和生产管柱的环形空间举升到地面,这样就减小了压井液对油层的回压,达到诱导油气流的目的。

连续油管排液有两个最显著的特点:首先是掏空深度大,目前国内连续油管最深可达 5000m;其次是排液速度快,排出 1000m 的液柱大约仅用 30min。其最大的特点是连续油管是从井口逐步向下排液,逐步降低井底回压,减少了对油气层的伤害。

连续油管外径系列有:$1\frac{1}{4}$in(31.8mm)、$1\frac{1}{2}$in(38mm) 以及 2in(50.8mm) 等,近年已发展到 $3\frac{1}{2}$in(89mm) 或更大直径。

液氮泵入设备是连续油管气举作业的主要配套设备。液氮泵入设备包括液氮罐、高压三缸泵、热回收式蒸发泵及控制装置和仪表。主要功能是储存、运输液氮并能把低压液氮升为高压,使高压液氮蒸发并把它注入井中。目前可达到的参数是:常用液氮罐容量为 $7.57m^3$,最大工作压力为 105MPa,最大排量为 $10194.1m^3/h$。

制氮车是近年发展的先进设备,有拖挂及车载两种型式。设备的主要特点是采用当今先进的膜(membrane)技术,从空气中直接分离出氮气。该设备有收集氮气系统及氮气增压系统,性能好、排量大,氮气排出工作压力高,能长时间连续运转。目前可达到的主要技术参数如下:氮气最大输出排量为 $10～15m^3/min$,最高工作压力为 26～35MPa,氮气纯度>95%。制氮车与连续油管车联合作业,在超深井、井内液柱压力高、管柱结构较复杂的井排液时速度快、效率高。

三、水下井口完井清井放喷

对水下井口完井的油井，连接完海管和生产管线后，直接启动电潜泵进行清井放喷，清井方式和程序与地面井口完井清井放喷类似。

对水下井口完井的气井来说，由于清井放喷需要钻井装置才能完成，所以需要在连接海管和生产管线前完成气井的清井放喷作业。即利用浮式钻井装置对井进行清井放喷，返出流体达到清井要求后，关闭井下安全阀，回收生产管柱送入工具，下入水下井口油管挂堵头，关闭水下采油树各阀门，回收防喷器，移开浮式钻井装置。当连接完海管和生产管线后，直接远程打开采油树各阀门及井下安全阀，即可投产。

习 题

1. 完井测试是指什么？测试的具体内容有哪些？
2. 主要从哪几个方面对海上完井作业进行评价？
3. 为什么完井作业完成后要清井放喷？清井放喷的原理是什么？
4. 气举排液清井放喷主要有哪几种方式？

第九章 海洋完井管柱与井口设备

一口井从上往下是由井口装置、完井管柱和井底结构3部分组成。井口装置的作用是悬挂井下油管柱、套管柱,密封油管、套管和两层套管之间的环形空间以控制油气井生产、回注(注蒸汽、注气、注水、酸化、压裂和注化学剂等)并保证安全生产的关键设备,本章第一节将详细讲述。而完井管柱则包括油管、套管以及按一定功用组合而成的井下工具,本章第二节详细讲述。井底结构是连接在完井管柱最下端与完井方法相匹配的工具和管柱的有机组合体,可参见本书第二章、第三章以及第四章。

第一节 海上平台井口设备

海上平台井口设备主要包括地面采油(气)树和井口装置两部分。

一、地面采油树及油管头

地面采油树是阀门和配件的组成总成,用于油气井的流体控制,并为完井管柱提供入口。它包括油管头上法兰以上的所有设备。通过对采油树进行多种不同的结构组合以及选择合适的压力等级和加工材质等,以满足采油(自喷、人工举升)、采气(天然气及各种酸性气体)、注水、热采、压裂、酸化等需要。

本节主要介绍地面采油树的3种结构形式:分体式与整体式采油树,单油管采油树与双油管采油树,单筒双井及单筒多井采油树。

1. 分体式与整体式采油树

分体式采油树由各个独立阀门等部件组装而成,如图9-1所示。分体式采油树具有灵活性、兼容性和互换性强的特点,能较大幅度地降低库存配件数量和项目的投资成本,且能适用于各种井深结构和完井类型。

整体式采油树由主阀、安全阀、清蜡阀和翼阀等组合成一个整体部件,如图9-2所示。阀与阀之间的距离较小,既省空间又耐高压。整体式采油树具有泄漏点少,结构紧凑,特别适用于海上平台的优点。

2. 单油管采油树与双油管采油树

海上平台采油树按单井完井方式,可以分为单油管采油树与双油管采油树。单油管采油树安装在单油管完井的井口装置上。双油管采油树安装在双油管完井的井口装置上,用于两个油层同时而又独立开采的生产控制,如图9-3所示。双油管完井是在同一个生产套管中下入两根平行油管柱(长管和短管)或两根同心油管柱,通过双管封隔器和单管封隔器对两个油气层段进行分隔。

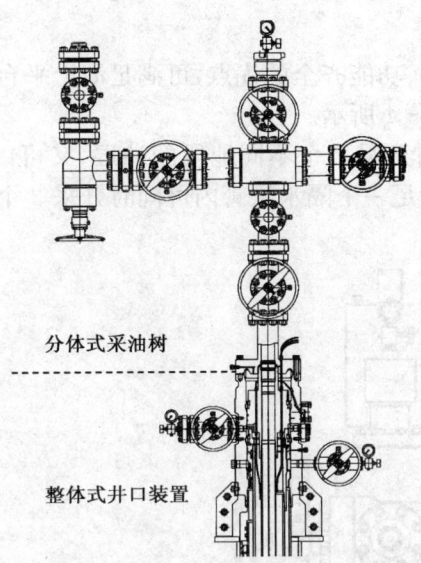

图 9-1 分体式采油树及井口装置

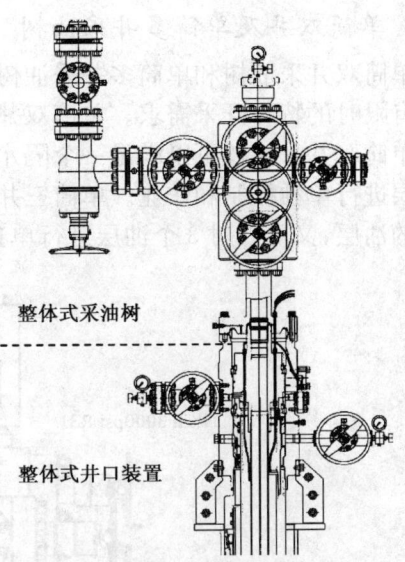

图 9-2 整体式采油树及井口装置

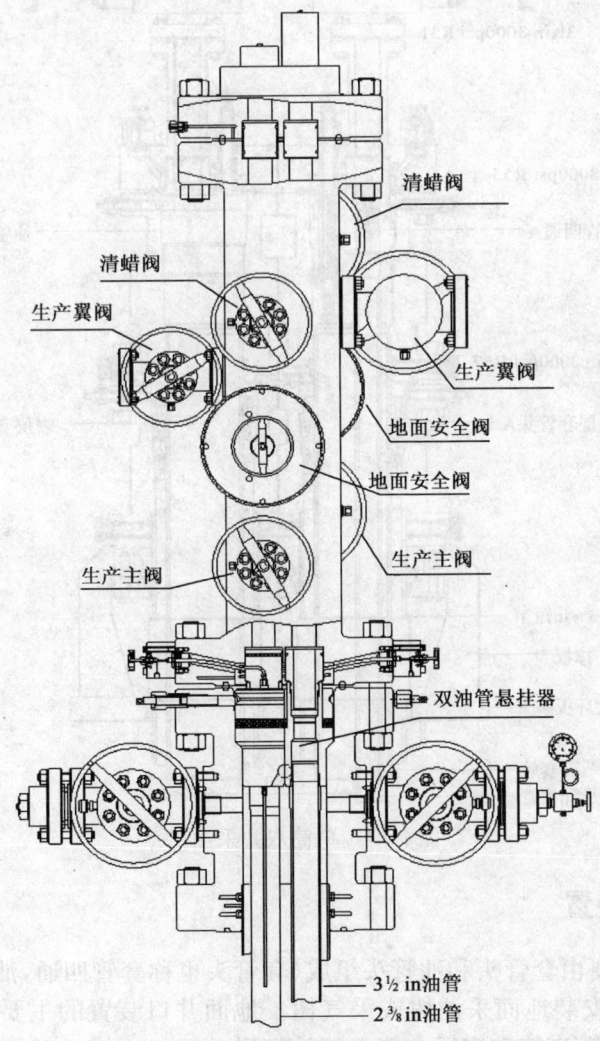

图 9-3 双油管采油树及井口装置

3. 单筒双井及单筒多井采油树

单筒双井采油树和单筒多井采油树具有结构紧凑、功能齐全的优点,可满足海上平台安装空间有限时的特殊开采需求。单筒双井采油树如图9-4所示。

单筒双井采油树可以满足一个隔水导管内可同时开采2个不同地段的油层,又可以对2个油层进行单独控制和作业。单筒三井采油树可以满足一个隔水导管内可同时开采3个不同地段的油层,又可以对3个油层进行单独控制和作业。

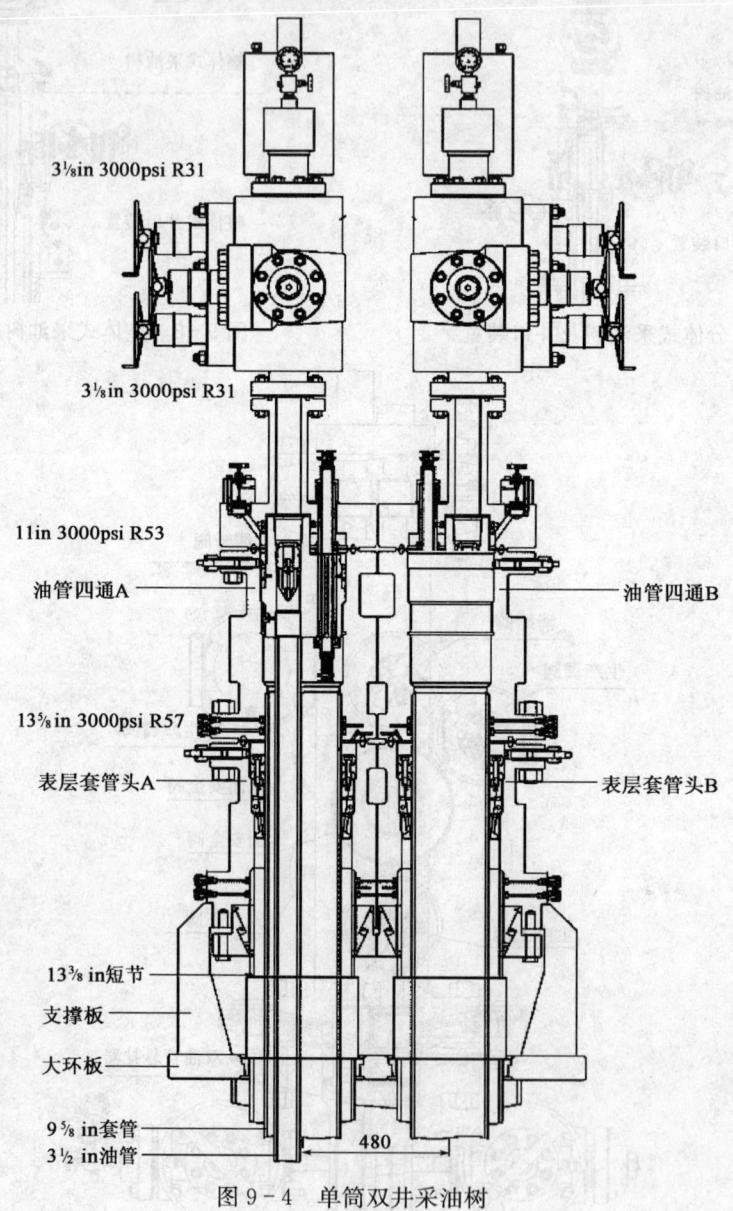

图9-4 单筒双井采油树

二、地面井口装置

地面井口装置主要由套管头和油管头组成(套管头也称套管四通,油管头也称油管四通),如图9-5所示,上部安装地面采油树或采气树。地面井口装置的主要作用是悬挂井下油管柱、套管柱,并密封油管、套管和多层套管之间的环形空间。

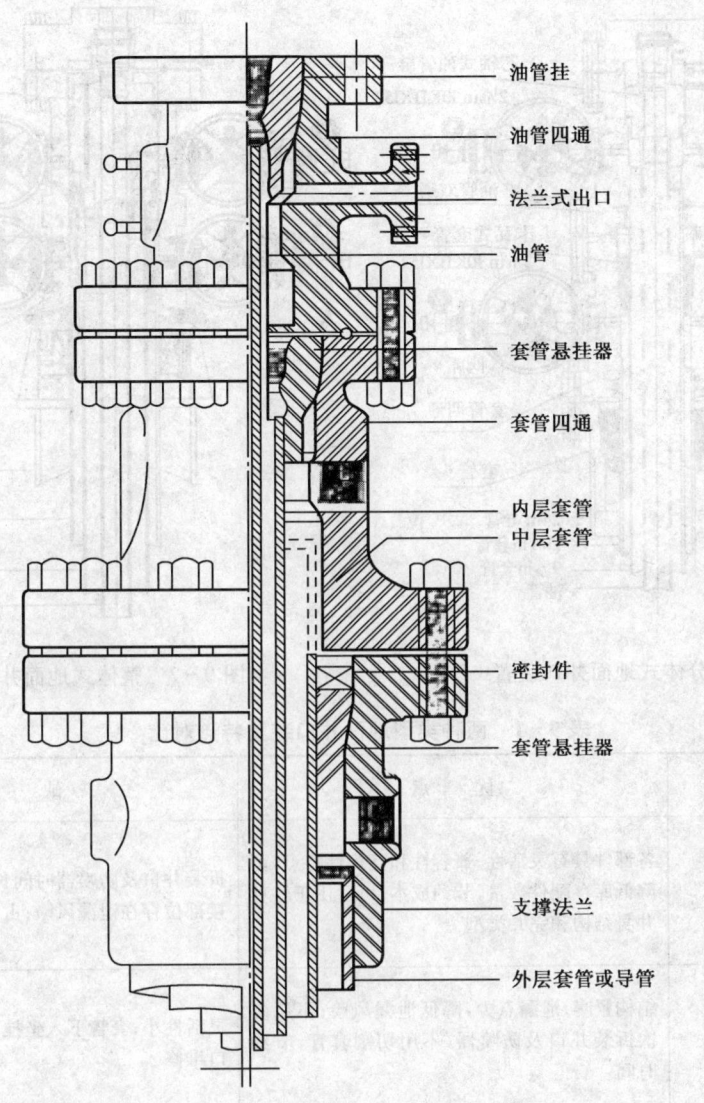

图 9-5 典型地面井口装置结构示意图

1. 地面井口装置分类

地面井口装置按照结构型式分为分体式井口装置和整体式井口装置,按照作业方式分为单筒双井井口装置与单筒多井井口装置。

1) 分体式井口装置

下入各层套管并固井,根据井口装置尺寸和平台各层甲板尺寸切割套管,分别安装支撑法兰、套管头和油管头等部件,如图 9-6 所示。

2) 整体式井口装置

整体式井口装置的支撑法兰、套管头和油管头集成为一体,同时安装在井口上,后续下入各层套管不需要切割套管,各层套管挂坐挂在整体式井口内,如图 9-7 所示。

两种类型地面井口装置特点对比见表 9-1。

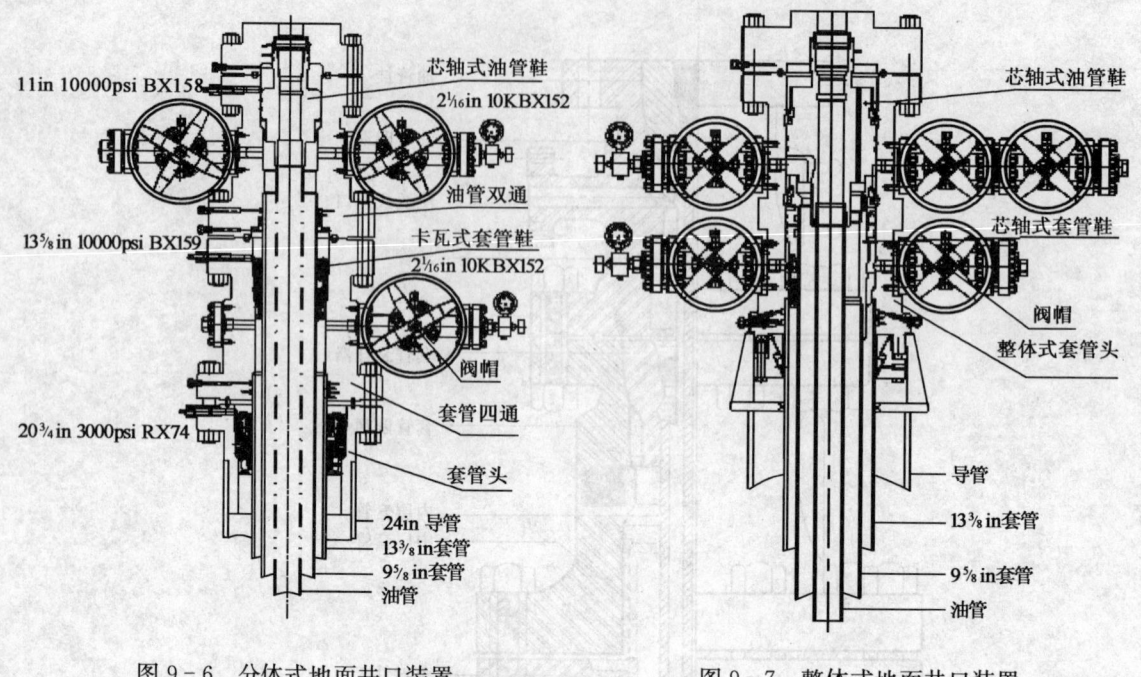

图 9-6 分体式地面井口装置　　　　图 9-7 整体式地面井口装置

表 9-1　两种类型地面井口装置特点对比

井口类型	优　点	缺　点
分体式井口装置	各部件具有灵活性、兼容性和互换性特点,可降低库存配件数量,节约成本;可适用于各种井身结构和完井类型	拆装井口及防喷器时间长;需要切割套管;连接部位存在泄漏风险;占用空间相对较大
整体式井口装置	结构紧凑;泄漏点少,降低泄漏风险;不用多次拆装井口及防喷器,不用切割套管,节约时间	灵活性小;套管下入坐挂存在风险;不便于井口维修

3）单筒多井井口装置

针对老平台或者井口槽数量有限的平台,为了能够满足油田开发的需要,常采用单筒双井或单筒多井工艺。单筒双井井口装置是指两口井共用一个井口槽,在 762.0（30in）～914.4mm（36in）隔水导管内下入两口井的 339.7mm（13⅜in）套管,分别安装套管头和油管头等井口设备,如图 9-8 所示。

2. 地面井口装置组成

1）套管头

套管头是连接套管和油管头的部件,由套管悬挂器及其锥座组成,用于支承下一层较小的套管柱并密封上、下两层套管间的环形空间。套管头悬挂器座的上端通常与一个上法兰连接,下端与一个四通连接;而四通下部又焊接一个下法兰,具有上、下法兰和两个环空出口,从而构成一个套管头短节。

海上油田的井一般有多层套管,由此有多个套管头。最下部套管头安装在隔水导管顶端,其上法兰与中间套管头的下法兰相连接,其下端是螺纹或焊接滑套。中间套管头的上、下法兰分别与上、下套管头连接。最上部套管头的上、下法兰分别与油管头的下法兰和下面一级套管的上法兰连接。图9-9为南海某油田采用的典型套管头组合。

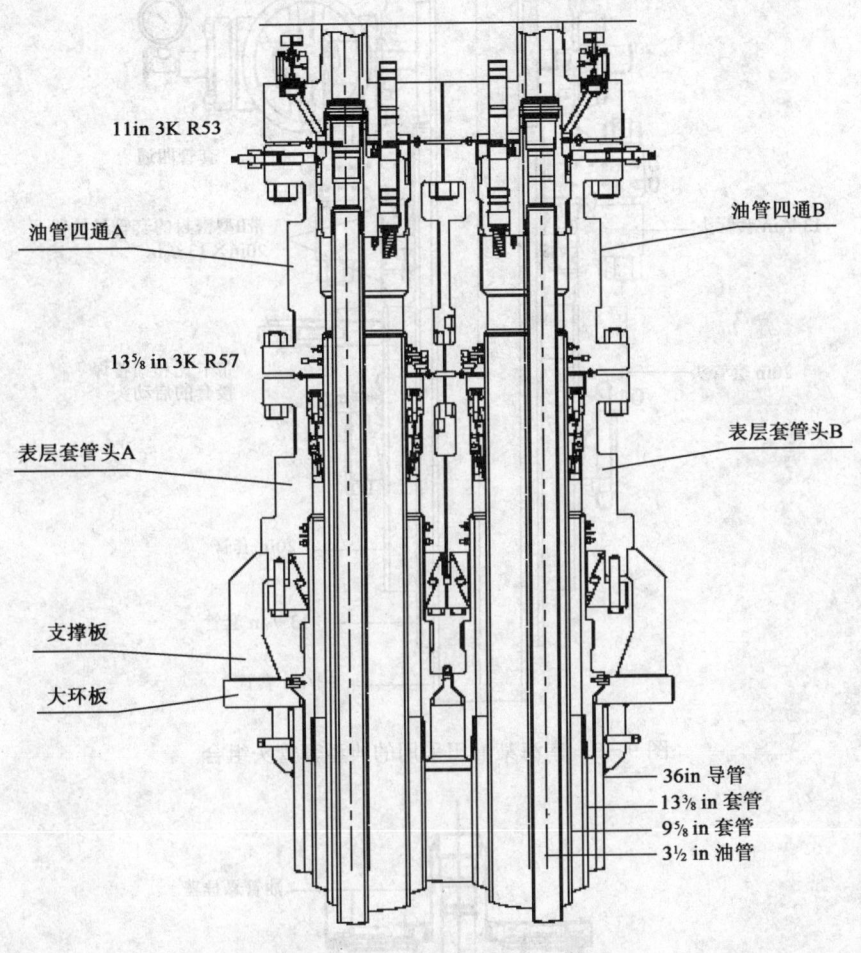

图9-8 单筒双井地面井口装置

2)套管悬挂器

套管悬挂器坐在套管头的锥座中,用于牢固地悬挂下一级套管柱,并在所悬挂的套管和套管头锥座之间提供密封的一种装置。套管悬挂器的尺寸由公称外径决定,它应与套管头法兰的公称尺寸相匹配。套管悬挂器应能承受所悬挂的套管柱重量,才不致产生缩颈变形而影响井下工具的通过。悬挂器所受到的载荷主要有锥形台肩作用的径向载荷、套管重量作用的拉伸载荷以及井内压力载荷。

3)油管头和油管悬挂器

油管头用于支承油管柱,并密封油管与生产套管间的环形空间。油管头的上端通常与采油树下部法兰连接,下端与套管头连接,具有上、下法兰和两个环空出口,从而构成一个油管头短节。上部法兰带有锁紧螺丝,用于压紧油管悬挂器。海上油田所使用的油管头上下多数采用法兰连接。油管头示意图如图9-10所示。

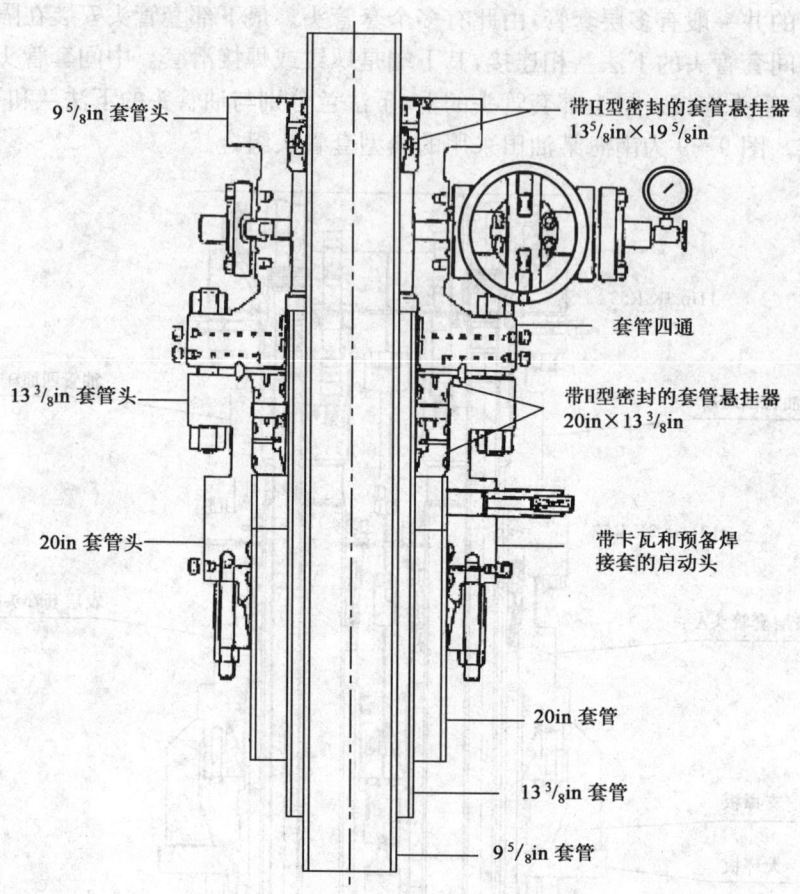

图 9-9 南海某油田采用的典型套管头组合

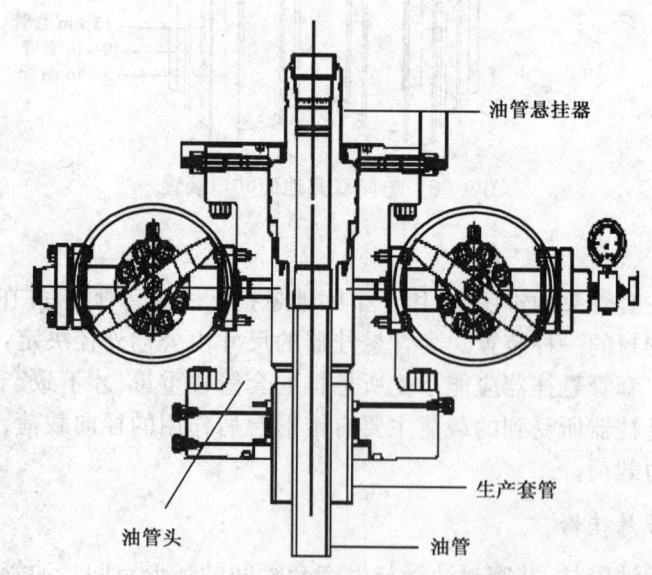

图 9-10 油管头结构示意图

油管悬挂器是坐在油管头的锥座中,用于悬挂油管柱,并在所悬挂的油管和油管头锥座之间提供密封的一种装置,见图 9-11。海上油气完井一般都下有井下安全阀,因此油管悬挂器都必须有连接井下安全阀的液控管线通道。电潜泵井的油管悬挂器还有井下放气阀通道和电缆穿越通道。

对于气井和自喷的油井,一般使用同心油管悬挂器[图 9-11(a)与(b)],而对于下入电潜泵的油井一般使用偏心油管悬挂器[图 9-11(c)]。当使用双油管采油树时,需使用双油管悬挂器。海洋油气田完井作业常用螺纹连接的油管悬挂器。

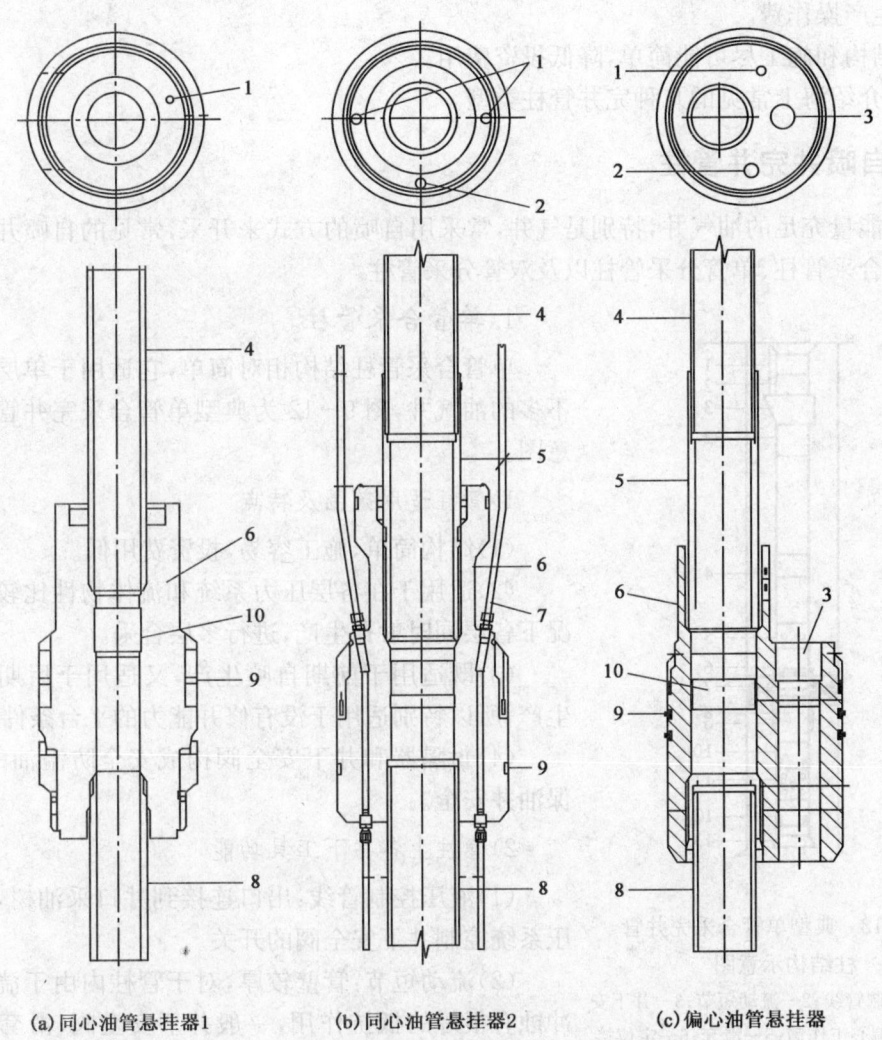

(a) 同心油管悬挂器1　　(b) 同心油管悬挂器2　　(c) 偏心油管悬挂器

图 9-11　不同类型油管悬挂器结构示意图

1—1¼in 管线穿越孔;2—⅜in 管线穿越孔;3—电泵电缆穿越孔;4—送入油管;5—油管悬挂器送入工具;
6—油管悬挂器;7—井下安全阀控制管线;8—油管;9—油管悬挂器密封件;10—背压阀

第二节　海上油气田典型完井管柱

下入完井管柱使生产井或注入井开始正常生产,是完井的最后一个环节。完井管柱的合理性直接关系到油气井生产、注水、注汽、增产、堵水等措施的实施,并影响后期井下作业频率和工作量,与油气井的安全密切相关。

完井管柱的设计必须遵循以下原则：
(1)完井管柱必须与井下状况(包括油气层层系、产能、水动力系统、流体特性等)相适应。
(2)完井管柱必须与地面条件相适应。
(3)完井管柱必须满足油气田开发方案的要求。
(4)一般都应具备测试功能和自动控制的安全功能。
(5)尽可能减少或避免生产过程的起管柱作业，应具备钢丝作业或(和)连续油管作业的功能，减少生产操作费。
(6)结构和施工尽可能简单，降低投资费用。
下面介绍海上常见的几种完井管柱类型。

一、自喷井完井管柱

地层能量充足的油气井，特别是气井，常采用自喷的方式来开采，常见的自喷井完井管柱分为单管合采管柱、单管分采管柱以及双管分采管柱。

1. 单管合采管柱

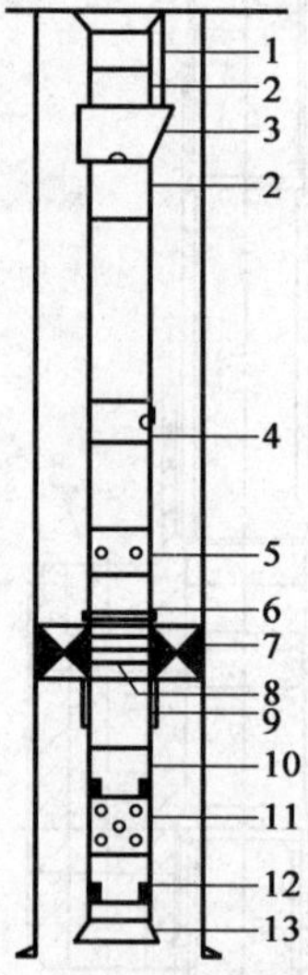

单管合采管柱结构相对简单，它适用于单层系或层系不多的油气井，图9-12为典型单管合采完井管柱结构示意图。

1)管柱适用范围及特点

(1)结构简单，施工容易，投资费用低。
(2)适用于在各层压力系统和流体物性比较一致的情况下各层同时射孔生产，进行多层合采。
(3)既适用于前期自喷生产，又适用于后期的射流泵生产，所以特别适用于没有修井能力的平台条件。
(4)封隔器和井下安全阀构成安全防溢油的功能，确保油井安全。

2)管柱上各井下工具功能

(1)液压控制管线：出口连接到井口采油树，由地面液压系统控制井下安全阀的开关。
(2)流动短节：管壁较厚，对于管柱内由于湍流引起的冲蚀有很好的抵抗作用，一般井下安全阀、滑套等其他会引起湍流的井下设备上、下均安装此工具。
(3)井下安全阀：特殊事故情况下可自动井下关井，防止溢油事故。

图9-12 典型单管合采完井管柱结构示意图
1—液压控制管线；2—流动短节；3—井下安全阀；4—偏心工作筒；5—滑套；6—定位接头；7—永久封隔器；8—密封总成；9—封隔器密封加长筒；10—工作筒；11—打孔管；12—NO-GO工作筒；13—导向引鞋

(4)偏心工作筒：可以作为安装循环阀或单流阀的工作筒。
(5)滑套：完井施工完成后，从油管挤柴油替出完井液进行诱喷以及修井时循环压井液等，也可用于后期射流泵生产。
(6)定位接头：施工作业时探测自井口至永久封隔器顶部的深度。配管柱长度时，如果将其下至比该深度浅的位置(即下在永久封隔器顶部一定距离)，为防止生产时温度升高油管伸长对封隔器或井口的破坏，一般宜采用悬挂式定位接头。

(7)永久封隔器：封隔油管、套管环形空间，起环空安全阀的作用并能防止套管腐蚀(封隔液一般都加入防腐剂和杀菌剂)。

(8)密封总成：密封油管与环空。

(9)封隔器密封加长筒(或可磨铣加长筒)：与密封总成形成密封，它们的长短视井底温度、压力及生产后期的生产方式等因素决定。

(10)工作筒：当封隔器采用液压坐封方式时，可作为坐入堵塞器坐封封隔器使用，否则一般可以不接此工具。

(11)打孔管：地层生产流体通道。

(12)NO-GO 工作筒：悬挂生产测试仪表并可防止钢丝工具串掉落井底。

(13)导向引鞋：便于通过的生产测井仪、连续油管、钢丝作业等工具回收进入油管。

3)设计要点

(1)封隔器可选用永久封隔器或可回收液压坐封单管封隔器，主要根据油藏情况和后期油层改造的条件及可能性来考虑。永久封隔器的优点是密封可靠，经久耐用，耐温耐压，费用较低，但后期磨铣麻烦。

(2)管柱中是否接入偏心工作筒及其深度，应根据油藏及平台条件考虑，如果有了偏心工作筒，而且偏心工作筒上部带有射流泵的过滤接头，可以省去滑套。

(3)管柱下入深度必须高于顶部油层顶界，底部必须使用带喇叭口的导向引鞋，便于后期生产测井和连续油管作业、补孔作业。整个管柱的通径也必须考虑这些作业。

(4)滑套应尽可能靠近封隔器顶部(使用液压封隔器时)，有利于投产诱喷和修井循环等作业，也可在修井循环时冲洗掉封隔器顶部可能的沉积物，容易解封。

(5)安全阀上、下端是否连接流动短节，视油井的产量大小及管柱可能的使用时间长短而定。一般来说，如果产量较高(如300～500m³/d以上)而估计管柱使用时间又较长(如3～5a以上)，则应接入流动短节。

(6)管柱是否连接"化学剂注入阀"及其下入深度，视油井的原油物性而定。如果原油析蜡点高，结垢严重或稠油则要考虑下入"化学剂注入阀"；否则可以不用。

(7)如果密封总成或单管液压封隔器要通过大斜度井的177.8mm(7in)导管，最好是加装扶正器使它们易于通过尾管挂而不被磨损。后面介绍的完井管柱如果有类似情况，也应考虑。

2.单管分采管柱

分层开采的管柱相对复杂，主要由封隔器、配产器及其他配套的井下工具组成。它主要用于层间差异大的自喷油气井，解决层间矛盾，充分发挥各层的潜力，提高采收速度。

典型单管分采合采管柱结构如图9-13所示，管柱中未标注的工具名称与图9-12相同。

1)管柱适用范围及特点

(1)适合于两层系油藏进行单独分采、不控制合采或控制合采，通过钢丝作业加以实施。

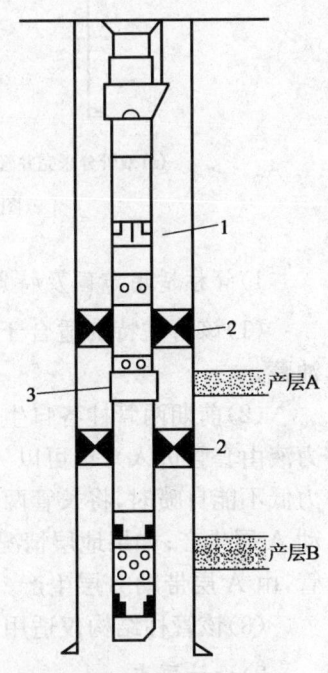

图9-13 典型单管分采合采生产完井管柱结构示意图

1—伸缩节；2—单管液压坐封封隔器；3—加厚管

(2)既适合前期自喷生产,也可用于后期的射流泵生产。

2)设计要点

(1)如果油井有3层可以(或必须)独立生产的层系,可以增加一个封隔器再行分层。

(2)如果2个(或3个)封隔器都采用液压坐封式,应选用"选择性坐封"的封隔器,由底到顶逐个坐封和验封;底部封隔器也可采用永久封隔器。

(3)如果油气产量较高,生产年限预计较长,正对着射孔层位的油管应采用厚壁油管。

3.双管分采管柱

图9-14为典型双管分采完井管柱,生产中层间干扰最小,其管柱相对复杂,作业中施工难度大。

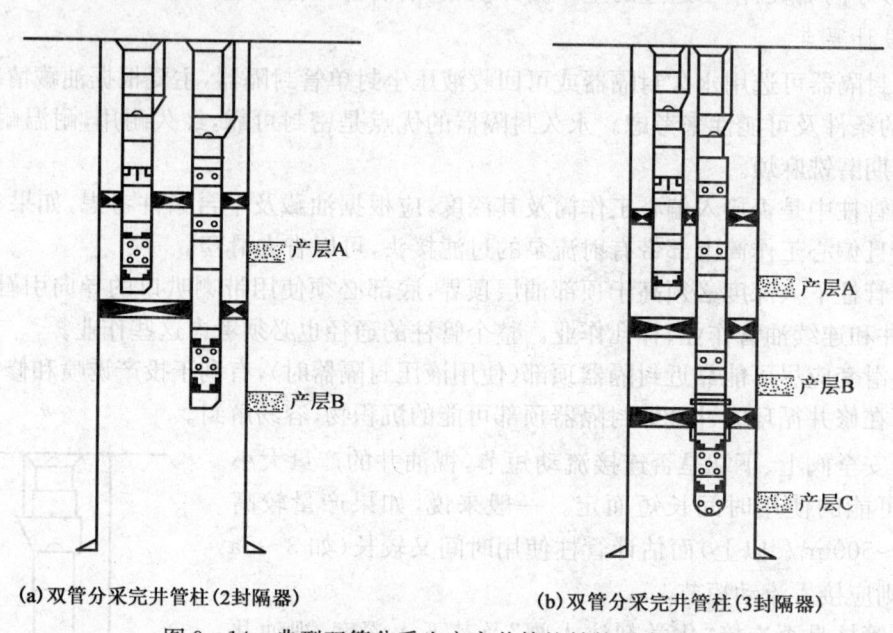

(a)双管分采完井管柱(2封隔器)　　　　(b)双管分采完井管柱(3封隔器)

图9-14　典型双管分采生产完井管柱结构示意图

1)管柱适用范围及特点

(1)该管柱特别适合于压力系统、原油物性、地层参数等差异很大的两个层系需分采的油藏。

(2)前期两管柱各自生产,后期可以进行射流泵生产(即长管第二个滑套上安装射流泵,动力液由套管进入),也可以A、B层互相带动合采生产,即在A层压力高、气油比高,而B层压力低不能自喷时,将长管两封隔器之间的滑套打开,关闭短管井口,单独生产长管,由B层带动A层生产;如果地层情况相反,可关闭长管井口,打开长管两封隔器之间滑套,单独生产短管,由A层带动B层生产。

(3)该管柱结构仅适用于生产套管直径等于或大于244.5mm(9$\frac{5}{8}$in)的情况。

2)设计要点

(1)如果底部有两个层系,又都有足够的产能,原油物性、压力系统等差异大,也可以增加一级封隔器,用长管进行分采/合采和双管分采。此时底部封隔器一般采用永久封隔器,长管管鞋采用圆头形式,易于插入底部封隔器。

(2)短管上的伸缩节主要是施工过程中作为调节长管、短管在井口的高低,保持在1.5m左右,便于施工。但如果是高压油井最好不用,因为它可能会是密封性差的薄弱点。

(3)油管尺寸根据产能决定,既可采用单一尺寸,也可采用组合式管柱,组合式一般可采用短管73mm(2⅞in)、长管114mm(4½in)+89mm(3½in)+73mm(2⅞in)的组合,或短管89mm、长管89mm+73mm的组合。长管钢级要考虑解封双管封隔器时有足够的抗拉强度。

(4)短管如果采用73mm(2⅞in)油管,一般采用58.7mm(2.31in)井下安全阀、57.2mm(2.25in)F型工作筒、57.2mm(2.25in)R型NO-GO工作筒或者47.6mm(1.875in)NO-GO工作筒为宜。

(5)如果油气产量较高,生产年限又可能较长,长管正对着射开油层部位的油管应使用厚壁油管,防止冲蚀磨损。

二、气举采油完井管柱

气举采油是海上油田人工举升采油的一种主要方式,其工艺是通过地面向环空注入天然气、伴生气、氮气、烟道气等高压气体,使之与地层流体混合,减小液柱密度,并减小液柱对井底的回压,使原油及液体连续地从油层流向井底,并从井底举升至地面。气举采油必须要有充足、稳定的气源。气举采油适用范围广,对低、中、高产量,低、中、高黏度,高气液比等油井都适用。另外,气举采油管理简单,操作费用低,总体经济性好。缺点是地面设备占用平台面积大,一次性投资费用高。图9-15是典型单管气举采油完井管柱结构示意图。

1. 管柱适用范围及特点

(1)既适用于地层压力较高和供液能力充足的连续气举井,也可以通过在滑套或工作筒中下入单流阀适应低压低产井的闭式间歇气举。

(2)可注入化学剂进行防垢、防蜡、防腐等工艺措施。

(3)在油管和环空都有安全阀,以控制意外溢油事故,有效地将油气密闭在井筒中。

(4)可进行生产测试和过油管作业。

(5)通过过油管电缆射孔实施补孔作业,根据地层能量情况可适时实施选择性分采合采,消除层间干扰。

(6)此管柱设计6级,在实施气举时可视产量、压力情况在不动管柱的情况下,调整下入深度及级数。

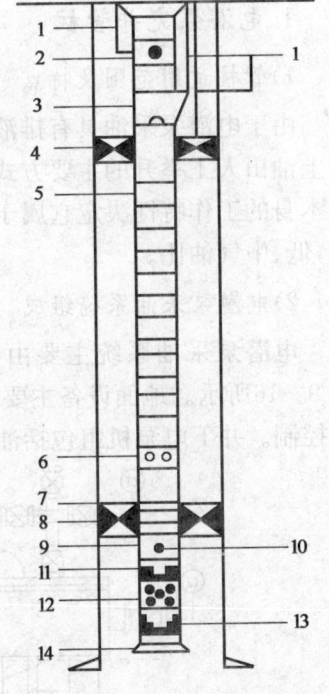

图9-15 典型单管气举采油完井管柱结构示意图

1—液压控制管线;2—化学药剂注入阀;3—井下安全阀;4—封隔器;5—气举工作筒;6—滑套;7—定位接头;8—永久封隔器;9—密封加长筒;10—密封总成;11—工作筒;12—打孔管;13—底部止动工作筒;14—导向引鞋

2. 设计要点

(1)气举阀工作筒(偏心工作筒)的间距和数量至少要满足3~5a以上气举生产的要求,而不需要动管柱作业。

(2)要保证底部封隔器和插入密封可靠。如果投产后温度和压力的变化会引起管柱伸长,可将定位接头下在永久封隔器顶部一定距离。

(3)管柱下入深度必须通过油层顶界。为增加油管管柱内通径,永久封隔器以下的工作筒、打孔管、NO-GO 工作筒、带喇叭口的导向引鞋可由永久封隔器的加长密封筒携带下入。管柱通径必须上、下一致。

(4)油管和环空安全阀的下入深度必须处于硬泥面和油井结蜡深度以下,环空安全阀还必须位于油管安全阀以下。

(5)伸缩接头的行程和数量必须满足不同载荷情况要求。

(6)对于多油层油田,必须使用较大尺寸油管,以满足后期过油管射孔作业要求,同时油管引鞋采用导向口以满足射孔枪或过油管工具的回收。

(7)底部封隔器的导向性要好,强度和硬度也要高,以便密封段插入。

三、机械采油完井管柱

1. 电潜泵完井管柱

1)管柱适用范围及特点

由于电潜泵采油具有排液量大、井口压力较高、地面设备简单、占地面积小等优点,因而是海上油田人工举升的主要方式。电潜泵采油系统属于离心泵采油机械采油树系统,由于离心泵本身的工作特性决定它属于中高扬程范围,适用于中、高产量的油井,原油的性质是低、中黏度,低、中气油比。

2)电潜泵采油系统组成

电潜泵采油系统主要由井下电泵机组、电缆、完井管柱和地面设备四大部分组成,如图 9-16 所示。地面设备主要部分是接线盒、变频器、滤波器和变压器,一般采用一对一的变频控制。井下电泵机组包括油气分离器、潜油电动机、电潜泵、保护器以及泵工况监测设备。

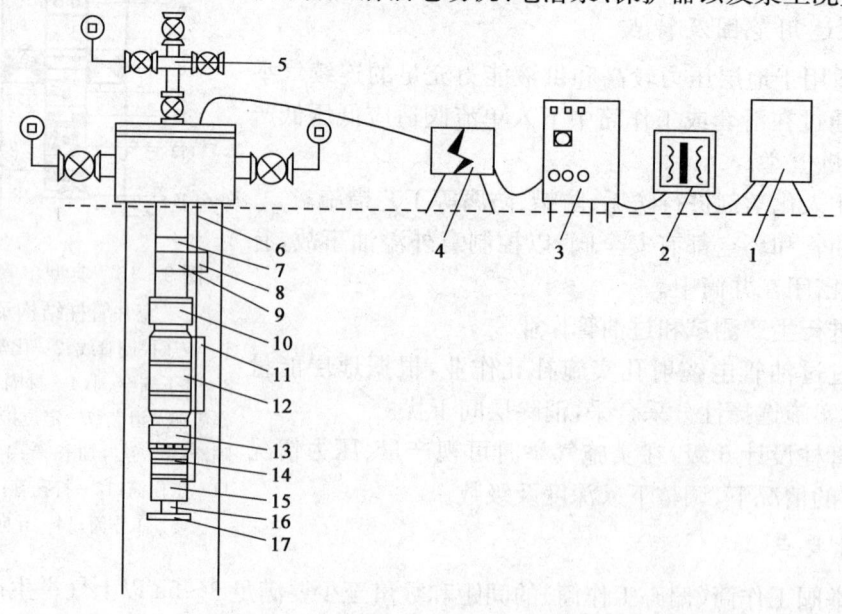

图 9-16 电潜泵采油系统组成

1—配电盘;2—变压器;3—控制柜;4—接线盒;5—采油树;6—潜油电缆;7—测压阀/泄油阀;
8—大扁护罩;9—单流阀;10—泵出口;11—小扁护罩;12—潜油泵;13—气体分离器;
14—保护器;15—潜油电动机;16—泵工况监测设备;17—扶正器

3) 电潜泵完井管柱

典型海上油井电潜泵完井管柱基本结构如图 9-17 所示。现将主要工具说明如下：

(1) 扶正器：使电潜泵机组居于套管正中，特别是在斜井中使用，直井可以不用。在下 Y 型接头时，还有助于管柱尾部双管的下入。

(2) 泵工况监测设备：主要监测电潜泵吸入口的压力和温度、出口压力、电动机绕组温度、电动机三轴振动以及漏电量等。

(3) 电泵机组。电潜泵机组（由下至上）一般包括电动机、保护器、吸入接头、油气分离器与多级离心泵。电缆给电动机提供动力。如果电潜泵下入深度的流动压力高于地层饱和压力，吸入口为单相流体，可以不下油气分离器。

如果泵挂深度低于生产油层顶界，则要求加装液体导流罩（图 9-18）以利于电动机散热保护。在生产套管较大且产量较低时，也要求加装液体导流罩。

(4) 放气阀：放气阀是一个常闭阀，当控制管线加压达开启压力后，弹簧压缩活塞使阀打开连通封隔的上、下环空，达到放气目的。在应急状态时泄掉控制管线压力，阀自动关闭以确保油井安全。

(5) 单流阀：一般连接在泵以上 2~3 根油管上，气油比特高的可多于 3 根油管。单流阀的主要作用有以下几点：

① 防止停泵后管柱内液体回流引起电动机反转；
② 泵重新启动时，管柱内充满液体，容易启动；
③ 对于含游离气的井，在泵和单流阀之间有足够的空间使泵中的气体跑掉，使泵充满液体，泵能有效地重新启动；
④ 可作为坐封液压封隔器时的承压堵头。

(6) Y 型接头：Y 型接头结构如图 9-19 所示，上出口连接生产管柱，右出口连接单流阀、电泵机组，左出口连接测试侧管。

测试侧管的上工作筒在完井施工时一般都带单向（向上打开）的堵塞器，对泵举升的液体和油管加压坐封电泵封隔器时起堵塞作用，不会造成泵出液回流循环；而经电泵抽吸以后，如果油井具有自喷能力，可直接自喷生产。NO-GO 工作筒位于打孔管以下，用作测温、测压仪表挂坐，需测试时，钢丝作业捞出上工作筒堵塞器，下入测试仪表丢手，坐挂在 NO-GO 工作筒内后再投放入堵塞器，开泵生产则可测试流动压力，停泵则可测地层静止压力或恢复压力。侧管的长短取决于泵挂深度、油井条件和作业条件，要使 NO-GO 工作筒尽量靠近生产油层，以便测试到准确的地层压力，而对自喷井则更有利于生产。

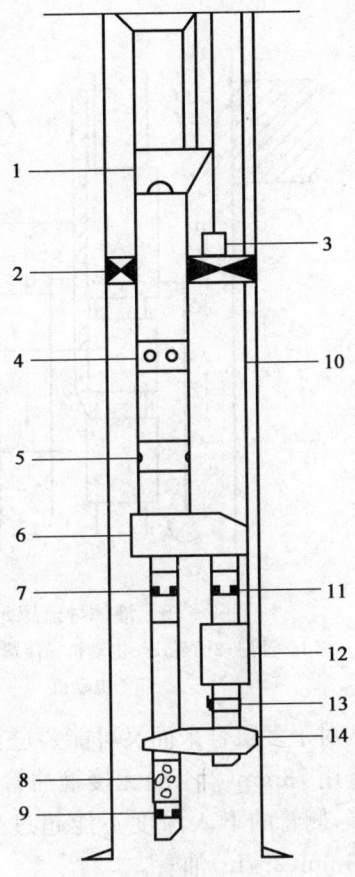

图 9-17 电潜泵完井管柱结构示意图

1—井下安全阀；2—电泵封隔器；3—放气阀；4—滑套；5—工作筒；6—Y 型接头；7—Y 型接头工作筒；8—打孔管；9—NO-GO 工作筒；10—电缆；11—单流阀；12—电泵机组；13—压力温度传感器（泵工况监测设备）；14—双管扶正器

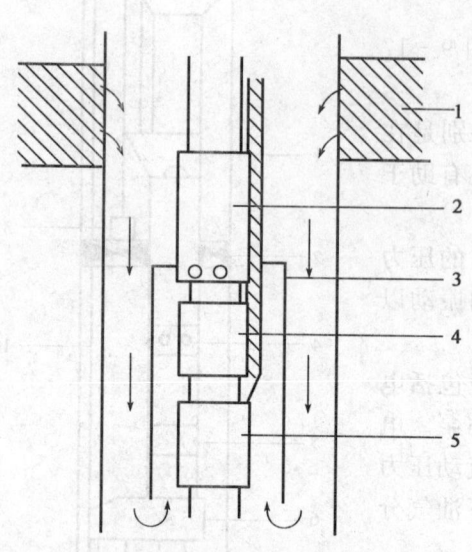
图9-18 液体导流罩示意图
1—油层；2—泵；3—电动机导流罩；4—保护器；
5—电动机

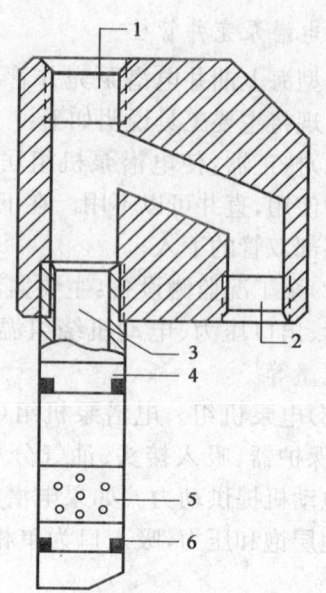
图9-19 Y型接头结构示意图
1—上出口；2—右出口；3—左出口；4—工作筒；
5—打孔管；6—NO-GO 工作筒

对于多层合采而又可能要进行生产测井、过油管射孔、连续油管等作业的油井，侧管一般要选用73mm(2⅞in)无接箍油管及配套的工作筒，以使其内径能通过生产测井仪器和连续油管等，侧管的下入深度不能超过生产层顶界。对于无需进行此类作业的油井，侧管可选用60.3mm(2⅜in)油管。

同一油田，并非所有油井都要下入Y型接头，可在不同构造部位或岩性差异的位置选取有代表性的几口油井下入该工具进行生产测试等作业，以便节约完井费用。

(7)滑套、封隔器和安全阀：海上平台生产安全措施要求严格，一般都要求下封隔器和井下安全阀，以确保在特殊情况下油井不外溢油并满足保护油层的需要。滑套在管柱中的主要作用是起管柱时作为循环压井旁通阀。

2. 螺杆泵完井管柱

1) 管柱适用范围及特点

螺杆泵是一种容积泵，其优点是运动部件少，吸入性能好，水力损失小；尺寸小，重量轻，不会出现泵卡、气锁、被砂蜡垢等堵塞，不会形成乳化液等，是开采稠油和含砂油的一种很好手段，其容积效率随原油黏度升高而升高，不像离心泵随原油黏度升高泵效急剧下降。

2) 螺杆泵采油系统

螺杆泵采油系统按驱动型式可分为地面驱动和井下驱动两大类；按驱动动力，又可分为电驱动和液压驱动，现场电驱动较常见。该小节以地面电驱动螺杆泵为例进行介绍。

地面电驱动螺杆泵的工作原理是地面电动机带动抽油杆旋转，使螺杆泵转子随之一起转动，井产液经螺杆泵下部吸入，由上端排出，并沿油管柱向上流动。地面驱动螺杆泵采油系统主要由地面驱动部分、井下泵部分、电控部分、配套工具及其他井下管柱等组成(图9-20)。

(1)地面驱动部分：包括减速箱、皮带传动、电动机、密封填料、支撑架、方卡子等。

(2)井下泵部分:主要有抽油杆、接头、转子、导向头、油管、接箍、定子、尾管等。

(3)电控部分:包括电控箱和电缆等。

(4)配套工具部分:包括防脱器、防蜡器、泵与套管的锚定装置、泄油阀、单向阀等。

(5)常规及简易井口装置、正螺纹及反螺纹油管、实心及空心抽油杆与扶正器等。

3.射流泵完井管柱

1)管柱适用范围及特点

射流泵具有以下优点:

(1)泵结构紧凑、简单,井下无运动部件,结实耐用,配套灵活,维修方便。

(2)能够抽吸含砂或高气油比原油、腐蚀性流体、稠油。

(3)适用的井深和产量范围广,最深可达5000m以上,排量可在 $10\sim5000m^3/d$ 范围调整。

(4)性能可靠,运转周期长,渤海某油田最长已达8a,平均4~5a。

(5)检泵和调参数作业方便,适用于边远井、大斜度井和水平井。

射流泵的缺点:泵效较低,要求设备的处理能力大,沉没度要求高;不能与井下安全阀配套使用(装井下安全阀费用过高)。

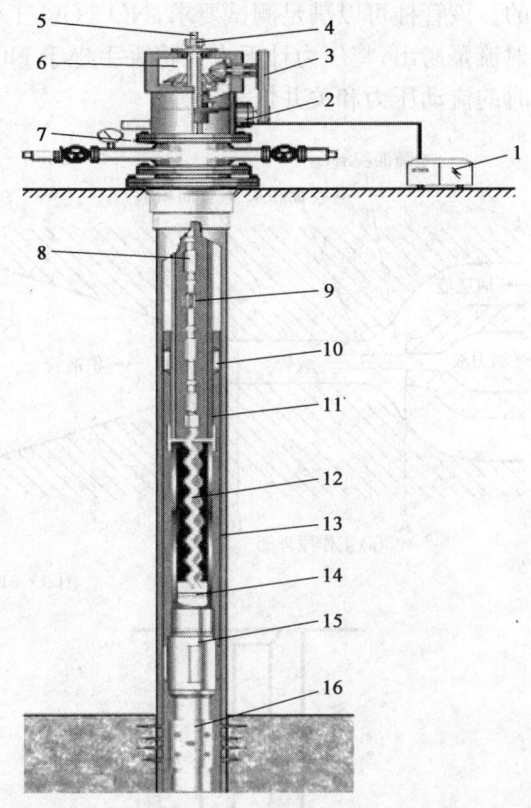

图9-20 地面电驱动螺杆泵采油系统及管柱结构
1—电控箱;2—电动机;3—皮带;4—方卡子;5—光杆;
6—减速箱;7—专用井口;8—抽油杆;9—抽油杆扶正器;
10—油管扶正器;11—油管;12—螺杆泵;13—套管;
14—定位销;15—锚定装置;16—筛管

由于射流泵采油泵效低,地面设备处理能力要求大等缺点,海上采油一般都不会在一开始投产时就采用射流泵,大部分都是在自喷井停喷以后,在没有其他更好的采油方式,而平台条件、油井条件又能满足射流泵工作条件下被选用。一般都可以利用原有的自喷完井管柱,通过钢丝作业就能下入射流泵实现采油生产,不必采用修井作业。

2)管柱类型

射流泵工作原理如图9-21(a)所示。动力液从喷嘴入口以高速喷出,在喷嘴出口周围形成低压区,在地层压力的作用下地层液被吸入泵内与动力液一起进入喉管混合后进入扩散管,速度减小,压力升高,把混合液举升到地面。动力液注入方式有正、反两种循环方式。目前,我国海上油田使用的是钢丝投捞反循环管柱,即动力液从环空注入,混合液由油管流出。

(1)单管合采射流泵管柱。

单管合采射流泵管柱只适用于没有自溢能力且静液面低于泥线以下的油井,如图9-22所示。射流泵通过钢丝作业投入滑套,动力液由环空进入滑套,动力液与生产液混合后从油管举升到地面。图9-22(a)采用永久封隔器,其密封总成和密封加长筒的长度应适应生产时压力与温度引起管柱的变化,经计算,如果会引起管柱长度伸长,定位接头可下至高于永久封隔器顶部一定距离;如果是缩短,定位接头可坐于封隔器顶部。图9-22(b)是使用液压封隔器,为了适应生产过程管柱长度的变化,在封隔器顶部连接伸缩节,工作筒是为坐封液压封隔器设置的。该管柱可以满足测试要求,NO-GO工作筒可以作为测压时的仪表挂座,需测试时,可将射流泵捞出,将压力计下入并将丢手坐于NO-GO工作筒中,下入射流泵生产,则可测试生产时的流动压力和关井恢复压力。

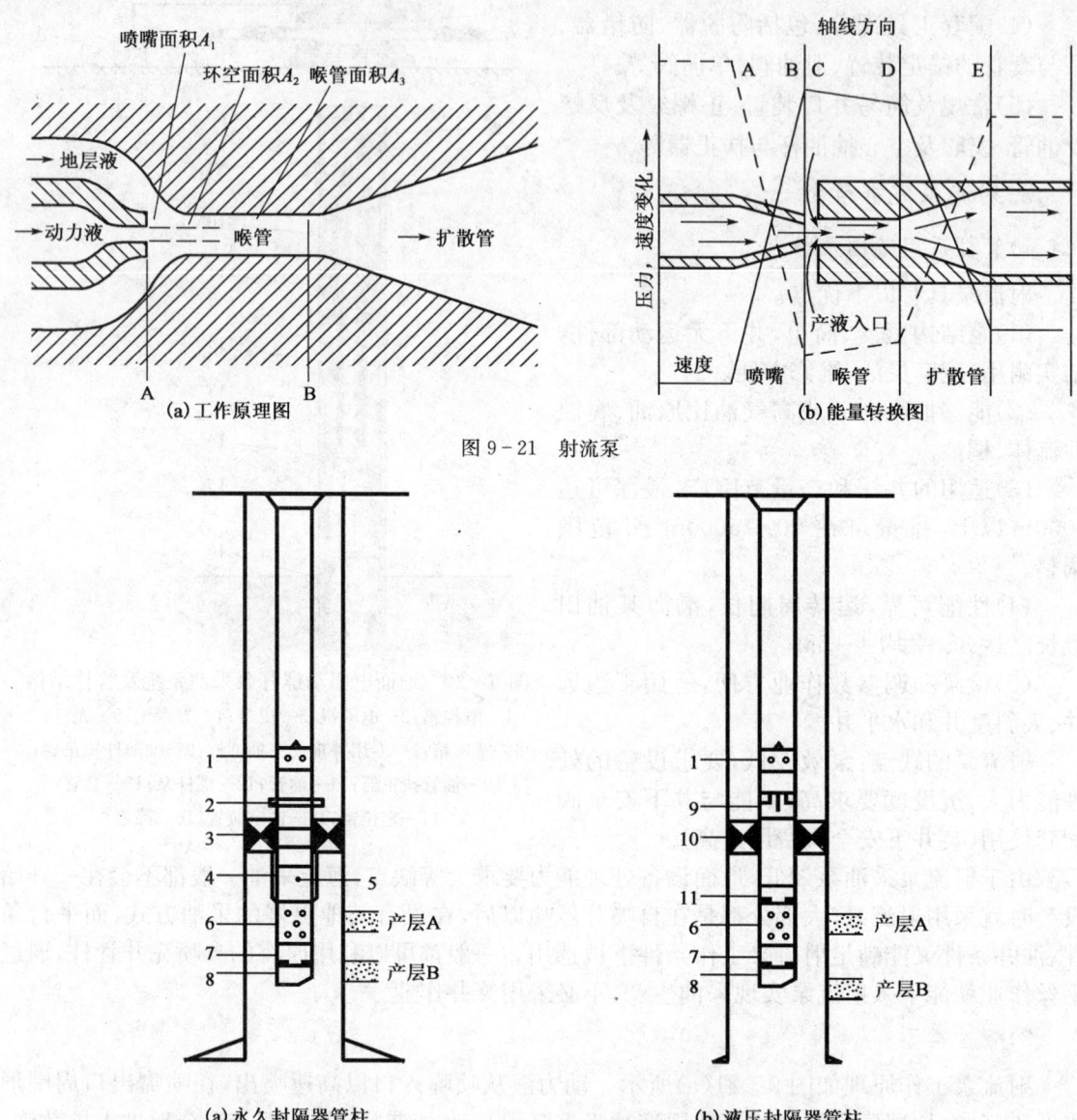

图 9-21 射流泵

(a) 永久封隔器管柱   (b) 液压封隔器管柱

图 9-22 单管合采射流泵管柱结构示意图

1—滑套+射流泵;2—定位接头(悬挂式);3—永久封隔器;4—密封加长筒;5—密封加长筒;6—打孔管;
7—NO-GO工作筒;8—管柱;9—伸缩节;10—液压封隔器;11—工作筒;

(2) 单管合采或分采射流泵管柱。

单管合采或分采射流泵管柱增加了一个封隔器,可用于两个生产层需要分层生产、合层生产或改造措施的油井,如图9-23所示。

图9-24为双管分采射流泵管柱,可把双管中的短管柱作为动力液注入管柱,长管柱可对A层和B层进行分采或合采。如果不需要进行分采,可以省去底部的永久封隔器和A层的滑

套。长管底部使用圆头管鞋是为了施工时便于插入底部的永久封隔器,特别是在大斜度井更有必要。其特点是通过滑套可在上、下之间实施分采、合采和互采,可进行油层测试,防止落物掉入井底,缺点是封隔器验封困难。

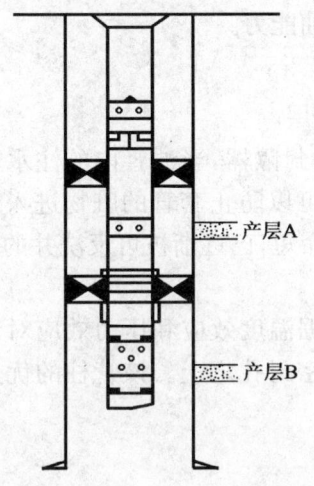

图 9-23 单管合采或分采射流泵管柱

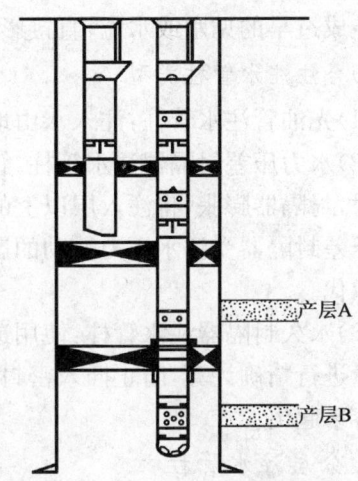

图 9-24 双管分采射流泵管柱

四、注水井完井管柱

注水分为合注和分注两种方式。合注是在同一注水压力下对所有油层实施笼统注水;分层注水将注水层位分隔开,在井口泵压保持同一压力的情况下对中低渗透层和高渗透层的注水量实施控制,防止注入水单层突进,实现各油层大致均匀推进,提高油田的整体采收率。在海上主要采用双管和单管分层配注,前者完井工艺复杂,费用较高,一般适用于两层注水,分层注水量容易控制;后者是在单注水管柱上安装有多级封隔器、配水装置,选用不同孔径的水嘴。

1. 合注注水管柱

1) 合注注水管柱的适用范围

(1)某些油田的开发初期。

(2)只有一个油层或虽有几个油层但油层物性非常近似,层间压力差异小。

(3)各注水层之间的纵向连通性好,其间没有明显的隔层(图9-25)。

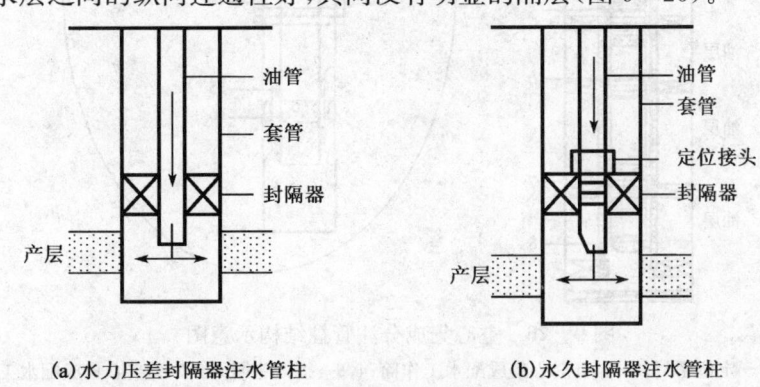

(a)水力压差封隔器注水管柱　　(b)永久封隔器注水管柱

图 9-25 合注注水管柱

2)合注注水管柱的优缺点

合注注水管柱的优点是管柱结构简单,现场容易操作。

合注注水管柱的缺点是注入水容易形成单层突进,造成开采过程中的层间矛盾,在高渗透层易造成过早的见水或水淹,直接影响中低渗透层的出油能力。

3)合注注水管柱类型

(1)光油管注水管柱:注入水由地面控制直接进入地层。

(2)水力压差封隔器注水管柱:管柱上带有水力压差封隔器,当油管内的注水压力达到一定值时,封隔器膨胀,将注入层以上的套管环空封隔开,可以防止套管的脏物进入地层。由于水力压差封隔器受注水压力波动的影响,其密封性能寿命短,已逐渐被可反洗井的压缩式封隔器所取代。

(3)永久封隔器注水管柱:使用这种管柱时,必须根据温度效应和压力效应对油管引起的收缩量进行精确计算,防止插入密封件上升移出封隔器密封孔之上。该管柱的优点是修井时管柱容易起出。

2. 分层注水管柱

1)空心集成分注管柱

空心集成分注管柱结构如图 9-26 所示,管柱由滑套、插入定位密封组合、空心集成配水工作筒以及带水嘴的配水器芯子等组成。

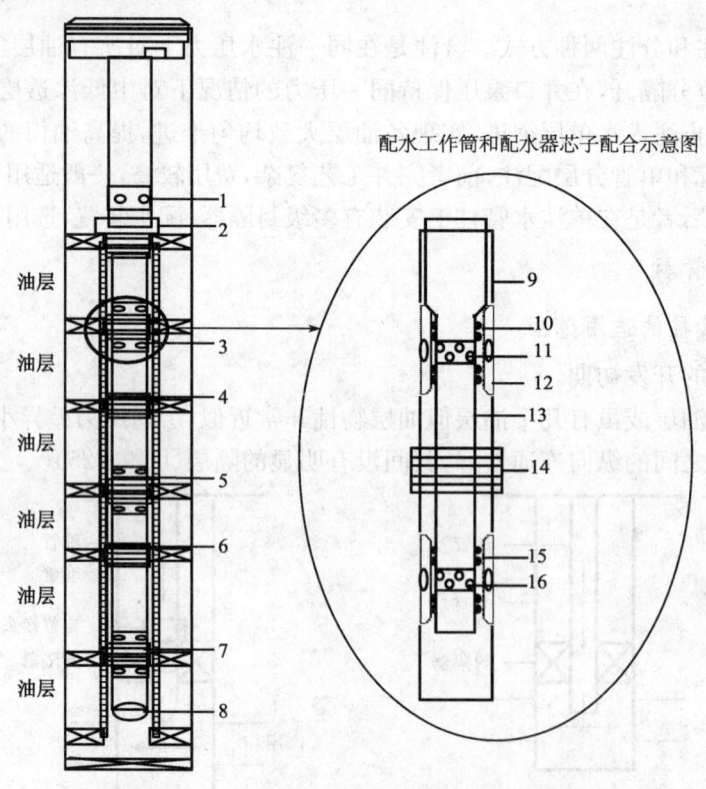

图 9-26 空心集成分注管柱结构示意图

1—滑套;2—定位密封;3—1 级空心集成配水工作筒;4,6—插入密封;5—2 级空心集成配水工作筒;
7—3 级空心集成配水工作筒;8—圆堵;9—油管;10、15—配水器芯子上密封件;
11、16—水嘴;12—配水工作筒;13—配水器芯子;14—配水工作筒上密封件

2)双管分注管柱

双层分注管柱的特点是单层注水量大,而且可以实施精确控制注水,特别适用于需要两层分注的井况。缺点是完井施工工艺较复杂,费用较高。双管分注管柱结构如图9-27所示。

五、气井完井管柱

1. 气井完井管柱设计的主要原则

为保证生产的可靠性、耐用性,减少生产过程中的钢丝作业和修井作业,要求气井完井管柱:

(1)满足开发方案需要。

(2)必须有安全控制装置。

(3)结构尽可能简单。

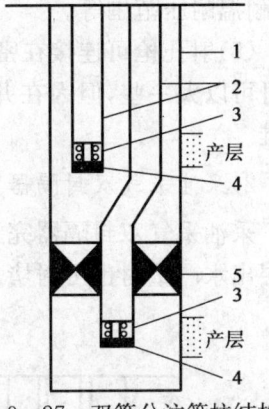

图9-27 双管分注管柱结构示意图
1—套管;2—油管;3—打孔管;
4—盲堵;5—封隔器

(4)井下工具应尽可能选用经实践应用并证明是成熟可靠、耐用的产品。

(5)工具材料(包括密封元件)应具有抗腐蚀性能,特别应针对含H_2S等腐蚀性气体的情况。

(6)对高温、高压气井,尽可能减少橡胶密封件,特别是滑动橡胶密封件(如伸缩节等)。

(7)一般都应采用密封性能良好、金属对金属密封的特殊螺纹(如NK3SB、FOX、NEW VAM等)油管。

(8)油管直径的选择除应满足产量要求外,还必须考虑以下两个因素:

①管柱应能保证气井开采过程中带出井底液体和固体杂质,即自喷管底部的气流速度应大于带出液体和固体杂质必需的最小允许速度。

②管内的压力损失不大于允许的最大压力损失(即井口压力应满足地面输气的最低压力要求)。

(9)必须防止水化物的形成,必要时在管柱中设计乙二醇(或甲醇)等抑制剂注入点。水化物形成条件大致有3条:

①气体处于水汽的过饱和状态。

②足够高的压力和足够低的温度。

③压力波动,气体因流向突变而产生的搅动、晶种的存在等辅助条件。

2. 气井完井管柱类型

1)单封隔器气井完井管柱

单封隔器气井完井管柱如图9-28所示。该管柱具备了安全控制、注化学药剂、自动补偿油管伸缩变化等气井管柱的基本要求。设计需注意的问题:

(1)根据气井产量、地面出口压力等要求选取油管直径。

(2)根据气井压力以及H_2S、CO_2含量选取油管、安全阀、封隔器、偏心工作筒等井下工具的钢级和材料。

(3)气井一般选取油管回收地面控制井下安全阀较为合适。

(4)一般选取永久封隔器,它相对于油管回收液压封隔器密封性能更好,更经久耐用且价格较低,其密封总成与密封筒组合可补偿油管伸缩变化,可根据需要选取不同的结构形式、尺寸、耐温耐压范围等。

（5）射孔枪可连接在密封加长筒底部，也可连接在密封总成底部。前者连接的好处是射孔枪身可以大一些，但因在井液中浸泡时间较长，要求炸药耐温较高，点火引爆不成功时处理困难。

2）采油采气双封隔器完井管柱

采油采气双封隔器完井管柱适合底层为自喷油层，上部为自喷气层，可进行分采或合采，底层出水严重时也可封堵，如图9-29所示。

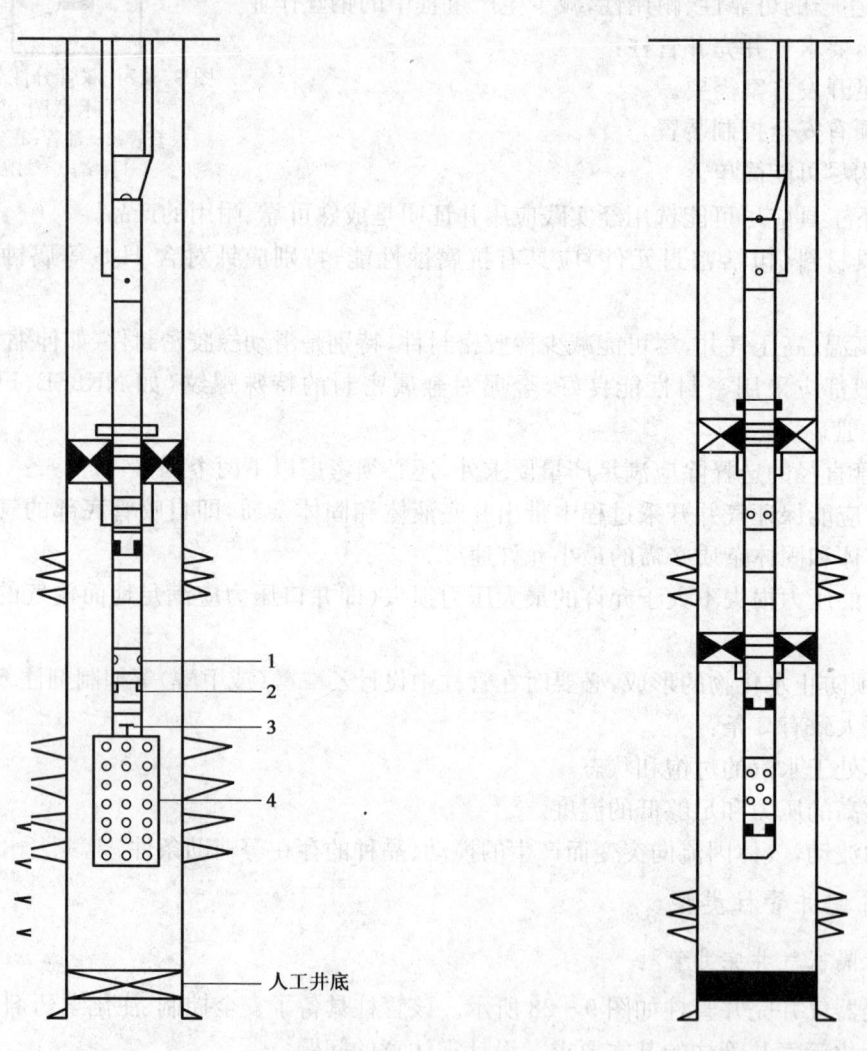

图9-28 单封隔器气井完井管柱结构示意图
1—负压阀；2—枪身释放装置；3—点火头；4—射孔枪

图9-29 采油采气双封隔器完井
管柱结构示意图

3）排水采气完井管柱

排水采气完井管柱适用于同层出水（如底水）或邻层出水而又不能封隔，且不排水不能采气的井况。该管柱封隔器为三管液压坐封封隔器，其中的一管作为穿越并密封电缆，长管连接电泵管柱,短管连接采气管柱,短管应下至动液面以上,如图 9-30 所示。

六、其他特殊完井管柱

海洋领域的特殊完井管柱有控水管柱、井下隔热管保温防蜡采油管柱、井下电加热采油管柱、密闭罐装泵采油管柱以及双电潜泵采油树管柱等。与此相关的完井方法参见本书第四章。

1. 控水管柱

国内外对水平井稳油控水的完井方式如下:

(1)使用大直径的套管、防砂筛管,尽量减小井筒摩阻,使水平井眼均匀供液,延迟水平井跟部底水锥进(脊进)。

(2)中心管控水管柱。中心管控水管柱即在外层管柱中插入一根油管,插入的深度一般根据研究分析结果。加入中心管后,就将长井段分成两部分,流体的流动也由一段井眼流动变成了三部分流动,即环空中的流动(中心管与筛管的环空)、井眼流动(地层流向筛管)与中心管内部的流动。这一方面增加了跟部流体进入中心管的距离,另一方面也减小了趾部流体至中心管的距离,原来整个水平段的摩擦阻力变为跟部至中心管末端以及趾部至中心管末端两部分。中心管完井典型管柱结构如图 9-31 所示。

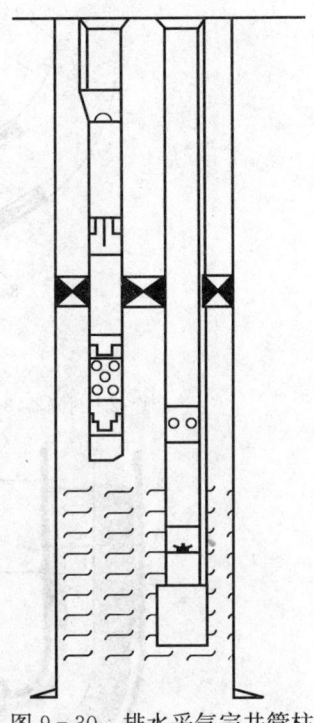

图 9-30 排水采气完井管柱结构示意图

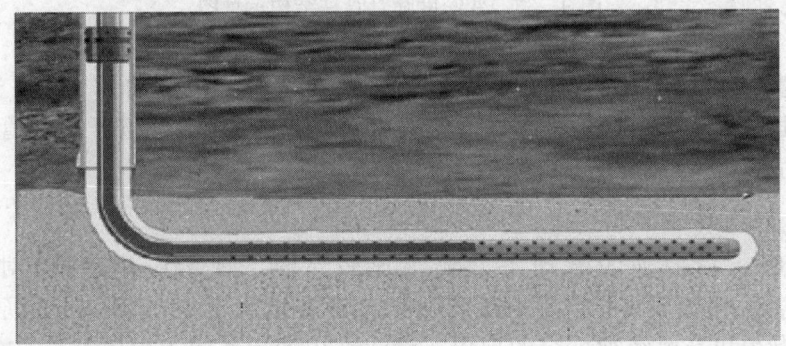

图 9-31 中心管完井典型管柱(外层管柱+中心管柱)结构示意图

分段控水中心管柱的控水原理与调流筛管(参见本书第四章)相似,外层管柱利用封隔器分段,内层中心管柱带流量控制器,基于流量控制器的附加阻力平衡各段产量,适用于均质/非均质油藏,堵塞风险小,下入后能再取出中心管柱进行调整,如图 9-32 所示。

(3)变密度筛管管柱:通过控制沿井筒的生产压差调整水脊形状,使压力剖面尽量拉直。这可以通过在水平段使用变密度筛管(如梯级筛管,参见本书第四章)控制水平段不同长度处的流量来实现,通过控制地层和完井管柱之间的流动压差,使沿着井筒产生一个均匀的流入剖面,如图 9-33 所示。

2. 井下隔热管保温防蜡采油管柱

井下隔热管隔热保温系统由多层隔热材料组成,环空抽成真空,并装有吸气剂。对存在散热的部位进行特殊处理,保证保温防蜡效果,可有效改善防蜡现状,保证结蜡井的正常生产。

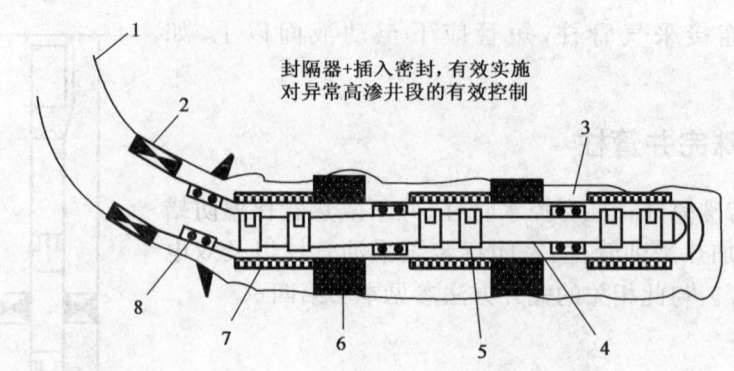

图 9-32 分段控水中心管柱结构示意图

1—套管；2—封隔器；3—插入密封；4—油管；5—流量控制器；6—封隔器；7—筛管；8—插入密封

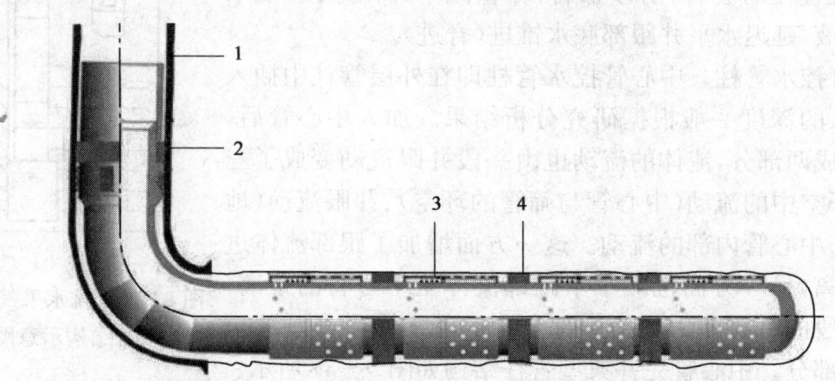

图 9-33 变密度筛管管柱结构示意图

1—生产套管；2—顶部防砂封隔器总成；3—变密度筛管；4—封隔器

井下隔热管保温防蜡采油管柱自上而下主要有：油管挂＋隔热油管＋井下安全阀＋隔热油管＋过电缆封隔器＋坐落接头＋隔热油管＋电泵机组＋$3\frac{1}{2}$in 油管＋带孔管＋$2\frac{7}{8}$in 油管＋插入密封组成，如图 9-34 所示。

3. 井下电加热采油管柱

电潜泵对吸入口原油的流动条件要求比较苛刻。现场应用表明，对于黏度小于 400mPa·s 的原油，电潜泵具有良好的开采效果；对于黏度大于 400mPa·s 的原油开采，经常出现电潜泵过载停机及电缆被击穿的现象。渤海油田使用了海上电潜泵管柱的井下电加热技术。

电潜泵泵下电加热技术通过设置在电潜泵下的加热装置对泵下的流体集中加热，降低其黏度，改善其流动性，同时通过设置在油管、套管环空间的输电电缆伴热，保持或提高井筒内流体的温度，降低其流动阻力。该技术主要解决了用电潜泵采油时稠油入泵难和举升压力大的问题。电潜泵泵下电加热装置主要由井下筛管式加热器、地面电源控制柜、变压器及钢铠电缆等组成。图 9-35 是筛管式泵下加热器结构示意图。筛管式加热器的筛管本身不发热，它是采用在筛管外轴向和纵向往复分布 5～7 根电加热元件来实现加热功能，各加热单元通过筛管连接，最大功率可达 30kW。

4. 密闭罐装泵采油管柱

罐装系统可以很好地解决普通电潜泵采油管柱可能存在的下述 3 个问题：

(1) 油井产液含 H_2S 或 CO_2 等腐蚀性气体时，套管会发生腐蚀破坏。

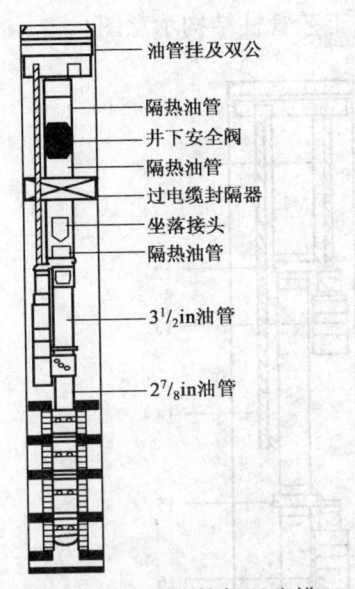

图9-34 井下隔热管保温防蜡
采油管柱结构示意图

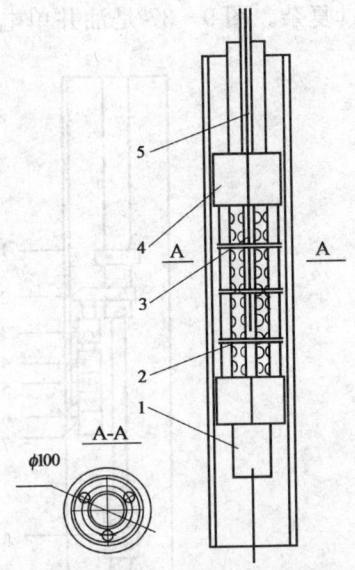

图9-35 筛管式泵下加热器结构示意图
1—筛管；2—定位环；3—加热器；4—扶正器；5—电缆

(2)顶部封隔器以上套管有破损时，普通电潜泵采油系统会存在安全风险。

(3)在水平井或大斜度井应用电潜泵系统开发时，电潜泵系统通过曲率大的井段时容易发生弯曲受损。

电潜泵系统封闭在罐装系统内部，罐装系统下部连接尾管，尾管下连接插入密封，利用插入密封实现与封隔器的良好密封，这样油井产液就直接由地层通过尾管进入罐装系统内部，再经过电潜泵叶轮的增压作用由油管举升到地面，从而实现产液与套管完全隔离，完井管柱上可省去过电缆封隔器，如图9-36所示。

5. 双电潜泵采油树管柱

在一口油井中使用两套机组，先使用第一套机组进行生产，在第一套机组需要检泵时不必停产检泵，而是启用第二套机组继续进行生产作业，当第二套机组需要检泵时将两套机组同时进行检泵作业，检泵作业完成后再继续投入生产。这样就能够将检泵周期延长1倍，从而减少停产时间，增加油井产量，也节省了作业成本。双电潜泵可以与罐装系统组合在一起应用。

双电潜泵工艺比单电潜泵工艺所涉及的

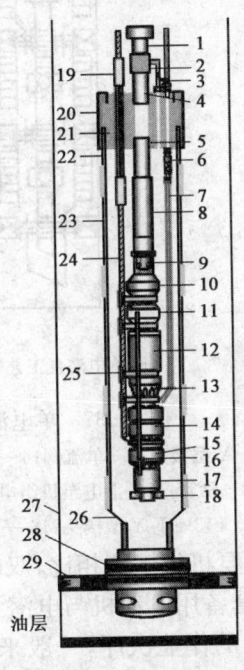

图9-36 密闭罐装泵采油管柱结构示意图
1—油管短节；2—排气阀；3—单流阀；4—油管短节；5—油管短节；6—化学药剂注入启动阀、注药剂单流阀；7—注药剂管线；8—补偿锁定单元；9—自动切换阀；10—泵头；11—泵出口压力短节；12—电潜泵；13—单泵吸入口；14—保护器；15—电动机；16—泵出口压力传递管线；17—泵下短节；18—扶正器；19—整体电缆穿越器；20—旋转压帽；21—多通道泵挂；22—转换接头；23—套管；24—电潜泵电缆；25—小扁保护器；26—变扣；27—套管；28—插入密封；29—封隔器

设备和工具复杂。图9-37是油井单电潜泵与双电潜泵工艺管柱结构示意图。

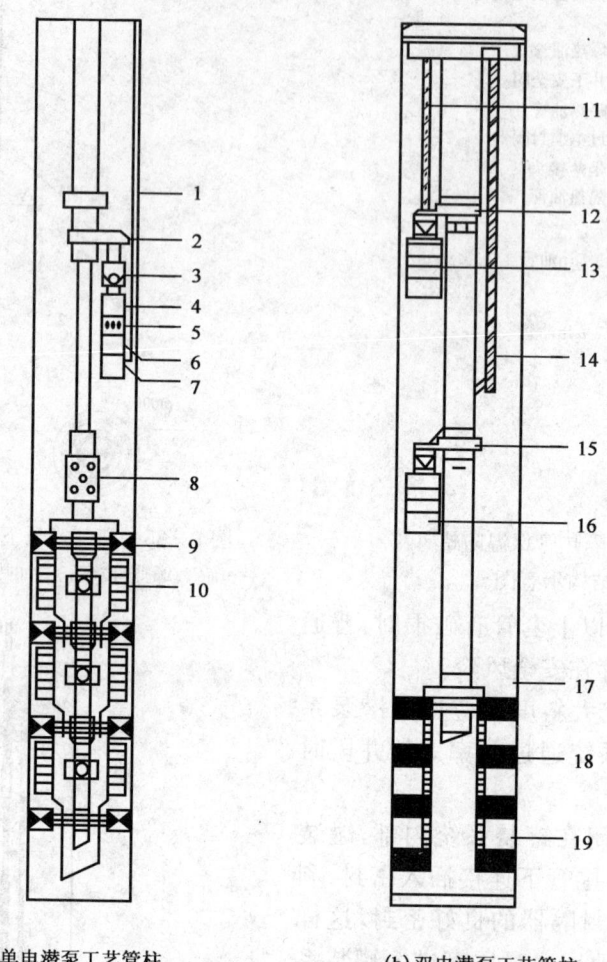

(a) 单电潜泵工艺管柱　　　　(b) 双电潜泵工艺管柱

图9-37　单电潜泵工艺管柱与双电潜泵工艺管柱结构示意图

1—电缆；2—Y型接头；3—单流阀；4—电潜泵；5—分离器；6—保护器；7—电动机；8—打孔管；9—防砂封隔器；
10—筛管；11—上电泵机组电缆；12—上Y型接头；13—上电泵机组；14—下电泵机组电缆；
15—下Y型接头；16—下电泵机组；17—打孔管；18—防砂封隔器；19—防砂筛管

与单电潜泵机组工艺相比，双电潜泵生产系统特点主要体现在以下几个方面：

(1) 多一套备用电动机与电潜泵设备以及相应电缆。两个电潜泵系统不同时工作，需要科学地选择二者的作业次序，一般来讲，先运转下部电泵机组，其原因在于：如果先运转上部机组，等上部机组故障后，其单流阀有可能会不能完全关闭；先运转下部机组，即使故障后其单流阀不能关闭，也可投放2号生产堵塞器隔离下部机组，而不影响该井正常生产；

(2) 改造采油树和过电缆封隔器为双电缆密封穿透设计。需要两条独立的动力电缆，并应用双电缆卡子、卡箍工具。

(3) 配套的生产堵塞器。为了满足两个电潜泵机组先后相继作业，需要两种生产堵塞器配套来达到目的。需要下电潜泵机组使用的生产堵塞器外径小于上电潜泵机组使用的生产堵塞器，以保证正常作业。

(4) 配套的测试技术。由于使用双泵工艺依然可能需要动态测试，这就要求无论是两个机组中的哪个机组在工作，都需要能够顺利测试。

第三节 回　　接

回接作业是通过回接管柱将预钻开发井的各层套管从海底底盘上的海底井口回接到导管架平台并安装好平台井口装置的过程。导管架在建造与安装的过程中,都可能会出现公差和横向偏移;海底井口在安装时也会出现纵向倾斜。这些公差、偏移和倾斜都会导致隔水导管管柱与海底井口不对中,从而给回接作业带来相当的难度。回接作业一般是回接508mm(20in)的隔水导管以及339.73mm(13⅜in)和244.48mm(9⅝in)套管。自升式平台则常回接762mm(30in)管子作为隔水导管。回接顺序是套管从大尺寸到小尺寸,即先回接隔水导管,然后回接339.73mm(13in⅜)套管,最后回接244.48mm(9⅝in)套管。隔水导管能防止其余两层套管受海水腐蚀并抵抗海流和风浪的冲击而保护内层套管。因此,特别要对隔水导管的回接管柱进行受力分析和计算,以确保达到其使用寿命。而对339.73mm(13⅜in)和244.48mm(9⅝in)两层套管柱,回接后要分别进行试压以达到完井作业的要求。

一、水下井口装置

水下井口装置位于海底泥线用来支承和密封套管柱,并在钻井期间支撑水下防喷器组。我国海洋钻井主要使用通径为476mm(18¾in),压力等级为34.5MPa(5000psi)、69MPa(10000psi)和103.5MPa(15000psi)的水下井口装置。水下井口装置主要由导向基座(永久导向基座、临时导向基座)、低压导管头、高压井口头、套管悬挂器、密封总成、井口保护器或抗磨补心及防腐帽组成,如图9-38所示。

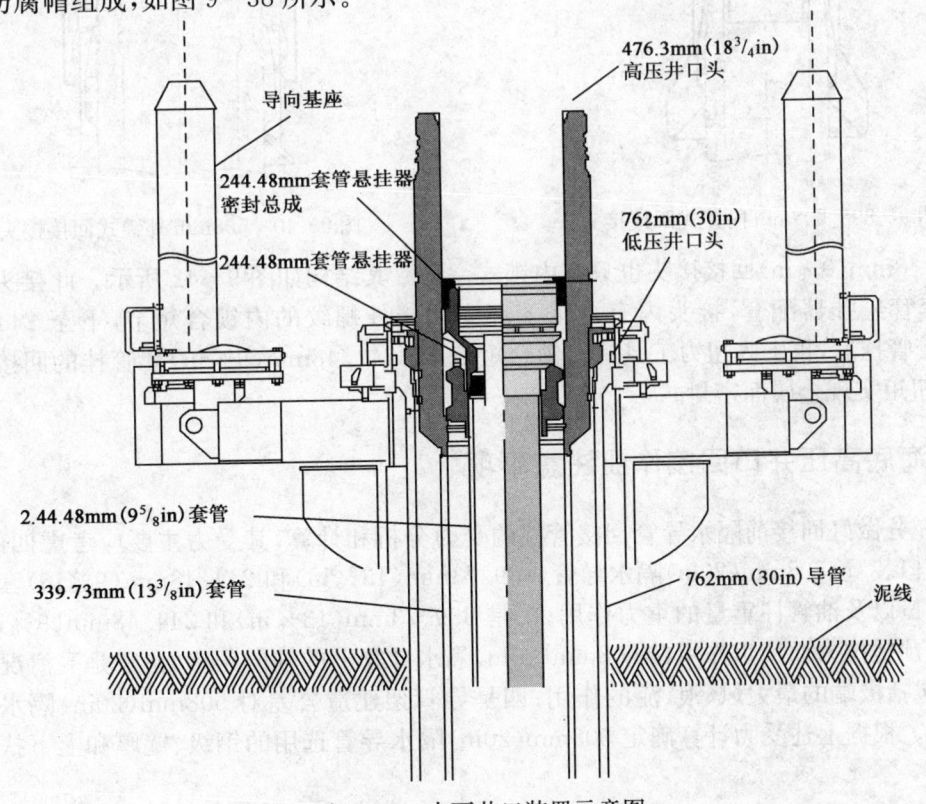

图9-38　水下井口装置示意图

二、井口回接接头

水下井口回接 508mm（20in）回接接头分为内锁式和外锁式两种，如图 9-39 与图 9-40 所示。内锁式回接接头因其结构简单、价格便宜而广泛应用，但在 476.3mm（18¾in）海底井口装置的内壁顶部的回接螺纹损坏，或海底井口横向偏移，或纵向倾斜较大以致无法使用内锁回接接头来完成回接时，要选用外锁式回接接头。508mm（20in）内锁式回接接头的上部与 508mm（20in）隔水导管连接并带有导向喇叭口，内部有一个锁合套。回接接头坐于海底井口头上后，下入扭力工具旋转锁合套使之与井口头内部回接螺纹锁合。回接接头与海底井口头上部为胶圈密封，锁合套内部为 339.73mm（13⅜in）锯齿形回接内螺纹。508mm（20in）外锁式回接接头与内锁式回接接头不同之处是旋转锁合套下移，推动锁块进入井口头外部锁紧槽而锁紧。339.73mm（13⅜in）回接接头只有内锁式一种（图 9-41）。回接套管的重量将锯齿形外螺纹压入 508mm（20in）回接接头的锁合套内部锯齿形螺纹内实现锁紧，用 O 形密封圈密封在 244.48mm（9⅝in）的套管挂里。

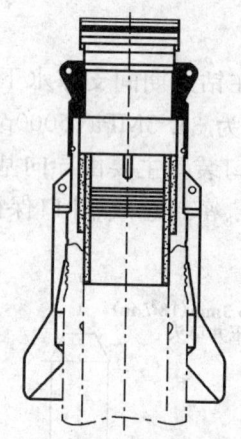

图 9-39　508mm 内锁式回接接头

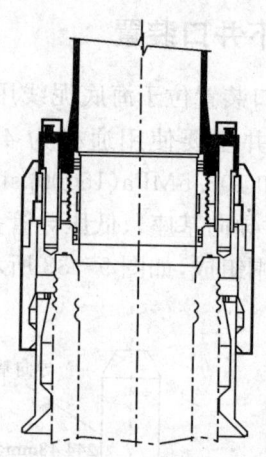

图 9-40　508mm 外锁式回接接头

244.48mm（9⅝in）回接接头也只有内锁式一种。其结构如图 9-42 所示。此接头与标准型回接套管悬挂器配套，接头内有一个下部为回接外螺纹的内锁合短节，下至 244.48mm（9⅝in）套管挂后，再下入扭力工具旋转锁合短节，与 244.48mm（9⅝in）套管挂的回接螺纹啮合，依靠扭矩实现金属面密封。

三、海底高压井口回接作业注意事项

（1）充分做好回接前隔水导管回接管柱的受力分析和计算，其受力主要应考虑四部分：一是平台井口装置、508mm（20in）隔水导管、339.73mm（13⅜in）和 244.48mm（9⅝in）套管的回接管柱重量以及油管柱重量的重力作用；二是 339.73mm（13⅜in）和 244.48mm（9⅝in）回接管柱施加预提拉力而产生作用在 508mm（20in）隔水导管上的轴向压应力；三是受海况环境外力作用，包括极端的最大风、浪、流的作用；四是导管架建造公差对 508mm（20in）隔水导管的受力影响。根据上述受力计算确定 508mm（20in）隔水导管选用的钢级、壁厚和上下扶正器的尺寸。

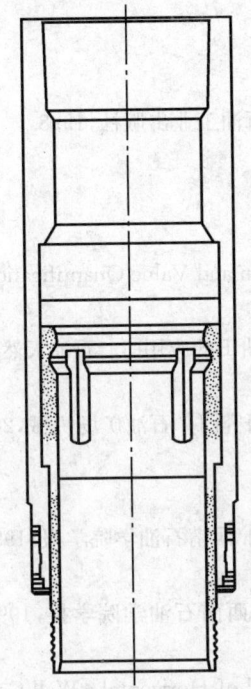

图 9-41 339.73mm 内锁式回接接头

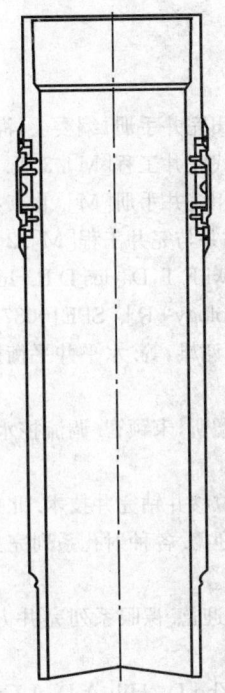

图 9-42 244.48mm 内锁式回接接头

(2) 准确计算导管架平台的生产甲板至海底高压井口头端面的距离,以便对 508mm(20in)、339.73mm(13⅜in)和 244.48mm(9⅝in)管柱进行编排,使各层套管接箍避开安装平台井口所要求的套管切割位置,依据导管架各层导引套的相对高度,确定 508mm(20in)管柱扶正器的安装位置。

(3) 认真复查钻井底盘上各高压井口头的倾斜度及其端面到高压井口头内的 244.48mm(9⅝in)套管密封总成端间距离,进一步确认回接工具设计方案的适用性,确定 508mm(20in)回接工具的导引方式和导引套的需要量。

(4) 合理安排回接顺序,除考虑地质上投产顺序外,同时还应从工程施工的角度出发,分析已钻井身的质量,特别是各层套管的倾斜情况,先选一二口容易回接的井进行回接,摸索并熟悉回接工具和施工工艺后,再进行难度大的井回接。

(5) 一定要根据油田实际情况来选择回接工具,特别是对于隔水导管的回接,更要充分根据上述的受力分析与计算,全面衡量各种回接工具的优缺点及工艺的可靠性。

(6) 尽量减小导管架井孔与海底井口的垂直不对中误差,这要求导管架井口导向孔建造精确,导管架安装准确。表层导管的偏斜也将大大影响回接。经验表明,垂直倾斜超过 1.75°和水平误差大于 50.8mm(2in)时就会严重影响回接作业。

习　题

1. 海上完井管柱的设计必须遵循哪些原则?
2. 海上平台井口设备主要包括哪些?这些设备分别起到什么作用?
3. 简述海上完井管柱与陆地完井管柱的不同点与相似点。
4. 海上机械采油管柱主要分哪几类?各机械采油管柱的适用条件是什么?

参考文献

[1] 《海上油气田完井手册》编委会. 海上油气田完井手册[M]. 北京:石油工业出版社,1998.

[2] 万仁溥. 现代完井工程[M]. 3版. 北京:石油工业出版社,2008.

[3] 李克向. 实用完井手册[M]. 北京:石油工业出版社,2002.

[4] 陈平,等. 钻井与完井工程[M]. 2版. 北京:石油工业出版社,2011.

[5] Al-Khelaiwi F T, Davies D R. Inflow Control Devices-Application and Value Quantification of a Developing Technology [R]. SPE10087,2007.

[6] 田翔,李黎,谢雄,等. 水平井平衡控水筛管(ICD)完井技术在惠州油田的应用[J]. 石油天然气学报,2012,34(9).

[7] 强晓光,姜增所,宋颖智. 调流控水筛管在冀东油田水平井的应用研究[J]. 石油矿场机械,2011,40(4):77-79.

[8] 李克向. 大位移井钻完井技术. 北京:石油工业出版社,1998.

[9] 熊友明,潘迎德. 各种射孔系列完井方式下水平井产能预测研究[J]. 西南石油学院学报,1996,18(02):56-62.

[10] 熊友明,潘迎德. 裸眼系列完井方式下水平井产能预测研究[J]. 西南石油学院学报,1997,19(02):42-46.

[11] Furui K, Zhu D, Hill A D. A Comprehensive Skin-Factor Model of Horizontal-Well Completion Performance[J]. SPEPF(Feb. 2005),207-220.

[12] Furui K, Zhu D, Hill A D. A New Skin-Factor Model for Perforated Horizontal Wells[J]. SPEDC (Jan. 2008),205-215.

[13] Neylon K, Reiso E. Modeling Well Inflow Control with Flow in Both Annulus and Tubing[C]. SPE118909,2006.

[14] 王庆,刘慧卿,等. 油藏耦合水平井调流控水筛管优选模型[J]. 石油学报,2011,32(02):346-349.

[15] Holmes J A, Byer T. A Unified Wellbore Model for Reservoir Simulation[C]. SPE134928,2010.

[16] Giger F M, Reiss L H., Jourdan A P. The Reservoir Engineering Aspects of Horizontal Drilling[C]. SPE13024,1984.

[17] Joshi S D. Augmentation of Well Productivity Using Slant and Horizontal Wells[C]. SPE15375,1986.

[18] Babu D K, Odeh A S. Productivity of a Horizontal Well[J]. SPERE (Nov. 1989):417-421.

[19] Frick T P, Economides M J. Horizontal Well Damage Characterization and Removal[J]. SPEPR(Feb. 1993):15-22.

[20] 熊友明,唐海雄,张俊斌,等. 一种水平井控压缓水锥的功能的完井装置. 实用新型专利 ZL 2009 2 0134507.0,专利证书号第1579887号.

[21] Augustine J, Mathis S, Nguyen H. World's First Gravel-Packed Inflow-Control Completion[J]. SPEDC(Mar. 2008):61-67.

[22] Davila E, Almeida R, Vela I, et al. First Applications of Inflow Control Devices (ICD) in Open Hole Horizontal Wells in Block 15, Ecuador[C]. SPE123008,2009.

[23] Robinson M. Intelligent Well Completions [C]. SPE80993,2003.

[24] Henriksen K H, Gule E I, Augustine J. Case Study:The Application of Inflow Control Devices in the Troll Oil Field[C]. SPE100308,2006.

[25] Iyamu O, Coll C, Bouhafs C. Impact of Multilateral Wells on Oil Recovery in an Oil Rim Field Development Using Multilateral Wells with Natural Gas Lift and Inflow Control Devices in a Fractured Carbonate Reservoir[C]. SPE113866,2008.

[26] Ouyang L B. Practical Consideration of an Inflow Control Device Application for Reducing Water Production[C]. SPE 124154,2009.
[27] 于文金,等. 中国能源安全与南海开发[J]. 世界地理研究,2006,15(4):11-16.
[28] 潘继平. 国外深水油气资源勘探开发进展与经验[J]. 石油科技论坛,2007,35-39.
[29] 郭永峰,等. 世界深海油田的开发与展望[J]. 国外油田工程,2008,24(12):30-31.
[30] Farias R,Li J,Vilela A,Aboud R. Best practice and lessons learned in Openhole Horizontal Packing Offshore Brazil. SPE106925.
[31] 梁杰,等. 墨西哥湾深水油气勘探对我国的启示[J]. 海洋地质动态,2009,25(1):17-19.
[32] Stone W H. Installation of a Deep-Water,Subsea Completion System:SPE6917.
[33] Plavinik B,Juiniti R B et al. Deep Water Completion in Campos Basin:Problems and Solutions. SPE38964.
[34] 周守为. 南中国海深水开发的挑战与机遇[J]. 高科技与产业化,2008:20-23.
[35] 王震,等. 全球深水油气资源勘探开发现状及面临的挑战[J]. 中外能源,2010,15(1):46-49.
[36] 杨进,等. 深水石油钻井技术及发展趋势[J]. 石油钻采工艺,2008,30(2):10-13.
[37] 娄承. 世界深水油气勘探开发展望[J]. 勘探开发,2003,11(8):43-44.
[38] 林闻,等. 世界深水油气勘探新进展与南海北部深水油气勘探[J]. 石油物探,2009,48(6):601-605.
[39] 李振鹏,等. 墨西哥湾深水储层特征[J]. 海洋地质动态,2009,25(6):6-9.
[40] 王言峰. 深水钻井问题综述[J]. 吐哈油气,2009,14(2):167-170.
[41] Ituah I A,SPE,Shell Nigeria E&P Co et al. Coulomb Naka:Deepest Water-Depth Completion With Internal Plastic Coating Tubing Application. SPE102963.
[42] Fabio S N Rosa,Luis C B Bianco,SPE,Paulo A Barata,Petrobras S A. New Well Design Using Expandable Screen Reduces Rig Time and Improves Deep Water Oil Production in Brazil. SPE/IADC 79791.
[43] Lorenz M,Ratterman G,Martins F,et al. Advancement in Completion Technologies Proves Successful in Deepwater Frac-Pack and Horizontal Gravel-Pack Completions. SPE103103.
[44] Fabien Lemesnager et al. Concentric Annular Packing System Successfully Frac Packs Longest,Highly Deviated Intervals at Highest Record Treatment Rate Attempted Worldwide:Angola Case History. SPE112423.